新时代
乡村生态文明十讲

——从美丽乡村到美丽中国

张孝德　余连祥 / 主编

要让城市融入

让居民望得见山、看得见水、记得住乡愁

红旗出版社

图书在版编目(CIP)数据

新时代乡村生态文明十讲：从美丽乡村到美丽中国 /
张孝德, 余连祥著. —北京：红旗出版社, 2020.5
　　ISBN 978-7-5051-5206-9

　　Ⅰ.①新… Ⅱ.①张… ②余… Ⅲ.①农村生态环境
－生态环境建设－中国 Ⅳ.①X321.2

中国版本图书馆CIP数据核字(2020)第083561号

书　　名　新时代乡村生态文明十讲
编　　者　张孝德　余连祥

出 品 人　唐中祥　　　　　　　　　　责任编辑　赵　洁
总 监 制　褚定华　　　　　　　　　　责任校对　曾晓蓉
封面版式设计　李　妍　戴　影　　　　责任印务　金　硕
出 版 发 行　红旗出版社
地　　　址　(北方中心)北京市沙滩北街2号　邮政编码　100727
　　　　　　(南方中心)杭州市体育场路178号　邮政编码　310039
编 辑 部　0571-85310198
E-mail　498416431@qq.com　　　　　　发 行 部　(北京)010-57270296
图文排版　杭州新华图文制作有限公司　　　　　　(杭州)0571-85311330
印　　刷　浙江至美包装彩印有限公司
开　　本　710毫米×1000毫米　　　　1/16
字　　数　240 千字　　　　　　　　印　张　14
版　　次　2020年5月北京第1版　　　印　次　2020年5月杭州第1次印刷
书　　号　ISBN 978-7-5051-5206-9　　定　价　58.00元

本书为国家社会科学基金特别委托项目"全国生态文明先行示范区建设理论与实践研究：以湖州市为例"（16@ZH005）的阶段性成果

序

　　生态兴，则文明兴；生态衰，则文明衰。党的十八大以来，习近平总书记以厚重的历史纵深感、强烈的民族责任感、高度的现实紧迫感，推动形成了习近平生态文明思想，充分彰显了以习近平同志为核心的党中央坚定不移推进生态文明建设、不断满足人民日益增长的美好环境需要、实现中华民族永续发展的历史担当和深厚情怀。

　　早在2005年8月15日，时任浙江省委书记习近平同志在湖州安吉余村考察时，首次提出了"绿水青山就是金山银山"理念，强调在鱼与熊掌不可兼得的时候，要知道放弃，要知道选择。时隔15年，2020年3月30日，习近平总书记再次亲临安吉余村考察，强调生态本身就是经济，保护生态就是发展生产力，要坚定走可持续发展之路。习近平总书记对于湖州工作的重要指示要求，与习近平生态文明思想在精髓要义上一脉相承，在实践要求上一以贯之，为我们指明了前进方向、提供了根本遵循。

　　湖州作为习近平总书记"两山"理念诞生地、中国美丽乡村发源地，近年来全市上下始终牢记总书记的谆谆教诲，坚定不移践行"两山"理念，坚持美丽城市、美丽城镇、美丽乡村"三美同步"，深入推进"千村示范、万村整治"工程，持续绘就了"看得见山、望得见水、记得住乡愁"的动人画卷，逐步走出了一条生态美、产业绿、百姓富的康庄大道。15年来，全市地区生产总值年均增长10.3%，财政总收入和地方财政收入分别年均增长15.5%和16.4%，城镇居民人均可支配收入和农村居民人均可支配收入分别年均增长10.4%和11.5%，城乡居民收入比缩小到去年的1.69 : 1。先后被列为全国首个地市级生态文明先行示范区、首个国家生态县区全覆盖的地级市、首批国家生态文明建设示范市和全国"两山"实践创新基地，持续打响了"在湖州看见美丽中国"的城市品牌。湖州的生动实践，充分彰显了"两山"理念伟大的真理力量和实践力量。

　　从农耕文明到工业文明，再到生态文明，是有路径可循的。张孝德教授和余连祥教授所著的《新时代乡村生态文明建设十讲–从美丽乡村到美丽中国》一书，系统阐述了我国生态文明建设特别是乡村生态文明建设的历史沿革和时代变迁，生动反映了习近平生态文明思想在基层的实践创新成果。美丽乡村是城市人的诗和远方。我们向往着诗和远方，也一直期待着新时代美丽乡村的美好愿景早日成为现实。此书用十个关键词全面阐释了美丽中国的核心要义，并附以许多基层实践的生动案例，是一部充分体现历史性与时代性、理论性与实践性、学术性与可读性的精品力作。此书的出版发行，对于我们深入学习领会习近平生态文明思想，持续深化"两山"实践，将起到很好的参考借鉴作用。

党的十九大报告指出，要坚持人与自然和谐共生的基本方略，坚定走生产发展、生活富裕、生态良好的文明发展道路，建设美丽中国。今年，是习近平总书记在湖州首次提出"两山"理念15周年。随着时代不断发展、认知不断深化，"两山"理念的内涵也在不断丰富、外延也在不断拓展，我们也经历了一个在实践中深化认识、再以深化认识推动实践的渐进过程。我们也衷心希望，湖州能够继续和全国各地一起研究、一起探索，在习近平生态文明思想的指导下，加快实践创新，着力形成一批可推广可复制的经验样板，共同为全国践行"两山"理念、建设生态文明作出新贡献。

书临付梓，可喜可贺。应编者之邀，谨以此为序。

中共湖州市委书记

目录

导论：从美丽乡村到美丽中国 ·· 1

一、源于城市的西方环保之路 ······ 2

二、美丽乡村：美丽中国的底色与起点 ······ 4

三、从美丽乡村到美丽中国：城乡融合发展之路 ······ 8

第一讲 "两山"理念：美丽中国新思想 ······························· 13

第一节 从福建到浙江：习近平"两山"理念渊源 ······ 14

第二节 迈向绿色经济：破解环境难题的联合国报告 ······ 19

第三节 浙江安吉：领先世界的新探索 ······ 20

第四节 "两山"理念：美丽中国建设新理念 ······ 21

第二讲 生态文明：美丽中国新机遇 ································· 29

第一节 乡村逢工业文明衰 ······ 30

第二节 生态的源头治理从乡村开始 ······ 34

第三节 中国生态智慧到乡村去寻找 ······ 39

第四节 生态文明低成本建设在乡村 ······ 43

第三讲 乡村振兴：美丽中国新战略 ································· 51

第一节 生态文明是乡村振兴导航标 ······ 52

第二节 生态良好是乡村发展的大前提 ······ 58

第三节 绿色资源是产业兴旺的新优势 ······ 64

第四讲 绿色发展：乡村振兴的新经济 ······························· 69

第一节 自然资本：乡村发展新财富 ······ 70

第二节 乡村手工业：新型乡村生态工业 ······ 81

第三节 乡村生态旅游：独特的绿色服务业 ······ 85

第四节 乡村自然教育：生态教育潜力巨大 ······ 92

第五讲 绿色生活：生态乡村新魅力 ································· 101
第一节 生活方式变革的源头治理 ······ 102
第二节 绿色生活是美丽乡村新价值 ······ 105
第三节 绿色消费让生态产品升值 ······ 111

第六讲 保护大地：美丽中国新使命 ································· 119
第一节 保护大地与蓝天保卫战一样重要 ······ 120
第二节 美丽乡村建设从保护大地开始 ······ 125
第三节 保护大地从全域有机农业开始 ······ 133

第七讲 乡土文化：引领未来的新文化 ································· 139
第一节 道法自然的聚落营建 ······ 140
第二节 天人合一的农耕文化 ······ 142
第三节 互助友善的社会 ······ 147
第四节 安适自足的生活 ······ 150

第八讲 绿色能源：美丽中国新优势 ································· 157
第一节 城乡能源的各自优势 ······ 158
第二节 乡村生物质能源潜力巨大 ······ 161
第三节 城乡一体的电能替代 ······ 169

第九讲 城乡融合：乡村振兴新途径 ································· 177
第一节 乡村是中国最大的国情 ······ 178
第二节 乡村是根，城市是树冠 ······ 182
第三节 双向流动城乡共赢的城镇化 ······ 186
第四节 诗意乡村与田园城市共生 ······ 193

第十讲 乡村未来：新时代诗意向往之地 ································· 197
第一节 生态文明从美丽乡村起航 ······ 198
第二节 乡村是未来的向往之地 ······ 202
第三节 乡村是中华民族伟大复兴的根 ······ 205
第四节 以城乡生态共同体呈现世界 ······ 208

从美丽乡村到美丽中国

张孝德　　何建莹

　　生态文明是工业文明发展到一定阶段的产物，是实现人与自然和谐发展的新要求。党的十八大提出要"大力推进生态文明建设"，并且明确"美丽中国"是生态文明建设的总体目标。习总书记多次就"美丽中国"做出明确指示和形象描述，提出要打造美丽乡村，实现美丽经济，要让城市融入大自然，要让居民望得见山、看得见水、记得住乡愁。推进美丽乡村建设，既是实现美丽中国的必由之路，又是中国特色生态文明建设的重要着力点，更是中国为世界生态文明建设贡献的中国智慧和中国方案。

一、源于城市的西方环保之路

从 18 世纪后半叶到 20 世纪初，英国、美国、日本和其他欧洲发达国家相继完成了工业革命，形成了以煤炭、冶金、化工等产业为主导的工业生产体系。伴随着工业革命的推进，这些国家也相继完成了城市化进程。1851 年英国的城市化水平就超过了 50%，率先进入成熟的城市化阶段。法国、德国、加拿大等国家随后相继启动了城市化进程，到 20 世纪 80 年代末期，美、日、欧等发达国家都已经达到成熟的城市化水平。

1.工业化、城市化带来城市病的骤增

近代工业文明确实给我们带来了大量物质财富，这是工业文明对现代人类的最大贡献。工业文明创造的物质财富是基于对资源的过量攫取，特别是在各国工业文明发展的上升阶段，但也带来能耗的大幅增加。同时，作为工业文明的主阵地——城市也是高消耗的所在地。城市居民生活方式比乡村居民生活方式的消耗要多得多。相关数据显示，我国城市居民的人均能源消费量远高于农村居民，差距最大时高达 3.5 倍，城市居民的碳排放量大概是乡村居民碳排放量的 3 倍。

基于高投入、高消耗、高排放的工业文明，也带来大量污染和城市病，空气、水、土壤、食物等人类生存的必需品无一幸免。联合国公布的数据显示，全世界每年因环境污染直接和间接死亡的人数占全球死亡人数的 20%。在中国，每年因环境污染死亡的人数高达 120 万左右。英国作为最早实现工业革命的国家，其煤烟污染一度极为严重，伦敦也被称为"雾都"。除英国外，美国的工业中心城市，如芝加哥、匹兹堡、圣·路易斯和辛辛那提等，煤烟污染也相当严重。德国工业中心的上空长期为灰黄色的烟幕所笼罩，河流污染也相当严重。1892 年，汉堡还因水污染而导致霍乱流行，使 7500 余人丧生。而由于受到污染，鲟鱼数量减少，到 1920 年就完全禁止了捕鲟鱼。从 20 世纪 50 年代起，发达国家的环境污染大爆发。由于长期食用受富含甲基汞的工业废水毒害的水产品造成的日本"水俣病"、因煤和石油燃烧排放的污染物而造成 1952 年伦敦烟雾事件和同年的洛杉矶光化学烟雾事件，均对人体的身体健康造成了严重威胁，使大量居民致残、死亡。

2.源于城市的环境治理之路

在环境污染发生初期，发达国家各国都采取过一些限制性措施，例如颁布一些环境保护法规。如英国的《碱业法》《河流防污法》；日本的《工厂管理条例》；美

国、法国等的防治大气、水、放射性物质、食品、农药等污染的法规。但是由于人们并未弄清污染的原因和机理，仅采用的限制性措施，未能阻止环境污染的蔓延。

到20世纪50年代至70年代初，环境污染问题日益加重，西方国家仍然只是将环境问题看作工业污染问题，治理的重点在治理污染源、减少排污量，给工厂企业补助资金，帮助它们建立净化设施，并通过征收排污费或实行"谁污染、谁治理"的原则，解决环境污染的治理费用问题。但这类被人们归结为"尾部治理"的措施，从根本上说是被动的，因而收效不甚显著，而且成本十分高昂。20世纪70年代至80年代，美国、日本的环境保护投资占国民生产总值的1%至2%。

随后，发达国家也转变了治理方式，认识到经济增长、合理开发利用资源与环境保护必须相协调，并且摸清了污染的规律，从防、控等多个方面都加强了监管，取得了显著的成绩。到20世纪80年代，英国城市上空烟尘的年平均浓度只有20年前的1/8，全英河流总长的90.8%已无重大污染。1982年8月人们在离伦敦24千米的一个堰附近，捕捉到20尾绝迹100多年的大马哈鱼。大马哈鱼的洄游是第二次世界大战结束后开始的反污染工作的一个里程碑。

3.不可持续的治理之路

虽然西方发达国家在环境治理方面确实取得了很大的成就，但就其治理的方式方法来看，却是一条源于城市治理的不可持续的环境治理之路。就其治理方式而言，是一种"头痛医头，脚痛医脚"的面上治理。爱因斯坦讲过一句名言："不能用造成问题的思维来解决问题。"西方发达国家在治理能源和环境问题上，走的是一条就环境治理环境的局部治理。半个世纪以来，尽管西方发达国家在环境保护方面的技术、立法、投资、制度创新的力度很大，但这些做法是局限在就环境治理环境思路而进行的，对造成环境污染深层根源的高能耗、高消费的生活方式和生产方式却触动很少。

此外，由于缺乏基于系统的从根源上解决能源环境的有效做法，使得发达国家在本土有限的区域内难以解决污染问题。为此，发达国家还把污染排放放眼全球，实施了污染输出的外部治理之路。在国际贸易分工链条上，大多数发展中国家处于资源消耗大、污染排放中的生产加工端，而发达国家则处于研发、销售等清洁生产端。这种分工的模式也把原来发生在发达国家的污染转移到发展中国家。譬如日本对钢铁行业落后产能的输出。20世纪，日本不断提高钢铁生产标准，导致日本本土企业将达不到日本国内生产标准的技术对外输出，而中国则承接了大量的日本落后产能转移。在过去多年的中美贸易中，中国输出产品一半以上属于高能耗、高污染的产品，而这些产品是发达国家不愿意在本国生产的产品。今天所发生的中美贸易摩擦，如果单纯从进出口贸易额看，中美贸易是逆差；如果加上能耗和污染的因素，中美贸易是顺差。按照2015年美元价格和汇率计算，2016年我国单位GDP能耗为3.7吨标准煤/万美元，是2015年世界能耗强度平均水平的1.4倍，是发达国家能耗强度平均水平的2.1倍，这其中一部分是为西方发达国家承担的污染输出的能耗。

发达国家的环境治理针对的大多数是工业、能源消耗所引起的污染，主要是化解工业生产过程中排放、生产生活能源消费，特别是煤炭消费所带来的污染。而工业与城市相生，这种污染主要集中在城市，解决问题的思路也源于城市治理，缺乏城乡统筹思维。单纯看西方发达国家工业化生产，发达国家GDP是绿色的，欧美大多数地方空气质量很好，但不是西方发达国家已经进行了生态文明建设的结果，这是一种治标不治本、不可持续的治理模式的结果。

生态文明不是就环境治理环境的文明，而是在新天人和谐自然观、利他共生的价值观指导下，涉及科技范式、经济模式、生活方式、社会方式、国家治理方式、哲学与思维方式等一系列变革的新文明模式。

二、美丽乡村：美丽中国的底色与起点

党的十八大以来，习近平总书记针对美丽乡村建设提出了一系列新思想、新观点、新要求，强调中国美，农村必须美，美丽中国要靠美丽乡村打基础；强调要为农民建设幸福家园和美丽宜居乡村。美丽中国是中国生态文明建设的目标，而乡村推进生态文明建设，具有城市无法比拟的优势，所以，推进中国生态文明、建设美丽中国，最好的起点在乡村，最好的抓手在乡村，最容易出成效的领域在乡村，最有别于西方生态文明之路的地方也在乡村。

1.美丽乡村是美丽中国的底色

乡村占据我国国土面积的大部分地区。目前，我国仍然有约6亿人口居住在农村，农村地区占全国土地总面积的94%以上。这就意味着农村人居环境的发展情况，将直接影响我国整体人居环境的水平。并且，乡村是"绿水青山"所在地。绿水青山就是金山银山。推进生态文明建设，践行好"两山"理念，关键是要加强美丽乡村建设，保护好绿水青山，打好美丽中国建设的根基。

乡村比起城市也更具有多样性。漂亮的乡村村落结构错落有致，建筑材料生态古朴，建筑风格自然一体，庭院景观修竹绿荫，乡村道路曲径通幽、绿树成荫。郁

郁葱葱的树木，清澈的溪流穿村而过，灰瓦白墙的农家小屋散布其中、错落有致，一幅美丽的田园山水画就呈现在眼前。中国古代有很多描绘乡村风景的优美诗句，如"雨里鸡鸣一两家，竹溪村路板桥斜""榆柳荫后檐，桃李罗堂前""小桥流水人家"等等。与乡村相比，城市的建筑大多千篇一律，每个城市几乎看不出什么不同之处，中国的城市和美国的城市没有多少不同，城市整体大多被钢筋水泥所覆盖，城市建筑的布局也大多缺乏美感，大部分景观是人造的。而乡村有着丰富的多样性，特别是古村落，正如诗人赵凌云在《我的南方和北方》中写到的：南方有"乌篷船、青石桥、油纸伞、鱼鳞瓦"，而北方有"黄土窑、窗花纸、热土炕、蒙古包"。乡村多样的美丽景观是美丽中国画卷中不可或缺的部分，也是美丽中国色彩最艳丽、工笔最漂亮的景致。

2.乡村推进生态文明建设具有城市无法比拟的优势

生态文明的理论，在20世纪80年代理论界就已经提出。这是不同于工业文明的文明新形态，是人类社会进步的重大成果，是实现人与自然和谐共生的必然要求。西方国家的工业文明所造成的发展弊端，解决的方案在生态文明建设。工业文明时代，能源消耗以化石能源为主，强调能源的集中供应，农业生产也遵循工业化生产方式，鼓励高消费，治理方式是单极的，追求高城市化水平。与之相反的是生态文明时代，能源消耗强调以可再生能源、清洁能源为主，突出能源区域内分布式自给自足，农业生产遵从有机化种植，要求绿色发展方式和生活方式，实施系统治理模式，实现人与自然和谐共生。

党的十八大，我国把生态文明建设上升为国家战略，提出"五位一体"总体布局，生态文明建设要贯穿于经济建设、政治建设、文化建设、社会建设全过程和各方面。根据习近平生态文明思想，要从空间格局、产业结构、生产方式、生活方式等方面系统推进生态文明建设，而这些领域推进的工作落实最好的地方就是在乡村。乡村在能源利用、自然资本、绿色生活、农业文化建设等方面推进生态文明建设有着城市无法比拟的优势，推进生态文明建设成本最低、成效最快的地方就在乡村。

（1）绿色能源优势在乡村

传统能源的供给大多倾向于集中生产、集中供应、集中消费。以传统火电为例，由于电力储存较为困难，目前世界上大部分的传统火电场都建设在城市周边，集中供给城市用电，当出现远距离运输的情况，会造成大的线路损失。虽然目前有特高压输电技术，但是仍然难以解决目前的电力存储、及时消纳的问题。基于传统能源供给生产、消费模式，传统能源的优势在城市，因为城市具有足够大的能源消费市场，不便存储的传统能源供应可以在城市找到市场。但是这种能源消费模式损失很大，而且灵活度低，电力供应容易在谷点过剩，而在峰点不足。从目前我国大多数电厂的产能配置来看，我国各省的电力装机容量大多以当地峰电的用电需求量为目标，力保区域范围内不会出现大的供电缺口。这种配置资源的方式，会导致平日电力需求不迫切的时段或时期，电力供给的巨大损失，很多电厂一年的发电时间也不过是区域内用电高峰时段的短短两三个月。

　　而具有高度分散性、相对均衡分布的太阳能、风能、地热能、生物能等新能源，越是人口分布密度低的地方，人均可利用的新能源量越大。新能源这种特性使农村获得了城市不具备的新优势。从供给端来看，乡村空间分布较广，建筑相对独立，对于太阳能、风能等可再生能源的接收度较大，布置接收装置也比城市容易。乡村还具有生物质能原料来源，沼气等能源的生产和使用也主要集中在农村。从消费端来看，乡村对于能源的消费也相对独立，而且乡村的生产、生活方式对于能源的消耗较少，电瓶车、电动车在乡村的推广比城市要容易，普及度也高。因此，通过乡村分布式能源供给，可以实现自身的自给自足。如果占中国国土面积超过90%的乡村，实现能源自治，对于中国这样一个人口大国如何走向生态文明，将是一个划时代的突破。

　　（2）绿色产业优势在乡村

　　良好生态环境是农村最大优势和宝贵财富。乡村以自身自然资本为依托，具有城市发展绿色产业无法比拟的优势。"两山"理念的发源地浙江安吉余村，关掉矿山，关掉水泥厂，环境好了之后，通过对自然资源的保护，利用自身的资源资本，实现了农村增收致富，村集体经济转型发展。余村的发展也是乡村绿色发展的成功实践。

　　绿色产业是绿色发展的最好实践，是实现"绿色青山"到"金山银山"的重要途径。乡村发展绿色产业具有天然的优势，自然资本是乡村可以直接利用的发展要素。尊重自然、顺应自然、保护自然，从而推动乡村自然资本加速增值，实现百姓富、生态美的统一。发展乡村生态旅游业是实现自然资本直接增值的重要途径，是绿水青山转化成金山银山的"金扁担"，可以让乡村的景观靓起来，同时让人们享受"好山好水好风光"的视觉愉悦。2018年，我国休闲农业和乡村旅游接待人次超30亿，营业收入超过8000亿元。全国已创建388个全国休闲农业和乡村旅游示范县（市），推介了710个中国美丽休闲乡村。

　　除了天然的自然资本基础外，乡村的产业生产方式也具有绿色化的先天特征。

传统的农耕本身就是人类与自然对话，人与自然和谐共生的产业。现代农业的发展受到工业文明的影响，农业耕种方式有了很大改变，现代农业科学技术的应用一方面带动了农业生产能力的大幅提升，另一方面也带来了农业生产的不可持续以及农作物质量的下降。由于化肥、农药使用过量，带来了土壤、水、粮食的污染，直接威胁人类生存。要改变现代农业的发展，一方面要保留现代技术带来的农业生产进步，同时又要改进种植方式，推广有机农业。有机农业强调现代农业技术，如微生物技术、现代农机技术等与传统农耕的有机结合，强调精耕细作，改变工业式农业生产方式。有机农业的发展可以帮助解决现代农业带来的一系列问题，如严重的土壤侵蚀和土地质量下降，农药和化肥大量使用对环境造成污染和能源的消耗，物种多样性的减少等；还有助于提高农民收入，发展农村经济，是未来乡村绿色发展的主导产业。

除了有机农业这一乡村主导产业外，还可以发展乡村手工艺、乡村自然教育、乡村养老产业、乡村文化创意产业等新型业态，而这些新型业态都是以保护乡村环境、实现人与自然和谐发展为前提，充分利用乡村优势而衍生出来的绿色产业，是城市无法实现的。

（3）绿色生活优势在乡村

绿色生活方式是一种与自然和谐共存，在满足人类自身需求的同时，尽最大可能保护自然环境的生活方式。党的十九大报告明确提出，"形成绿色发展方式和生活方式，坚定走生产发展、生活富裕、生态良好的文明发展道路"。绿色生活方式是充分考虑了资源的环境承载力来平衡人类社会的需求，达到保护自然资源、动植物栖息地、生物多样性，实现经济社会可持续发展的目的。亲近自然、注重环保、绿色消费、节约资源等是绿色生活方式的基本特征。

乡村生活中，生活方式普遍较为低碳、环保。调研统计数据发现：城市平均每人每天产生2—3千克垃圾，农村平均每人每天产生1千克垃圾，偏远贫困地区农村垃圾量少，富裕地区垃圾相对量多。

除了乡村生活本身垃圾产生较少外，推进垃圾分类，在农村要比城市较为容易。由于乡村生活空间较大，与生产空间互动紧密。同时，乡村社会具有分散化、小规模的组织特性，以村庄为单位进行垃圾分类、环境治理具有组织成本低的优势，垃圾的产生和处理可以实现区域内循环。实施垃圾分类已有多年，在城市效果甚微，但是在中国农村已经有多个成功的样板，探索出了适用于乡村的分布式、就地化、微循环的垃圾处理模式，乡村特有的文化资源也为绿色生活方式的培植提供了天然的土壤。乡村文化厚植于中国传统的农耕文化，包括感恩、敬畏的敬天文化，勤劳、节俭的亲土文化，忠孝、互助的亲情文化，以及质朴、自然的自娱文化。受乡村文化影响的乡村生活消费均有低碳、生态、绿色的理念。乡村食品消费大多就地取材，省去了运输的资源浪费，同时也保证了自身食物的有机化。乡村的出行方式也是绿色、低碳的。由于乡村生活出行半径没有城市那么大，做到绿色出行很容易。当今农村大部分交通工具，也是以电动自行车、电动摩托车、经济型电动汽车为主。乡村还具有城市没有的各种就地取材的生活用具。乡村的生活起居，按照四季更替、顺应自然的节律去生活劳作，最大限度感受自身、亲近自然。由此可知，无论从绿色消费、出行、文化、垃圾分离等哪个方面都可以看出，乡村生活本身就是绿色生活方式，是未来生态文明时代所倡导的人与自然和谐共生的生活方式。

3. 美丽乡村建设大有可为

美丽乡村建设不是单纯搞好乡村环境，而是以绿色发展理念为引领，既要金山银山，又要绿水青山；既要坚守生态环境底线，不以牺牲生态环境为代价实现发展，又要充分利用生态环境，把生态资本变成富民资本，将生态优势转变为经济发展优势，以实现美丽乡村建设与经济高质量发展相得益彰。推进美丽乡村建设需要改变农村资源利用模式，改善农民生活环境，保护和传承农耕文化，改善农村精神文明建设，提高农民素质，学习掌握新技能，促进自身发展的需要。

除了未来发展的新模式，美丽乡村建设在环境治理等处理历史遗留问题、解决现有难题的思路也需要改变。目前对于乡村环境的治理，大部分是搬用城市的集中式、专业化的模式。特别是在乡村垃圾处理上，套用以县域为单位的集中式处理。这种治理思路和模式不符合乡村的实际，也不符合中央提出的系统治理、根源治理、资源化治理的要求，弊端很多。美丽乡村建设需要从环境生态、生产生态、生活生态、文化生态这四种生态系统来解决，以系统建设、全域治理理念，探索中国特色的分布式、在地化、资源化、全域美丽生态乡村建设新模式，探索走不同于城市的建设之路。

三、从美丽乡村到美丽中国：城乡融合发展之路

1. 城乡差距过大制约乡村发展

改革开放以来，我国对城市发展的重视程度远高于乡村，对城市建设的资金、人才、政策等要素给予优先保障。

从 20 世纪 80 年代开始，我国的城镇化持续快速发展，全国城镇化率平均每年

提高 1.04 个百分点，2018 年城镇化率为 59.58%，城市的规模和数量显著增加。2017 年中国有人口超过 1000 万的超大城市 4 座，人口超过 500 万的特大城市 13 座。按照 200 万人口标准，中国大城市数量为 53 座，约占全球大城市总数的四分之一。随着城市规模的扩大，城市竞争力也有了明显提升，城市体系基本形成，城市基础设施和公共服务极大改善。

与城市快速发展相对应的是，我国农村发展的速度相对缓慢。城乡收入差距自 1985 年以来逐年扩大，到 2009 年达到 3.33 倍，而后虽然有所下降，但是仍然接近 3 倍。农村基础设施建设较城市差距更大。农村路网结构不够完善，随着农村车辆的增多，原本规划的村道宽度也显得捉襟见肘，会车难，不安全，每逢节假日便成"梗阻"。道路养护跟不上，一些地方的农村公路"有人建，无人养"，时间一长成了烂路。农村排水设施、生活污水处理设施也十分薄弱，与城市相比严重滞后，远不能适应"生态宜居"的要求。当前，我国农村水污染物排放量占全国水污染物排放量的比例超过 50%，而污水处理率仅在 10%—20% 之间。

除了宏观层面制度倾斜等因素，形成城乡发展差距不断扩大的原因，还存在农村发展内生动力不足的问题。农村大量青壮劳动力外出务工，"空心化"现象普遍，乡村基层治理能力不足。乡村发展方式仍然较为粗放，一些地方发展农业生产仍是靠拼资源、拼消耗的传统方式，绿色发展转型仍然十分迫切。

虽然乡村在践行生态文明、建设美丽中国的国家战略中具有天然的优势，但是也要看到，我国城乡二元社会的长期存在严重阻碍了乡村发展和乡村生态文明建设。要推进美丽乡村建设，需要正视城乡差距过大的事实，改变现有制度、要素配给安排，推动城乡融合发展。

2. 乡村振兴离不开城市

党的十九大报告提出，实施乡村振兴战略，强调坚持农业农村优先发展。乡村振兴战略的提出，标志着我国的发展由"城市优先"转为"乡村优先"。要优先考虑"三农"干部配备，优先满足"三农"发展要素配置，优先保障"三农"资金投入，优先安排农村公共服务。当前我国发展最大的不平衡是城乡发展不平衡，最大的不充分是农村发展不充分，这是全面建成小康社会的短板。实施乡村振兴战略是一个长期任务，要实现乡村全面振兴任务十分艰巨，必须有超常规的举措，而"四个优先"的提出，为推进乡村振兴提供了明确的政策导向。

乡村振兴战略的提出是对以往单极城市化、乡村无用论、"重城市、轻乡村"认识的重大矫正。但实施乡村振兴战略，也不是说要放弃城市地位。单极的城市化和单极的乡村化都不是未来的发展格局。城市的发展离不开乡村，乡村的振兴也离不开城市。城乡之间只有形成互补，才能使整个国家的现代化进程得到健康推进。

城市和乡村本身地位平等，承担着各自的功能，并互为消费市场。城市发展追求理性、统一、高效，人口集中，承担着经济生产和创造财富的主要责任。城市在集中资源的同时，也聚集风险，有极大的脆弱性，会出现城市资源、环境、交通、公共空间等不堪重负。除此之外，饮食居住环境的一体化，使得疫病、自然灾害、战争等城市灾难一旦发生，就会造成致命破坏。而乡村由于人口的分散，环境、饮食、文化等的多样性，可以分散城市风险。城市是乡村农产品、手工艺品、乡村旅游等乡村输出产品与服务的消纳地；而乡村也是城市工业制品、先进技术的外延市场。

实施乡村振兴，要利用好城市资源。一方面让城市的人、钱流入农村。在工业化、城镇化大潮中，农村最具活力、最有创造力的大量人力资源被裹挟进城市。而今，农业农村要优先发展，就必须创造出足够多的发展机会，切实改变不合理的乡村人口结构。鼓励引导工商资本参与农村振兴，鼓励社会各界人士投身乡村建设。健全适合农业农村特点的农村金融体系，强化金融服务方式创新，提升金融服务乡村振兴效率和水平。采取各种举措加快形成多元投入格局，助力农业农村发展。另一方面要让乡村的产品、服务流入城市，充分利用城乡生活方式、生态资源的差异，吸引城市人群去农村体验消费，扩大农产品，特别是高品质农产品在城市市场的消费，稳定农民增收渠道，提高农民收入水平。

3. 中国特色生态城市化

我国人口规模世界第一，国土面积世界第三，我国的城镇化道路和人口的城乡分布对世界都有深远的影响。中国特色的生态城市化道路是基于以人为本的核心价值，不断提升人民群众的获得感、幸福感、安全感的新型城镇化；是以生态文明为时代背景，低能耗、低碳化的大国城镇化之路；是城乡两元文明共生的城镇化之路；均衡发展、集约发展、智慧发展的新城镇化之路。

以人为本的城市化是要满足人的环境福利、物质福利、精神福利、个人福利、公共福利等在内的国民福利最大化的幸福经济体系。以生态文明为背景的城市化，是在克服工业文明发展带来的弊端的基础上，纠正以往"唯GDP论英雄"的发展价值导向，强调人与自然和谐发展。城乡两元文明共生的城镇化是尊重城市文明和乡村文明的独特价值，充分发挥两元文明的长处，加深两元文明之间的渗透交流，并用于指导修正城市、乡村发展的弊端。譬如城市建设要吸纳乡村文明中自然、淳朴、多样化的元素，避免城市建设千篇一律以及光污染、能源消耗较大等问题。乡村建设也需要吸取城市开放等元素，充分利用先进技术改善环境。未来的城市模式将会出现由单中心的金字塔城市结构向多中心的扁平化网络化结构的转变，由人口大规模移动的城市化向要素流动的城市化的转变，要素流动由原来的单向流动向双向流动的转变。

推进中国特色生态城市化建设，关键在重塑城乡关系，走城乡融合发展之路，促进乡村振兴。建立健全城乡融合发展体制机制和政策体系是一个系统工程，把城市和乡村作为一个整体来谋划，城乡建设联动推进。要持续深化农村改革，推动城乡要素自由流动、平等交换，推动新型工业化、信息化、城镇化、农业现代化同步发展，加快形成工农互促、城乡互补、全面融合、共同繁荣的新型工农城乡关系。要打破城乡人才资源双向流动的制度藩篱，畅通智力、技术、管理下乡渠道，建立有效激励机制，以乡情乡愁为纽带，鼓励城市专业人才和社会各界投身乡村建设，参与乡村振兴。在"城市，让生活更美好"的同时，实现"乡村，让生活更惬意"。

中国乡村与城市两元共生的城市化，是充分识别乡村—城市优势、充分发挥乡村—城市特长、充分贴合乡村—城市发展的中国特色的生态城镇化之路，未来美丽中国的新画卷应该是诗意乡村、温馨小镇、田园城市多元化的，这是中国贡献给世界现代化进程的中国智慧和中国方案。

第一讲

"两山"理念：
美丽中国新思想

侯子峰

从在福建到在浙江，习近平"绿水青山就是金山银山"理念（以下简称"'两山'理念"）逐渐形成。"两山"理念的提出为破解世界范围内的经济发展和环境保护"两难"悖论做出了突出贡献。该理念提出后，在其诞生地——浙江安吉得到了良好践行并取得非凡实践成绩。随着"两山"理念在中国共产党第十九次全国代表大会上的强调，毫不夸张地说，它已经成为我国当前推进生态文明建设的科学指南，可以预见，随着它被深入践行必将取得更大的成绩，并为世界生态文明建设和绿色发展提供中国智慧和中国方案。

第一节　从福建到浙江：习近平"两山"理念渊源

同任何杰出的理论一样，"两山"理念的诞生是在深刻的社会历史大背景下，经过长期的思维酝酿过程才产生的精神结晶。从宁德、福建再到浙江，习近平的"两山"理念逐渐孕育形成。

一、在宁德工作时期，习近平形成一系列生态经济思想，并形成重视从产权制度上发展生态林业的思想

1988 年到 1990 年，习近平在福建宁德地区工作。宁德地处闽东，经济比较落后，习近平深刻意识到，要改变宁德落后的社会经济面貌必须以经济建设为中心，即几套班子齐心协力，围绕经济工作做好本地区本部门工作，搞"经济大合唱"。而要发展经济，必须因地制宜，充分利用和发挥好宁德本地山海资源优势，化自然资源优势为经济发展优势。论及习近平此时所形成的生态经济思想，以下几点值得重视：

其一，因地制宜，发展生态大农业。习近平指出："小农经济是富不起来的……我们要的是抓大农业。"[1] 习近平认为，在农业上要稳住粮食产量，山海田一起抓，发展乡镇企业，农林牧渔副全面发展。关于宁德的生态农业，在靠山吃山上要抓好林、茶、果的生产，在靠海吃海上"除继续抓好海洋捕捞外，滩涂养殖也要挖潜力，提高单产"。[2]

其二，重视林业建设，把林业的生态效益和社会效益充分发挥出来。习近平认为，宁德多山多林，一定要用好这个优势，发展好林业特别是商业林，追求经济和环保的双赢。习近平指出："林业有很高的生态效益和社会效益，比如森林能够美化环境，涵养水源，保持水土，防风固沙，调节气候，实现生态环境良性循环等。从特殊的意义上理解，发展林业是闽东脱贫致富的主要途径。林业是闽东财政收入的重要来源之一，是地方农业、工业和乡镇企业发展的重要依托，是出口创汇的重要基础。森林是水库、钱库、粮库，这样说并不过分。"[3]

其三，真正发挥林业的经济效益，必须做好产权制度改革。林业制度不改革，农民的生产积极性就很难调动，会出现守着绿水青山还是贫困依旧的状况。习近平指出："如何抓住机遇，把闽东林业推上一个更高的层次？首先要有一个明确的指导思想，这就是：深化林业体制改革，充分调动各方面积极性，增强林业自我发展

---

1 习近平：《摆脱贫困》，福州：福建人民出版社，1992 年，第 6 页。
2 同上。
3 习近平：《摆脱贫困》，福州：福建人民出版社，1992 年，第 110—111 页。

能力；以林为主，加强管护，立体开发，加快造林步伐，提高林业综合效益。"[1] 如同家庭联合承包责任制的改革一样，林业产权制度改革具有非常深远的意义。林业产权制度搞得好，农民就吃下了定心丸，可以放手发展林业。"要坚持'谁造、谁有、谁受益'这一权利长期不变，要坚持可以转让的原则。在山权不变的前提下，允许和鼓励跨地区联合开发。"[2]

二、在福建工作时期，重视水土复绿的"长汀经验"，推进生态省建设

长汀县位于福建省龙岩市，多山，是红色革命根据地。清末以来，由于过度砍伐林木，造成当地水土流失严重。根据1985年提供的数据显示，长汀县水土流失面积高达146.2万亩，占全县面积的31.5%。

习近平五下长汀，关心长汀的生态文明建设状况，并多次做出重要批示。1998年的元旦，时任福建省委副书记的习近平到长汀调研，对长汀治理水土流失的建议是"治理水土流失，建设生态农业"。在他的支持下，长汀水土流失综合治理项目被列入福建省为民办实事项目，从2000年开始，每年给以扶持资金1000万元。从2000年到2008年，长汀人苦干八年，累计治理水土流失107万亩。2011年12月10日，长汀县的水土流失治理被人民日报刊发，题目是《从荒山连片到花果飘香，福建长汀——十年治荒，山河披绿》。习近平又做出重要批示："请有关部门深入调研，提出继续支持推进的意见。"

在长汀经验"滴水穿石，人一我十"的贯彻下，长汀的生态环境发生了极大变化。据2015年底有关资料显示，长汀水土流失面积降到39.6万亩。目前，长汀的空气环境质量比较好，常年维持在国家环境空气质量Ⅱ级标准以上。水环境质量较为稳定，三个国控、省控断面水质均达到水环境功能区要求，达标率为100%；饮用水源地水质达地表水Ⅱ类标准，达标率为100%。全县森林覆盖率达79.8%、森林蓄积量为1557万立方米、湿地面积达3499公顷，自然保护区占全县面积的8.84%。共建设生态清洁型小流域23条，成功创建国家级生态乡镇15个、省级生态乡镇17个、省级生态村63个、市级生态村195个。同时，全县的经济质量各方面数据逐年稳步上升，并在2018年被评为福建省经济发展"十佳"县。长汀的治理经历，说明习近平很重视水土流失治理工作，努力使荒山复绿之后再谋生态经济发展的思路，最终实现环境与经济双提升之目的。

为了抓好生态文明建设，时任福建省省长的习近平在2000年提出要搞"生态

---

1 习近平：《摆脱贫困》，福州：福建人民出版社，1992年，第111页。
2 习近平：《摆脱贫困》，福州：福建人民出版社，1992年，第112页。

省"战略，强调指出："任何形式的开发利用都要在保护生态的前提下进行，使八闽大地更加山清水秀，使经济社会在资源的永续利用中良性发展。"2001年，他亲自担任生态省建设领导小组组长，并制定完成《福建生态省建设总体规划纲要》。在他的努力下，2002年8月，福建省成为全国第一个生态省试点省份。福建的生态省建设一以贯之，取得了不俗的成绩：近些年来，福建省获得全国首个生态文明先行示范区和全国首个国家生态文明试验区，福建的生态覆盖率接近66%，居全国第一，并且是全国首个水、大气、生态环境指标全优的省份。福建的生态省建设充分说明，习近平善于把经济发展和环境发展结合起来，以环境发展推进经济永续发展。

三、在浙江工作时期，习近平提出重要生态战略"八八战略"与"千万工程"，对于地方发展生态经济产生深远的影响

2002年到2007年，习近平在浙江工作。与2000年习近平在福建提出单一的生态省战略不同，到了浙江之后，习近平经过长期、广泛调查研究，提出要进一步发挥好浙江省的八个方面优势，推进八个方面举措的"八八战略"。无疑是推进浙江又好又快发展的绿色发展理念，但又不局限于经济与环保方面。它的具体内容：一是进一步发挥浙江的体制机制优势，大力推动以公有制为主体的多种所有制经济共同发展，不断完善社会主义市场经济体制；二是进一步发挥浙江的区位优势，主动接轨上海，积极参与长江三角洲地区交流与合作，不断提高对内对外开放水平；三是进一步发挥浙江的块状特色产业优势，加快先进制造业基地建设，走新型工业化道路；四是进一步发挥浙江的城乡协调发展优势，统筹城乡经济社会发展，加快推进城乡一体化；五是进一步发挥浙江的生态优势，创建生态省，打造"绿色浙江"；六是进一步发挥浙江的山海资源优势，大力发展海洋经济，推动欠发达地区跨越式发展，努力使海洋经济和欠发达地区的发展成为我省经济新的增长点；七是进一步发挥浙江的环境优势，积极推进基础设施建设，切实加强法治建设、信用建设和机关效能建设；八是进一步发挥浙江的人文优势，积极推进科教兴省、人才强省，加快建设文化大省。在"八八战略"中，第六点带有明确的化当地生态资源为经济发展优势之意味。

"八八战略"于2003年的浙江省第十一次党代会和省委十一届二次全会上予以确定。习近平认为，只有实施"八八战略"，才能在新的更高起点上实现到2020年"翻两番"的目标，使浙江的经济更加发达，民主更加健全，科教更加进步，文化更加繁荣，社会更加和谐，人民生活更加富裕。在习近平看来，"八八战略"在实质上就是要追求全面协调可持续的发展。浙江贯彻落实科学发展观，就是要把"八八战略"抓紧抓深落实，每年抓几个重点，完成几项任务，步步为营，积小胜为大胜。

我们可以看到，"八八战略"实为时任省委书记的习近平同志贯彻落实"科学发展观"精神，并根据浙江境况而提出的一项政策，是浙江贯彻科学发展观的一大抓手。由于该战略的合理性，后来也被后继者所传承。实施该战略以来，浙江的社会经济不断发展，同时生态环境日益改善，浙江依然在各方面走在全国前列。可以说"八八战略"在浙江的有效实施，充分体现了习近平绿色发展思想的力量。2005年，浙江生产总值排名全国第四（次于广东、山东、江苏），人均GDP排名省区第一位；城镇居民人均可支配收入排名省区第一位，农村居民人均纯收入居省区第一位，社会发展综合评价指数位列省区第一位。到了2017年，浙江省的各项指标与2015年相比，基本相同。与此同时，浙江生态环境有了质的改善，浙江的主要生态指标，特别是水质、空气质量和森林覆盖率位居全国前列。

几乎与"八八战略"提出同时，习近平根据浙江省农业农村实情，提出以农村的生产、生活、生态"三生"环境改善为重点，形成以改善农村生态环境、提高农民生活质量为核心的村庄整治行动。习近平亲自部署，目标是在五年内对全省4万个村庄中的10000个行政村进行全面整治，把其中的1000个行政村打造成全面小康示范村。久久为功，浙江扎实地推进"千万工程"，造就了数万个美丽乡村，实现了生态、社会、经济效益的多赢。习近平提出的"八八战略"和"千万工程"，为推进浙江整个农村的生态文明建设产生了深远的影响，尤其是"千万工程"的开展为浙江农村创造了良好的生态环境建设，并为下一步开展以农家乐为代表的生态旅游打下了扎实基础。2018年9月，"千万工程"荣获联合国环境保护最高荣誉——"地球卫士奖"。

四、习近平在安吉调研时提出"两山"理念

在长期的现实实践和理论思考的基础上，习近平逐渐形成"两山"理念。

习近平总书记为什么在2005年8月15日到安吉天荒坪镇余村首提"两山"理念呢？安吉余村以前有石矿、水泥厂，矿区烟尘漫天，天空常年都是灰蒙蒙的，污染很严重，很多村民都不敢开窗户，村里的笋也是一年比一年长得小。基于生存安全和生活健康的考虑，余村人要换一种活法：2003年村民狠下心来关停了石矿、水泥厂等污染性企业，并开始寻求新的经济增长点。余村把自己村的发展模式转型事迹汇报给时任浙江省委书记的习近平。习近平给予了鼓励："一定不要再去想走老路，不要再迷恋过去那种发展模式。所以刚才你们讲了下决心停掉一些矿山，这个都是

高明之举。绿水青山就是金山银山，我们过去讲既要绿水青山又要金山银山，实际上绿水青山就是金山银山，本身，它有含金量。"习近平指示余村走生态旅游经济之路，指出这条路子是可持续发展之路，要坚定不移地走下去。

"两山"理念的提出看似是习近平针对安吉余村村民的一种即时回应，是"一时灵感"，实际上它经历了漫长的过程。如何平衡、协调经济发展和环境保护之间的关系，是习近平一直在思索的问题。早在2003年8月8日，习近平在《浙江日报》"之江新语"的一期专栏上阐述了环保认识的三阶段：第一阶段是只重经济和发展，不考虑长远，"只要金山银山，不管绿水青山"；第二阶段是意识到了环境的重要性，只考虑自己的小环境、小家园，以邻为壑，甚至把自己的经济利益建立在他人环境受损的基础上；第三，真正认识到了生态环境无边界的重要性，"认识到人类只有一个地球"，保护环境是人类的共同责任，生态建设成为自觉的实践行为。环保三阶段论说明在习近平的心中已经有了"宁要绿水青山，不要金山银山"的思想。此时，习近平已意识到当时我国的环境问题很严重，强调"金山银山"和"绿水青山"对立时应选择后者。2004年3月19日，习近平说："我们既要GDP，又要绿色GDP。"其实这就是习近平后来说的"既要绿水青山，又要金山银山"之意的另类表达。表明了习近平试图把经济发展和环境保护结合起来，深入诠释了"科学发展观"。2004年4月12日，习近平提出要在科学发展观的指导下"实现经济发展和生态建设双赢"。[1] 2005年8月15日，习近平到安吉口头表达了"绿水青山就是金山银山"，说明习近平已经找到"绿水青山"与"金山银山"更好的统一途径，这个途径就是发展生态旅游经济。

"绿水青山就是金山银山"这个重要论断在安吉提出之后，又在理论上进一步发展、成熟。2005年8月24日，习近平在《浙江日报》上再次表述了"绿水青山也是金山银山"，不过这次阐释中又丰富了两者统一的具体路径：浙江省"七山一水两分田"，很多地方拥有良好的生态优势，"如果我们能够把这些生态环境优势转化为生态农业、生态工业、生态旅游等生态经济的优势，那么绿水青山也就变成了金山银山"。[2] 这时候习近平的"两山"论已经基本完善，并且找到了实现"绿水青山就是金山银山"路径，即把生态环境优势转化为生态农业、生态工业、生态旅游等经济优势。2006年3月23日，习近平形成了自然环境与经济发展之间矛盾关系的三阶段论：第一个阶段是用绿水青山去换金山银山，用资源与环境的代价换取发展的成果；第二个阶段是经济发展与资源环境的矛盾凸显出来，人们意识到"既要金山

---

1 习近平：《之江新语》，杭州：浙江人民出版社，2007年，第44页。
2 同上。

银山，但是也要保住绿水青山"；第三个阶段是认识到"绿水青山可以源源不断地带来金山银山，绿水青山本身就是金山银山"。[1] 2013年9月7日，习近平对资源环境与经济发展的三阶段表明了自己的态度，展现为现在最为人们所熟知的"两山"理念："我们既要绿水青山，也要金山银山。宁要绿水青山，不要金山银山，而且绿水青山就是金山银山。"

第二节　迈向绿色经济：破解环境难题的联合国报告

第二次世界大战后，重建与发展经济成为很多国家的第一要务，经济增长论备受推崇。在这种发展观的影响下，人类创造了前所未有的经济增长奇迹，但也带来资源浪费、环境污染、生态破坏等环境问题。特别是在20世纪五六十年代，欧、美、日发生了一系列震惊世界的"公害"事件，引发世人对生态环境问题的关注。人们在实践中逐渐认识到，越来越严重的、遍布世界的生态环境问题肇始于不顾及环境保护的发展观和生产生活方式。

1972年，罗马俱乐部在《增长的极限》中指出，如果世界人口、工业化、环境污染和资源消耗等指数增长的性质趋势不加改变，我们星球的增长极限将在100年内发生。1987年，联合国世界环境与发展委员会在《我们共同的未来》调研报告中首次提出"可持续发展"的定义，即这种发展既能满足当代人的需要，又不对后代人满足其需要构成威胁。1992年，在联合国环境与发展大会上通过《里约宣言》和《21世纪议程》这两个纲领性文件，标志着可持续发展的理念被全球各国所认可。2012年，联合国可持续发展大会发表《我们憧憬的未来》，专题研究可持续发展议题。2015年9月，联合国可持续发展峰会通过2030年可持续发展议程。2015年12月，在巴黎气候变化大会上通过《巴黎协定》，此协定涉及2020年以后全球应对气候变化的行动安排，是全球气候治理的里程碑。

可见，可持续发展和绿色发展已经成为国际社会经济发展的一种大趋势。习近平一直以来非常关心绿色经济发展，并积极参与生态文明建设的国际治理。2012年11月，习近平指出，中国不断推进生态文明建设，坚持把生态文明建设融入经济建设、政治建设、文化建设、社会建设的各方面和全过程，"确保中华民族永续发展，为全球生态安全做出我们应有的贡献"。[2] 2013年7月，在致生态文明贵阳国际论坛年会的贺信中，习近平指出：保护生态环境，应对气候变化挑战，维护能源安全，是全球各国面临的共同挑战；中国将同世界各国加强生态文明领域的交流合作，推

---

1 习近平：《之江新语》，杭州：浙江人民出版社，2007年，第186页。
2 中共中央文献研究室：《习近平关于社会主义生态文明建设论述摘编》，北京：中央文献出版社，2017年，第43页。

动成果互享，"携手共建生态良好的地球美好家园"。[1] 2015 年 12 月，习近平积极推动落实《巴黎协定》的成功生效。2017 年 1 月，习近平在联合国日内瓦总部的演讲中指出："工业化创造了前所未有的物质财富，也产生了难以弥补的生态创伤。我们不能吃祖宗饭、断子孙路，用破坏性方式搞发展。绿水青山就是金山银山……我们要倡导绿色、低碳、循环、可持续的生产生活方式，平衡推进 2030 年可持续发展议程，不断开拓生产发展、生活富裕、生态良好的文明发展道路。"[2] 2017 年 5 月，习近平倡议中国环境保护部和联合国环境规划署共同作为发起方，建立"一带一路"绿色发展国际联盟。习近平用言行表明我国在以一个负责任的大国形象积极参与、贡献、引领生态文明建设，并努力为全球生态治理提供中国方案。

第三节　浙江安吉：领先世界的新探索

"两山"重要理念在安吉首提后，对安吉未来发展起了革命性的影响。安吉坚定了生态立县的方向，走出了一条经济发展与生态保护并举的道路。安吉的生态环境日益改善，并获得了一系列荣誉：先后成为全国首个生态县、全国首批生态文明建设试点地区、全国首个中国人居环境奖、国家可持续发展实验示范区、全国首个国家水土保持生态文明县，并被授予中国第一个县域联合国人居奖。在环境改善的同时，安吉的经济也得到快速发展。2014 年，安吉实现地区生产总值 285 亿元，是十年前的 3.7 倍，农村居民人均纯收入连续多年高于全省平均水平 10% 左右。可以说，从 2005 年到 2014 年的十年是安吉历史上发展最快、变化最大的十年。[3] 引人瞩目的是，安吉县的社会经济发展成功在于实现了经济与环保的双赢，它既是全国生态县，又是全国经济竞争力百强县，无可置疑地成为"绿水青山就是金山银山"的一个样板县。

安吉县委书记单锦炎在"两山"重要理念十周年大会上的发言指出，安吉的"绿水青山就是金山银山"经验有三点：一是不断进行环境整治，养育绿水青山。通过长期的不断整治，安吉的生态环境成绩优良。以空气质量为例，2014 年安吉空气优良率高达 71.8%。如果以负氧离子为检测标准，[4] 根据专业机构检测，安吉从县城向外由近及远的负氧离子平均浓度为：市中心生态广场负氧离子 1 立方厘米有 1100 多个，灵峰度假区有 1300 多个，龙王山自然保护区有 4200 多个，黄浦江源头有 16000 多个。超过 900 个就对人体健康很有利，所以安吉的自然环境对于人民群

1 习近平：《习近平谈治国理政》，北京：外文出版社，2014 年，第 212 页。
2 习近平：《习近平谈治国理政》（第二卷），北京：外文出版社，2017 年，第 544 页。
3 安吉县委书记单锦炎在湖州市暨安吉县习近平同志发表"绿水青山就是金山银山"重要讲话十周年纪念大会的发言材料。
4 彭筱军：《幸福不丹·幸福安吉》，上海：上海远东出版社，2013 年，"幸福安吉"部分第 193 页。

众的生活极其有利。二是不断抓实优质项目，大力转化绿水青山。近年来，引进长龙山抽水蓄能电站、上影安吉影视产业园、中广核风能发电、中国物流基地、港中旅等一大批"大好高"项目，建成知名品牌凯蒂猫家园、世界顶级酒店 JW 万豪、水上乐园欢乐风暴、"大年初一风情小镇"以及老树林度假别墅、鼎尚驿主题酒店、君澜酒店、阿里拉酒店等重大旅游项目。正是这样一些高端优质项目的建成，让安吉的产业不断优化、发展。三是不断让社会发展成果惠及民生，共享"绿水青山"。安吉的美丽乡村建设，不是建一两个样板村，而是把全县作为一个大景区、每个村作为一个景点、每一户作为一个小品来建设。安吉的美丽乡村建设目标：村村是精品、户户有新景、处处见美景。安吉还通过美丽县城、美丽集镇的建设，让安吉处处是美景，让人民群众共享美丽的自然山川之美。

安吉的可持续发展得到了习近平总书记的认可，2015年初，在会见全国双拥模范代表迎新春茶话会上，习近平对湖州市代表嘱咐说："照着这条路走下去。"

第四节 "两山"理念：美丽中国建设新理念

2005年8月，时任浙江省委书记习近平在湖州市安吉县天荒坪镇余村考察时首次提出"绿水青山就是金山银山"。2013年9月，习近平在哈萨克斯坦纳扎尔巴耶夫大学演讲的答问中全面地阐述了"绿水青山就是金山银山"理念的内容。2017年10月，习近平在中国共产党第十九次全国代表大会上所做的报告明确指出：新时代推进生态文明建设，"必须树立和践行绿水青山就是金山银山的理念"。2018年5月，在全国生态环境保护大会上，习近平更指明了"绿水青山就是金山银山"理念的重要价值，这"是重要的发展理念，也是推进现代化建设的重大原则"。习近平关于"绿水青山就是金山银山"理念的相关论述，为我国推进生态文明建设，并促进环境与经济和谐发展提供了科学指南。

一、"绿水青山就是金山银山"理念的主要内涵

结合习近平相关论述可以看出，"绿水青山就是金山银山"理念的主要内涵是：坚守"宁肯不要钱，也不要污染"的发展底线，坚信良好生态环境能够带来金山银山的发展理念，破除保护生态环境就要放慢经济增长的发展的误区，通过创新思路方法开展实践活动，不负青山赢金山。用习近平的话表述，即"让绿水青山充分发挥经济社会效益，不是要把它破坏了，而是要把它保护得更好"。

第一，坚守"宁肯不要钱，也不要污染"的发展底线。从深层次分析，习近平曾经提出的"宁肯不要钱，也不要污染"表明了经济发展的生态底线，不破坏环境是经

济发展的红线。换言之，发展经济是必要的，也是人民所热烈期望的，但我们追求的发展不是饮鸩止渴式的发展，不能以影响自然生态系统安全稳定为代价。我们追求的增长必须是实实在在、没有水分的增长，是兼具效益、质量和可持续的增长。

就目前发展阶段而言，发展底线问题必须予以强调。一方面，在西方国家经验教训的警醒下，我国过去已经意识到西方国家先污染后治理这一发展模式不可效仿，并且社会各方面对环境保护的意识和实践也有较大改善。但值得注意的是，发展中引发的环境问题依然突出：直到目前，我国环境容量有限，生态系统脆弱，污染重、损失大、风险高的生态环境状况还没有根本扭转。另一方面，由于严重的生态问题导致人民群众的不满情绪，并引发一定的社会冲突问题。根据中国生态环保部门的官方统计数据，近年来我国每年都会发生环境冲突事件。所以，习近平坚决否定先污染后治理、"要钱不要命"的发展模式，并指出："经济上去了，老百姓的幸福感大打折扣，甚至强烈的不满情绪上来，那是什么形势？"生态文明建设不仅仅是经济问题，还是关乎党的使命宗旨的重大政治问题以及关乎民生的重大社会问题。

第二，坚信良好的生态环境能够带来金山银山的发展理念。以往的发展思路是：要实现人民致富就要搞工商业，无工不富，无商不富。为此，不少地区为了致富大力引进或培育工商业，粗放式地发展，以牺牲环境和资源为代价换得经济增长。而绿水青山就是金山银山的理念则认为，保护、改善原有的生态环境并通过适当的产业经营，可以创造源源不断的经济财富。一方面，保护生态环境就是保护生产力，"保护生态环境就是保护自然价值和增值自然资本，就是保护经济社会发展潜力和后劲"；[1] 另一方面，改善生态环境就是发展生产力，"改善"不仅仅意味着提升自然环境品质，还意味着通过一些具体生态产业载体创造能够带来经济效益的生态产品，从而实现自然财富、生态财富向经济财富、社会财富的转化。现在我国已处于人民群众对生态环境需要成为社会主要矛盾重要方面的历史时期，日渐富裕起来的人民群众对绿色安全农产品、生态性工业制品、生态旅游等有较为强烈的向往，这都为"绿水青山"向"金山银山"的成功转化提供了现实可能。

"绿水青山"在习近平系列文本中，特别是在"绿水青山就是金山银山"表述中的内涵不能简单地理解为一般的"生态环境""自然资源"或"生态环境资源"，而更倾向于"优美的、有特色的、吸引人的生态环境"，用习近平的话语表述即"良好的生态环境"或"优美的生态环境"。只有"良好的"生态环境才能在满足人们对美好生态产品期望的同时，也能够通过生态产业经营或其他形式来创造丰厚的

---

1 习近平：《推动我国生态文明建设迈上新台阶》，《求是》2019年第3期。

经济财富。如习近平指出："如果其他各方面条件都具备，谁不愿意到绿水青山的地方来投资、来发展、来工作、来生活、来旅游？"

第三，破除保护生态环境就要放慢经济增长的发展误区。固然，在短时间内看，一些地区在进行产业转型升级时，为了保护环境可能采取限制高污染行业或企业进入而出现经济发展速度暂时性放缓的现象，或者除了个别生态环境脆弱的地方确实很难促进经济发展，而只能借助生态补偿或政府转移支付的办法来解决经济发展难题外，对于我国绝大多数地区还是应该在确保生态安全的前提下，创新思路方法，极力谋求经济的适当发展，以实现经济建设和生态建设的双赢。习近平曾对一些地区过度强调保护生态环境而宁慢勿快的发展现象进行严肃批判："强调发展不能破坏生态环境是对的，但为了保护生态环境而不敢迈出发展步伐就有点绝对化了。实际上，只要指导思想搞对了，只要把两者关系把握好、处理好了，既可以加快发展，又能够守护好生态。"[1] "绿水青山和金山银山绝不是对立的，关键在人，关键在思路。"[2] 我国现有1392个5A和4A级景区，60%以上分布在中西部，70%以上的景区周边集中分布着大量贫困村。通常的观点认为，这些地方偏远，故难以创造大的经济价值；而习近平则有信心地指出，通过改革创新，让贫困地区的土地、劳动力、资产、自然风光等要素活起来，让资源变资产、资金变股金、农民变股东，就可以让绿水青山变金山银山，带动贫困人口增收，"不少地方通过发展旅游扶贫、搞绿色种养，找到一条建设生态文明和发展经济相得益彰的脱贫致富路子，正所谓思路一变天地宽。"[3]

二、"绿水青山就是金山银山"的建设目标

2005年8月，习近平指出："我们追求人与自然的和谐、经济与社会的和谐，通俗地讲，就是要'两座山'：既要金山银山，又要绿水青山。"[4] 从这句话可知，"绿水青山就是金山银山"的理念追求人与自然、经济与社会的和谐统一。党的十八大以来，习近平反复强调生态环境保护和生态文明建设的重要性，提出："环境就是民生，青山就是美丽，蓝天也是幸福，绿水青山就是金山银山……推动形成绿色发展方式和生活方式，协同推进人民幸福、国家强盛、中国美丽。"[5] 从这句话可知，追求"绿水青山就是金山银山"的理念，能够助推形成绿色的发展方式和生活方

1 中共中央文献研究室：《习近平关于社会主义生态文明建设论述摘编》，北京：中央文献出版社，2017年，第22页。
2 中共中央文献研究室：《习近平关于社会主义生态文明建设论述摘编》，北京：中央文献出版社，2017年，第23页。
3 中共中央文献研究室：《习近平关于社会主义生态文明建设论述摘编》，北京：中央文献出版社，2017年，第30页。
4 习近平：《之江新语》，杭州：浙江人民出版社，2007年，第186页。
5 中共中央文献研究室：《习近平关于社会主义生态文明建设论述摘编》，北京：中央文献出版社，2017年，第12页。

式，推进国家富强而美丽、人民生活幸福。综上，"绿水青山就是金山银山"的建设目标，事实上涉及两个主要方面，一是建成具有良好生态环境的生态文明国家，二是建成人与自然、经济与社会和谐共生的生态文明社会。

第一，建成具有良好生态环境的生态文明国家。生态文明国家是在工业文明发展之后出现的新的国家形态，具有生产发展、生活富裕、生态良好的特质。习近平指出，要大力推进生态文明建设，提供更多优质生态产品，创造优美的生态环境以满足人民群众对美好生态环境的期待，即把好的生态环境做优，把差的生态环境复绿，为人民群众创造宜于生活、居住、闲暇、创业的美好自然环境，把整个国家建成天蓝地绿水净的美丽而宜居的国家，让老百姓看到蓝天白云、繁星闪烁，"还给老百姓清水绿岸、鱼翔浅底的景象"。[1]优美的生态环境包括呼吸到新鲜的空气，喝上干净的水，吃上放心的、绿色的食物，让人民群众共享自然之美、生命之美、生活之美。

此外，优美的生态环境还应该具有"宜居"和地方特色。所谓宜居，是指一个城市的发展应该既考虑经济指标又考虑生态环境指标；城市应该树立"绿水青山就是金山银山"的意识，应该尊重自然、传承历史，实现绿色低碳发展；城市的定位与规模应该根据环境容量和城市综合承载能力而定。所谓地方特色，是指我国地大物博，各地环境应该有自己的自然景观特色和历史文化特色，避免城市之间雷同、城市与乡村雷同。习近平指出："发展有历史记忆、地域特色、民族特点的美丽城镇，不能千城一面、万楼一貌"，[2]"很多山城、水城很有特色，完全可以依托现有山水脉络等独特风光，让居民望得见山、看得见水、记得住乡愁。"[3]他反对按照城镇建设模式进行美丽乡村建设，搞得城市不像城市、农村不像农村。"新农村建设一定要走符合农村实际的路子，遵循乡村自身发展规律，充分体现农村特点，注意乡土味道，保留乡村风貌，留得住青山绿水，记得住乡愁。"[4]

第二，建成人与自然、经济与社会和谐共生的生态文明社会。首先，生态文明社会应该能够体现人与自然的和谐，即整个社会生态良好、经济发达、人民富裕而幸福。马克思、恩格斯认为，人民若要创造历史，必须能够生活，"当人们还不能使自己的吃喝住穿在质和量方面得到充分保证的时候，人们就根本不能获得解放。"[5]所以，生态文明社会扬弃了工业社会只注重经济发展而忽视环境保护的缺陷，以可持续发展的方式继承工业文明的文明成果，并以新的、更高级的发展方式促进

---

1 习近平：《推动我国生态文明建设迈上新台阶》，《求是》2019年第3期。
2 中共中央文献研究室：《习近平关于社会主义经济建设论述摘编》，北京：中央文献出版社，2017年，第161页。
3 中共中央文献研究室：《习近平关于社会主义生态文明建设论述摘编》，北京：中央文献出版社，2017年，第49页。
4 中共中央文献研究室：《习近平关于社会主义生态文明建设论述摘编》，北京：中央文献出版社，2017年，第61页。
5《马克思恩格斯文集》（第1卷），北京：人民出版社，2009年，第527页。

经济增长，同时维护、创建好优美的生态环境。习近平常将"新发展理念"与"绿水青山就是金山银山"理念并提，期望通过践行前者实现经济发展的绿色化，寄望于通过践行后者实现生态环境的经济化，两者相辅相成，共同实现优美的生态环境和丰富的经济财富之目标。

其次，生态文明社会应该追求经济与社会的和谐，让经济发展的成果惠及每一个公民。"绿水青山就是金山银山"所追求的建设目标，不应该仅仅限于生态建设、经济建设，而应该与人民安居乐业、社会公平正义等紧密相连。站在整体维度去考虑，必须让每一个中国人都充分享受到社会经济发展所带来的福祉，实现经济发展和社会正义的有机统一。特别对于很多拥有绿水青山，同时又是经济落后的地区，更是不能仅仅考虑环保问题，而是要充分考虑到让欠发达地区的人民也在物质获得上得利。对于许多地区，可以通过创新思维和工作方式让贫困地区的人民致富。但对于个别既是贫困地区又是生态系统脆弱而重要的地区而言，就需要国家站在整体角度进行适度的经济补偿。习近平指出："要加大贫困地区生态保护修复力度，增加重点生态功能区转移支付，扩大政策实施范围。"[1] 通过实施生态扶贫，一则可以通过从中央到地方的财政支付转移，让既是贫困落后地区又是环境重点保护地区的人们富裕起来，以体现社会公平正义；二则可以改善当地的经济条件和生态条件，防止当地居民为了盲目发展经济而破坏自然生态环境。这从全国来看，是个大局问题，必须处理好。

最后，生态文明社会追求绿色环保的发展方式和生活方式。习近平指出，"生态环境问题归根结底是发展方式和生活方式问题"。[2] 绿色发展方式坚持绿色、循环、低碳的可持续发展理念，各个生产部门能够在不损害自然环境的前提下实现利润并生产出绿色环保的产品。绿色生活方式是指"节约适度、绿色低碳、文明健康的生活方式和消费模式"。[3] 绿色发展方式和生活方式是一种全新的、适应新时代发展的生存理念，强调的是人与自然和谐可持续发展，这种新的发展方式和生活方式摒弃了原有的谋取金钱和消费活动本身为王的模式，是人类生存状况的一种巨大变革。就形成绿色的发展方式和生活方式而言，首先应革新价值观，树立尊重自然、顺应自然、保护自然的理念，形成人与自然是生命共同体的生态伦理，使公民能够像珍爱眼睛与生命一样爱护环境，并成为生态文明建设的积极践行者、推动者。其次，应健全生态法律法规，实施生态环境领域国家治理体系和治理能力的现代化，[4] 使生态观念与生态制度相映生辉，共同实现全社会的生态式变革。

1 中共中央文献研究室：《习近平关于社会主义生态文明建设论述摘编》，北京：中央文献出版社，2017年，第65页。
2 习近平：《推动我国生态文明建设迈上新台阶》，《求是》2019年第3期。
3 中共中央文献研究室：《习近平关于社会主义生态文明建设论述摘编》，北京：中央文献出版社，2017年，第122页。
4 秦书生：《习近平关于建设美丽中国的理论阐释与实践要求》，《党的文献》2018年第5期。

三、"绿水青山就是金山银山"的实践要求

绿水青山就是金山银山，重点和难点在于成功践行，即真正使得绿水青山变成金山银山。在2018年5月北京召开的全国生态环境保护大会上，习近平提出新时代推进生态文明建设必须遵循的六大原则，并指出要构建包括生态文化体系、生态经济体系、生态目标责任体系、生态安全体系在内的生态文明体系，这实际上为全国各地建好绿水青山打下了坚实的基础。关于实现"两山"转化的实践要求，归纳起来主要有以下方面：

第一，充分发挥党政机关在社会经济中的统领、规划、引导作用，为"两山"转化奠定政策基础和前提条件。党政结合起来，党委决策领导，政府管理施策，统一引导社会经济向良好的方向发展。习近平指出，各地区、各部门都要树立新发展理念和"绿水青山就是金山银山"的强烈意识，努力走向生态文明新时代。其一，各地首先进行整体规划，坚定不移实施主体功能区制度，"严格按照主体功能区定位推动发展和推进城镇化"。[1]对于承载能力弱的区域适宜优化开发，重点开发区集约高效开发，限制开发区面上保护、点状开发，禁止开发区令行禁止，以生态环境保护为要。其二，政府应该为"两山"的转化提供便利条件，如建好城乡生态环境，修好道路桥梁基础设施，规范工农业的绿色生产，做好地方生态资源品牌的宣传以及扩大招商引资、引进重点产业项目等。其三，对于"两山"转化中比较见成效的做法进行广泛宣传，并对其进行政策上的大力扶持，努力使其做大、做强。新闻、报纸、广播、电视、网络、官方微博等舆论媒介要充分发挥主渠道功能，对"两山"转化中的典型样板大力宣传，鼓动更多的产业资本和人力资源进入生态经济领域之中，以一带十，连点成线、连线成面，把有地方特色的生态产业做出品牌效应、规模效应、社会效应。

第二，通过在良好生态环境、经济财富和基本公共服务上的共建共享，调动广大人民群众的主体作用，为"两山"的转化打下人力资源基础。人民是历史的创造者，无论在生态文明建设中还是在绿色发展中，人民群众始终都是社会实践活动的主体。良好的生态环境为人民群众所共有，其创建和维护离不开广大的人民群众，"两山"的转化也离不开广大人民群众的参与和创造精神。习近平指出："群众中蕴藏着巨大的智慧和力量。"[2]安吉作为"绿水青山就是金山银山"理念的诞生地和践行样板地、模范生，一个基本的建设经验就是共建共享，即老百姓共同参与生态文

1 中共中央文献研究室：《习近平关于社会主义生态文明建设论述摘编》，北京：中央文献出版社，2017年，第48页。
2 习近平：《干在实处 走在前列》，北京：中共中央党校出版社，2006年，第530页。

明创建，共同享有美好生态环境，共同分享社会经济发展成果，追求全域美丽、全域旅游，追求一二三产融合发展，实行基本公共服务村级全覆盖，也由此成为全国幸福指数最高的县域之一。习近平指出："让资源变资产、资金变股金、农民变股东，让绿水青山变金山银山。"[1]之所以让农民变股东、资金变股金，其要义就是让农民在"两山"转化中能够致富，推动广大农民参与生态文明建设和经济社会建设，并实现共建共享。

第三，通过培育生态产业和生态项目，解决绿水青山通达金山银山的基本桥梁问题。生态环境为公共性产品，必须通过载体转化才能赢得利润。一方面，一个地方的"两山"转化一定要有具体的、有代表性的生态产业为依托，如安吉有白茶、竹制品、美丽乡村旅游等；另一方面，引进大好高生态项目来提升"两山"转化的成色。安吉"两山"转化的一个基本经验就是以项目建设为载体，通过引进一些高端项目如观光旅游项目、世界顶级酒店、影视基地、水上乐园、抽水蓄能电站、物流基地等，提高该县的整体生态环境形象和旅游知名度。生态项目的引进要与当地山水资源相吻合，以相得益彰、相互促进，而不能为了夺人眼球、引人注目搞一些奇奇怪怪的建筑、设施、节目。

第四，充分发挥各地特有的生态资源禀赋和历史文化，创建特色生态产品。生态产品有特色才能长久，才能实现利益的最大化。没有特色的生态产品即使短期盈利较佳，但由于易被他地所模仿，最终仍会盈利困难。关于因地制宜、体现特色，习近平的相关论述很多，如在宁德工作时他指出，宁德应大力发展特色水果，如宁德、霞浦的晚熟荔枝，福鼎的四季柚，福安的芙蓉李，古田的油柰等。又如，在浙江工作时，论及生态旅游，习近平指示，要以浙江优秀自然资源和人文资源为主干，突出"诗画江南，山水浙江"的主题，精心打造体现浙江文化内涵与人文精神特质的特色旅游精品，打响文化旅游、商贸旅游、休闲旅游、生态旅游和海洋旅游五张品牌。可见，自然资源一旦与历史、文化资源结合起来就会显示独特的经济魅力，并且能使生态产品增添竞争力。

第五，大力引进各类经济发展要素，把生态优势转化为地区发展的核心竞争力。习近平指出，"绿色生态是最大财富、最大优势、最大品牌"，[2]同等条件下，人们更倾向于到有绿水青山的地方来投资、发展、旅游、工作和生活。因此，可以充分利用良好的生态环境来招商引资，特别是重点引进绿色产业和高新技术产业，追求产业生态化和生态产业化的统一；可以利用良好生态环境大力引进人才、引进技

1 中共中央文献研究室：《习近平关于社会主义生态文明建设论述摘编》，北京：中央文献出版社，2017年，第30页。
2 中共中央文献研究室：《习近平关于社会主义生态文明建设论述摘编》，北京：中央文献出版社，2017年，第33页。

术，以高科技来发展生产，并推动生活的科技化、便利化，降低生产生活成本，打造智慧城市；可以利用良好的生态环境大力引进科研机构、高等院校等的投入，使得高端人才能在本地繁衍生息，提高一个城市的人力资源财富，为经济社会发展提供源源不断的智力支持，同时由于各种人员的进入，还能促进消费的增长；可以利用良好的生态环境来开发旅游业、休闲养老业、金融业、文化娱乐业等，同时还可以通过举办大型商品会展、文体娱乐活动来为地方发展增加人气，带动各类服务业发展，并增强一个城市的国内外知名度；可以利用良好的生态环境申报国家和省市级各类绿色发展项目和其他社会经济项目，以赢得各级政府的政策支持和资金进入，为地区的发展开拓便利性条件。所以，"绿水青山就是金山银山"的要义不能局限于发展生态性经济产业，而是要将其与整个地区的产业转型升级、科技文化繁荣、社会和谐稳定、人民安居乐业等结合起来，从整体上提升一个地区的吸引力、向心力、凝聚力，盘活社会资本、人力资源、土地价值，从多方面推动社会经济的发展，为该地发展带来源源不断的显性和隐形经济财富。

第六，关于"两山"的转化既需统筹规划，又需分步骤、分阶段进行，循序渐进，久久为功。习近平认为，关于地方发展要有"滴水穿石"的韧性，一张蓝图绘到底，一任接着一任干，"抓任何工作，都要有这种久久为功，利在长远的耐心和耐力"。[1]绿水青山向金山银山的转化亦复如是，在现实操作中万不能急于求成、急功近利。其一，一个生态经济项目的运行往往需要持续大量的资金投入，而它是否能盈利也需要一定的市场检验才能实现。生态经济如果一下子遍地开花，又搞不出特色，很容易会导致资源浪费和企业亏损。企业如果不能实现盈利，又会影响"两山"转化的声誉，不利于后续的资金引入。其二，一些地方有绿水青山，但通常缺资金、缺人才、缺技术、缺区位优势，创造金山银山有一定难度，适宜通过广泛宣传和政策支持，树立样板和典型，逐步改变面貌。

综上所述，一般的可持续发展理论追求经济发展的绿色化，即不以牺牲环境为代价发展经济；而习近平的"绿水青山就是金山银山"理念则另辟蹊径，寻求生态资源的经济化，旨在为生态文明建设提供强大的经济动因，同时为人民群众创造丰厚的经济财富，满足人民群众对美好生活的期待。"绿水青山就是金山银山"理念为我国当前生态文明建设和绿色发展指明了新路径，并为全球生态环境治理提供中国智慧和中国方案。

---

[1] 习近平：《做焦裕禄式的县委干部》，北京：中央文献出版社，2015年，第9页。

第二讲

生态文明：
美丽中国新机遇

余连祥

传统中国，长期强调"农桑为本"。农业一直是中国封建社会的立国之本。到了近代，西方用工业文明时代的坚船利炮打开了大清帝国闭关锁国的大门。走出国门的中国人，惊奇于西方工业文明所创造的先进的物质财富。此前一直学习中国的日本，在"脱亚入欧"口号的指引下，成为学习西方工业文明的"优等生"。这也让中国的有识之士看到了东方人学习西方工业文明的可能性，于是就有了"师夷长技以制夷"的"洋务运动"，进而开启了近现代中国被迫现代化的艰难历程。

改革开放以来，中国政府大张旗鼓推进工业化和城镇化，取得了举世瞩目的成就。然而，随着城镇化率超过50%，"三农"问题日益凸显。党的十九大提出实施乡村振兴战略，走城乡一体的生态文明发展道路，标志着美丽中国建设将会从根本上化解"三农"困境。新世纪生态文明建设的中国方案，不仅能化解中国人自己的问题，还将会为化解源自西方的工业化和城市化的困境做出贡献。

第一节 乡村逢工业文明衰

工业化和城市化是把双刃剑。一方面，工业化造就了城市的繁荣，城市化有效转移了大量农村富余劳动力，增加了城乡人民的收入；另一方面，工业污染严重污染了城乡空气、水体和土壤。毒化的土壤，灌溉受污染的水，生产出来的"毒大米"无法食用。受污染的水会造成鱼塘大面积死鱼。城市"摊大饼"式的扩张，占用了大量良田，危及18亿亩耕地红线。有文化的青壮年去城里打工，不少落后地区的农村，留守的只是老人孩子和部分妇女，劳动力结构极不合理。经济发达地区的农村，农民们为了子孙后代能享受县城的优质教育资源，只得高价在县城买房，凭着房产证在县城读书。城市对乡村人财物的"虹吸"作用，直接导致了农村的"空心化"以及生态环境的恶化。

一、工业文明对农村的污染

20世纪80年代推行土地家庭联产承包责任制，随后乡镇企业崛起，带动了国民经济的起飞。改革激发了几亿中国农民发展经济、摆脱贫穷的巨大潜能，农业劳动生产率和土地产出率大幅提高。同时，针对工业消费品极度匮乏的状况，通过发展乡镇企业，满足市场需求，仅用十几年时间，我国就一举结束了计划经济时代的短缺经济。

改革开放，让中国与世界接轨，融入工业化、城市化的世界潮流。然而，在城市化、工业化浪潮的冲击下，中国的传统乡村面临被解构与终结的命运。

改革开放以来，我国的环境污染三分之二来自工业污染。工业污染主要来自工业废气排放、工业二氧化硫排放、工业烟尘排放、工业粉尘排放、工业废水排放以及工业产生的固体废物等。高污染行业主要为粗放型的重型工业、原料开采等，如煤炭开采与煤电、黑色金属冶炼与压延业、石灰岩开采与水泥生产等产业，其他如造纸、印染和化工等也都是高污染行业。

改革开放之初，各地以GDP论英雄，不太注意控制环境污染，不少高污染企业甚至直接排放工业废气、废料和废水，严重污染周边的水体和良田。一些地方的GDP在增长，而污染的增长则更快；粮食产量在提高，但可以食用的粮食却在减少。"毒大米"流通中的制度监督漏洞固然可怕，但最可怕的还是源头种植土壤的污染。如今不少水乡的孩子只能在游泳池里学习游泳，乡村的河流都无法游泳。不少县的环保局局长立下军令状，通过若干时间的治理，要让县领导能下河游泳，从侧面反映了城乡河流污染之严重。

有关材料表明，我国每年受重金属污染的粮食高达 1200 万吨，直接经济损失超过 200 亿元，这些粮食可养活 4000 多万人。

近年来，尽管从中央到地方都注重环境保护，但类似环境污染引起的"毒大米"事件仍时有发生。2017 年 11 月初，一篇名为《临近稻谷收割期，江西九江出现"镉大米"》的公开举报信让九江镉大米污染事件进入公众视线。举报信称，环保志愿者在九江市紫桑区（原九江县）港口街取样送检后发现，该地所产稻谷及其耕地中重金属镉存在不同程度超标。早在 2013 年，当地上马了一个年开采 10 万吨金铜硫矿项目。该矿长期排放的红色污水，最后流入东湖，导致当地农田土壤中的镉、砷超标以及稻谷镉超标。

太湖流域是有名的"丝绸之府"，江苏的盛泽镇明清时就崛起为丝绸业雄镇。这个与嘉兴相邻的市镇，借助改革开放的东风，重振了丝绸业雄风。盛泽的丝绸印染污水经常向大运河排放，害苦了下游的嘉兴农民，污水经常导致鱼塘大面积死鱼。嘉兴渔民挑了死鱼去找过盛泽镇政府，尽管得到了一些赔偿，但盛泽镇的印染污水仍时不时往嘉兴方向排放。

2001 年 11 月 21 日晚，28 条水泥船砸沉在麻溪港，随后用推土机筑起大坝，硬是挡住了盛泽排放来的污水。此事惊动了中央，盛泽镇才被迫结束了长达十年的以邻为壑。

二、石化农业的不可持续性

与此同时，农业面源污染也是一个不容忽视的大问题。农药、化肥的过度使用，导致了农业面源污染。农田中的水，挟带着大量没有被作物吸收的氮、磷等，排放进河流，叠加工业废水与生活污水，导致水体富营养化，严重时会引起蓝藻暴发。覆膜技术的使用，能实现大豆、玉米等早播，黑膜能抑制杂草生长，还能减少地里水分蒸发。然而，超薄的劣质地膜，经日晒、霜打和冰雪，容易碎在地里，成为很难降解的污染物。

尤斯图斯·冯·李比希（1803—1873）发现了氮对于植物营养的重要性，被称为"化学农业之父"。另一位德国化学家弗里茨·哈伯，于 1909 年首次从空气中制造出氨，使人类从此摆脱了依靠天然氮肥的被动局面，加速了世界农业的发展，由此获得 1918 年的诺贝尔化学奖。他们的发明，奠定了 20 世纪石化农业的基础。一百多年来，石化农业高歌猛进，农业产量节节攀升。现代农业省时省力且又高产，成功取代了依靠人畜和有机肥的传统农业。

茅盾的散文《陌生人》形象地描述了 20 世纪 30 年代，"陌生人"化肥（当时称

"肥田粉")如何从海外进入我国东南沿海乡村的。不过在中国,即使人民公社时期,主要使用有机肥,只是少量使用化肥。在物资短缺的计划经济时代,化肥,包括氨水,都是凭票供应的。改革开放以后,随着乡镇企业的崛起,大量青壮年劳力从一产转移至二产,省时省力的化肥才唱起了主角。

现代农业,即石化农业(Industrial Agriculture),耗用大量以石油为主的能源和原料,大量使用化肥和农药,大规模单一种植,高度机械化、自动化。这种农业高效,但缺乏可持续性。

我国东北三江流域的黑土区,面积约102万平方千米,是有"北大仓"之称的重要商品粮基地,粮食产量占全国总产量的五分之一,与乌克兰大平原、北美洲密西西比河流域,并称世界三大块黑土区。然而,支撑粮食高产的黑土层在过去半个多世纪里减少了50%。几百年才形成一厘米的黑土层正以每年近一厘米的速度消失。有关专家预测,照此速度,部分土地的黑土层可能会在几十年后消失殆尽,东北这一中国最大粮仓的产能也将遭受严峻挑战。究其原因,黑土区人口快速增长,人们不断扩大耕地面积;化肥和农药的大量使用,造成农民种地不养地;机械化耕作,造成农田耕层变浅,土壤的物理性状恶化。

我国最肥沃的黑土地都出现了耕地肥力锐减的情况,其他地方耕地荒漠化、耕地肥力消失的严重程度可想而知。

面对耕地肥力下降,对石化农业产生"路径依赖"的农民,就不断加大化肥的使用量。在山东寿光的蔬菜大棚,菜农给一亩地施用底肥5000千克,蔬菜生长期还需追施氮、磷、钾肥400千克,叶面喷施氮、磷、钾和微肥50千克。这是正常施肥量的4—10倍。设施大棚温度高、湿度大,作物容易滋生病虫害,农药用量随之加大。如此恶性循环,直接导致两大生态环境问题:

一是生态关系失衡,引发生态环境恶化。由于农药化肥的过量使用,稻田生物多样性被破坏,土壤中的蚯蚓、土鳖及各种有益菌等大量消失,农作物害虫的天敌青蛙的数量大减,自然生态面临危机。

二是土壤质量下降,使农作物减产降质。重金属污染的增加,农药化肥的大量使用,造成土壤有机质含量下降,土壤板结导致农产品产量与品质下降。

三、城镇化对乡村的"虹吸"作用

美国学者黄宗智长期研究中国华北和长江三角洲的农村经济。他认为长江三角洲由于人口的过密化,加速了家庭手工业。"商品化带来的并不是小农家庭生产单位的削弱,而是它的更充分地完善和强化。新的棉花经济和扩展着的桑蚕经济所要求的附加劳动力首先来自农户辅助劳动力。在这个过程中，妇女和儿童越来越多地分担了农户的生产活动，从而导致了我所称之的农村生产的家庭化。商品化非但没有削弱小农家庭生产存在的基础，反而刺激了这一生产，并使之成为支持商品经济的基础"。[1]

在黄宗智看来，人口的过密化导致中国传统农民不计劳动力成本，绝大多数农户男女老少辛勤劳动的目的只求一家人的温饱。农民们不仅在自家的一亩三分地里精耕细作，而且有条件的地方还大力发展家庭手工业。丰子恺在随笔《三娘娘》里感慨，三娘娘守着自己的小杂货店，辛辛苦苦打一天棉线，收益微乎其微。

中华人民共和国成立之初的1950年，农民占中国总人口的88%。改革开放之初的1980年，农民仍占中国总人口的85%。由此可见，新中国的户籍制度，仍让绝大多数农民留在了农村。农村累积了大量富余劳动力，但没有转移出去的路径。

东南沿海得改革开放风气之先，承接了不少发达国家转移过来的制造业。这些劳动密集型企业，往往两头在外，靠廉价劳动力、几乎可以忽略不计的治污成本与人民币贬值，在国际市场上形成了价格优势。这些低端制造业，往往又是高能耗、高污染的。东南沿海迅速发展起来的乡镇企业、合资企业和外资企业，不仅吸收了当地的农村富余劳动力，还把中西部的农民工吸引过来。与此同时，城市化所需的建筑工人，主力也是农民工。

学界一般把连续打工半年以上的农民称为"农民工"。东南沿海的农民工一般在家门口打工，离土不离家；中西部的农民工一般离土又离家，每年春节前后的"民工潮"就是由这部分农民工引起的。当年的农民工主要为青壮年劳力，不离家者工余时间还能承担家里的重活和技术活；异地打工者，往往只有春节才回家团圆。这就造成了中西部地区农村劳动力结构严重失衡。

据国家统计局公布的数据，2018年农民工总量为28836万人，比上年增加184万人，增长0.6%。在农民工总量中，在乡内就地就近就业的本地农民工11570万人，比上年增加103万人，增长0.9%；到乡外就业的外出农民工17266万人，比上年增加81万人，增长0.5%。在外出农民工中，进城农民工13506万人，比上年减少204万人，下降1.5%。

伴随城镇化率提高的，是乡村人口的锐减。不少贫困地区，壮劳力都外出打工了，留在乡村的是"993861"部队，就是指农村的留守老人（99重阳节）、妇女（38妇女节）和儿童（61儿童节）。据初步统计，全国有6000万留守儿童、4300万

---

1 黄宗智：《长江三角洲小农家庭与乡村发展》，北京：中华书局，2000年版，第44页。

留守妇女、4000万留守老人，近1/4人口处于全家分离状态。失去了有文化的青壮年劳力，留守家庭的农业生产水平自然就下降了。

最初的农民工，打工赚来的钱往往会拿回家盖新房。曾几何时，年轻人在农村盖了新房，仍娶不到媳妇了。原因是优质教育资源都往县城集聚，只有在县城买了学区房，孩子才能就近入学，享受县城的优质教育。于是，能出首付的农村家庭都要在县城为子女购置结婚用房。近二十年的土地财政，吸走了乡村大量资金。

2012年，中国科学院《2012中国新型城市化报告》调查显示，中国城市人口首次超过农村人口，城市化率达到了51.3%。这是一个具有历史性意义的数据，因为这标志着当代中国从一个绵延了五千年的农耕经济主导的乡村社会，向工业经济主导的城市社会转型出现了拐点性变化。然而，不管城市化率达到了多少，城乡居民的吃饭问题仍然主要由中国自己的耕地来解决。从粮食安全的角度考虑，中国人的饭碗要端在自己手里。

城镇化和工业化大量蚕食乡村土地，逼迫学界与政府研讨耕地红线问题。2008年10月12日，党的十七届三中全会通过的《中共中央关于推进农村改革发展若干重大问题的决定》明确提出"坚决守住18亿亩耕地红线"。这是"18亿亩耕地红线"在全党达成共识的标志性事件。这是新世纪我国正确解决人口与粮食、发展与投入、理性与热情等在耕地占用方面多重矛盾的战略思想。

城市化对于乡村人力、财力和土地的"虹吸"作用，直接导致了农村的"空心化"。农村空心化，表现在两个方面：一是农村中有文化的青壮年劳动力流向城市工作，造成农村人口在年龄结构上失衡；二是由于城乡二元体制和户籍制度的限制以及村庄建设规划的不合理，导致村庄外延的异常膨胀和村庄内部的急剧荒芜，形成了村庄空间形态上的空心分布状况。

第二节 生态的源头治理从乡村开始

美丽乡村是美丽中国的底色，而美丽乡村建设源自习近平同志在浙江工作期间开展的"千村示范、万村整治"工程。新世纪初，浙江省委、省政府按照党的十六大提出的统筹城乡发展的要求，于2003年做出了实施"千村示范、万村整治"工程的决策。时任浙江省委书记习近平同志亲自调研、亲自部署、亲自推动这一农村人居环境建设大行动。十多年来，浙江坚持一张蓝图绘到底，坚定践行"八八战略"，全面贯彻"两山"理念，深入推进"千村示范、万村整治"工程，从村庄环境整治到美丽乡村建设再到美丽浙江建设，城乡的生态宜居已达到一些发达国家的水平，初步建成了宜居宜业宜游的美丽大花园。现如今，美丽乡村建设的浙江经验已推广复制到全国。

一、乡村的生态治理：从"壮士断腕"到美丽乡村的"蝶变"

我们还是来看看"美丽乡村"发源地湖州的"蝶变"过程。

"山从天目成群出，水傍太湖分港流"。湖州西部为大片丘陵。改革开放以后，西部山区几乎村村开矿，有"大炮一响，黄金万两"之说。湖州的石头、石子、水泥等装上驳船，从东西苕溪，经顿塘，源源不断地运往上海。这种掠夺资源的粗放式生产方式，以牺牲环境为代价。

第一讲所述的"两山"理念诞生地安吉县天荒坪镇余村，从"矿山经济"向"绿色经济"的蝶变，谱写了"绿水青山就是金山银山"的美丽画卷，展现了"两山"论的强大生命力。

伴随着余村的"蝶变"，整个湖州市开展减点、控量、治污，统筹推进矿山治理。全市矿山企业由612家削减至56家绿色矿山企业，年开采量由1.64亿吨压缩到0.47亿吨。以"宜建则建、宜耕则耕、宜林则林"为原则，完成废弃矿山治理311个，治理复绿1.9万余亩，复垦耕地2.8万余亩，开发可建设用地3.5万余亩，实现了生态与经济的双赢。

湖州的发展路径选择，在"壮士断腕"之初，自然有阵痛，也有迷茫。然而，一旦完成"蝶变"，相比于"卖石头"，老百姓自然更愿意"卖风景"。绿色、生态、可持续，湖州的美丽乡村才会真正成为都市的休闲"后花园"。

随着农民生活水平的提高，生活垃圾迅速增长。生活垃圾和生活污水是农村人居环境治理的两大顽疾。长兴县探索出了"一根管子接到底"，德清县则实施城乡一体化的"一把扫帚扫到底"，吴兴区和南浔区通过PPP，让上市公司美欣达的旺能环保"一家企业管到底"，湖州师范学院"国千人才"车磊博士领衔的团队助力安吉实施了厨余垃圾的资源化利用。湖州城乡垃圾围城、围村的难题迎刃而解，生活污水得到净化处理，村民们相继完成了"厕所革命"。

目前，湖州市所有行政村的生活污水都实现了处理后再排放，行政村垃圾收集处理覆盖率已达到100%。生活垃圾处理涉及千家万户，湖州的经验是：政府引导城乡居民开展垃圾分类，承包企业及时分类清运，并最终实现资源化利用和无害化处理。将厨余垃圾发酵成有机肥后回赠村民，促进垃圾分类的良性循环。随着村民们生活水平的提高，农家也用上了抽水马桶。"一根管子接到底"，从根本上解决了农村粪管污水和厨房污水的集中处理问题。

二、生态农业：化解农业面源污染

习近平总书记2013年4月在海南考察时指出："纵观世界发展史，保护生态环境就是保护生产力，改善生态环境就是发展生产力。良好的生态环境是最公平的公共产品，是最普惠的民生福祉。对人的生存来说，金山银山固然重要，但绿水青山是人民幸福生产的重要内容，是金钱不能代替的。"[1]

大力发展现代生态循环农业，有利于促进乡村振兴战略中的"产业兴旺"，是践行"绿水青山就是金山银山"重要理念、建设美丽中国的实际行动，是推进农业供给侧结构性改革的创新举措，是转变农业发展方式、实现农业绿色发展的现实路径，从而满足人民日益增长的美好生活需要。

大力发展包括生态循环农业在内的高效生态农业，是习近平总书记在浙江工作期间做出的重大战略决策，也是浙江发展现代农业的根本方向。十多年来，浙江审时度势，扬长避短，注重优质农产品和产业链的融合，一张蓝图绘到底，一任接着一任干，毫不动摇地走可持续发展的高效生态循环农业之路。

2014年以来，农业部、浙江省共同推进现代生态循环农业试点省建设。全省通过完善顶层设计，编制现代生态循环农业、畜牧业发展"十三五"规划，以"清洁生产、循环利用"为主线，在湖州、衢州、丽水三市及淳安、宁海、江山、青田、仙居等41县推进现代生态循环农业，打造了一批县域大循环、园区中循环、农业主体小循环的美丽田园"浙江样板区"。经过三年建设，全省化肥、农药用量分别下降12.4%、20.4%，农作物秸秆综合利用率达到92%，畜禽排泄物资源化利用率达到97%；探索形成了一批可复制、可推广的现代生态循环农业发展机制和模式，从理念和方法上为各地提供了有益的经验。

湖州市南浔区练市镇的神牛生态农业发展有限公司将生猪养殖与种植业有机结合，充分利用沼气、沼液和沼渣，实现废弃物的资源化循环利用。500多亩的农场不仅实现内部良性循环，还大量收购周边农户的水稻秸秆进行转化利用，成为南浔区生态循环农业的一个亮点。

南浔区石淙镇石淙村三零现代绿色生态农业产业园是该市三零科技有限公司打造的一个农业创新综合体项目。该公司依托湖州师范学院校长张立钦团队的微生物技术对有机肥进行发酵处理，制成生态有机肥。种植的瓜果、蔬菜都采用零农药残留、零化肥使用、零环境污染的"三零"标准来管理，采用基于微生态平衡的植物健康种植技术体系，病虫害全程绿色防控。

---

1 中共中央文献研究室：《习近平关于社会主义生态文明建设论述摘编》，北京：中央文献出版社，2017年，第4页。

　　传统农耕文化充满生态智慧，但通过捻河泥来把畜禽粪便发酵成有机肥，农活又脏又累。改革开放以后，随着农村青壮劳力从一产转移到二、三产，农民们选择了轻便的石化农业。农药、化肥的过度使用，加剧了农业面源污染，同时产生了"舌尖上的安全"问题。低、小、散的畜禽和水产养殖，由于畜禽粪便和鱼塘淤泥不能有效转化为有机肥，也就加剧了对农村的环境污染。比起传统低效的生态循环农业来，现代生态循环农业以高科技和高效机械为支撑，自然是绿色、高效的，且能从根本上解决农产品的安全问题。

> ### 典型案例：一片叶子富了一方百姓
>
> 　　2003年4月9日，时任浙江省委书记习近平同志来到白茶的发源地——安吉溪龙乡调研，站在万亩茶园里，他对安吉白茶富民产业发展高度评价："一片叶子富了一方百姓。"
>
> 　　安吉白茶产业从无到有，最终发展成安吉农业的特色主导产业，走出了一条"规范化茶园管理、品质化生产加工、一体化品牌推广和多元化市场营销"的发展道路。2018年，安吉白茶以37.76亿元的品牌价值，位居中国茶叶区域公用品牌价值第六名。安吉白茶品牌的生态价值也给当地农民带来了"生态红利"，增加全县农民人均年收入7000多元。安吉白茶生态发展之路取得的丰硕成果，正是践行习近平总书记"两山"理念的生动体现。
>
> 　　为确保安吉白茶的"天生丽质"，县政府一方面为白茶品牌背书，另一方面明确规定种植白茶的生态条件：一是必须有良好的基础肥力和丰富营养元素的土壤，二是必须具备一定的海拔和适宜的坡度、坡向、气候。政府严禁不符合条件的山地毁林改种白茶。对茶叶的制定步骤，政府也有严苛要求。

三、生态乡村的"溢出"效应

　　习近平总书记在十八届中央政治局第四十一次集体学习时指出："推动形成绿色发展方式和生活方式，是发展观的一场深刻革命。"要让"良好生态环境成为人民生活的增长点、成为经济社会持续健康发展的支撑点、成为展现我国良好形象的发力点，让中华大地天更蓝、山更绿、水更清、环境更优美"。[1]

---

[1] 中共中央文献研究室：《习近平关于社会主义生态文明建设论述摘编》，北京：中央文献出版社，2017年，第26—27页。

美丽生态的乡村，具有"溢出"效应，能有效促进城市"天更蓝、山更绿、水更清、环境更优美"，满足城里人对美好生活的向往，从而加快美丽中国建设。

美丽生态的乡村，能给城乡居民提供生态产品。生态产品指维系生态安全、保障生态调节功能、提供良好人居环境的自然要素。包括清新的空气、清洁的水源和宜人的气候等。

城乡周边的湿地、森林等，组成了城市生态屏障，成为改善城市生态环境的生态功能区。这些生态功能区的主体功能主要体现在：吸收二氧化碳、制造氧气、涵养水源、保持水土、净化水质、防风固沙、调节气候、清洁空气、减少噪音、吸附粉尘、保护生物多样性、减轻自然灾害等。

一些国家和地区对生态功能区的"生态补偿"，实质是政府代表人民购买这类地区提供的生态产品。

新安江流域上下游横向生态补偿试点，作为全国首个跨省流域生态补偿机制试点，是我国跨省流域横向生态补偿的具体实践，是生态文明体制和制度改革的重大创新。试点工作入选 2015 年中央改革办评选的全国十大改革案例，并被纳入中央《生态文明体制改革总体方案》和《关于健全生态保护补偿机制的意见》。

早在 2012 年，为保护千岛湖的优质水资源，解决好新安江上下游发展与保护的矛盾，使得保护水资源提供良好水质的上游地区得到合理补偿，在财政部、生态环境部牵头下，浙江和安徽正式实施横向生态补偿试点，成为全国首个跨省流域水环境补偿试点。

试点工作按照"保护优先，合理补偿；保持水质，力争改善；地方为主，中央监管；监测为据，以补促治"的基本原则，设立新安江流域水环境补偿资金，主要用于安徽省内两省交界区域的污水和垃圾特别是农村污水和垃圾治理。

从 2012 年开始已进行了前两轮试点，第三轮试点为期三年（2018—2020），浙江、安徽每年各出资 2 亿元，并积极争取中央资金支持。当年度水质达到考核标准，浙江支付给安徽 2 亿元；水质达不到考核标准，安徽支付给浙江 2 亿元。

作为江南水乡的杭州、嘉兴，面临"水乡缺水"的困境。杭州的第一水源地为钱塘江，目前已把千岛湖作为第二水源地，设法引水入杭。嘉兴积极跟进，设法从千岛湖引水。目前，有条件的县城，甚至大中城市，都想方设法从山塘水库引水。尽管目前的水处理技术能把 V 类水处理成合格的饮用水，但各级政府和城乡居民更喜欢取用 I、II 类水来生产自来水。

城市建设需要大量绿植，培育苗木就成了美丽乡村的一大产业。乡村的苗木地，能美化乡村，也能发挥林地的生态功效。城镇的机关、学校、工厂、居民小区，通过苗木绿化，配上景观小品，一两年就能建成花园式的校园、厂区和小区。至于盆栽鲜花，通过精心摆放，几天之内就会营造出节日的喜庆气氛。

第三节　中国生态智慧到乡村去寻找

美国文化人类学家本尼迪克特在《文化模式》中引用了印第安人的箴言："开始，上帝就给了每个民族一只陶杯，从这杯中，人们饮入了他们的生活。"她以此来强调，每个民族的文化没有高下之分。20世纪之交，面对社会达尔文主义的种族优劣论，中国的不少有识之士甚至担心中华民族的"球籍"问题。现如今，中国已发展成为全球第二大经济体，中华民族自然有了文化自信。为了纠正西方文化中城市化、工业化的文化"偏至"，我们有必要到中华民族的传统文化中去寻找生态智慧，以求化解之道。

一、复兴中国乡村文明将开创人类生态文明的新时代

如果说五百年前开启人类文明的新时代，是从地中海城市文明复兴开始的；那么五百年后的今天，中国乡村文明的复兴，将开启人类从工业文明走向生态文明的下一个崭新时代。

我们必须对中国长期以来，以追赶西方现代化为目标的改革开放，有个基本判断；经过四十多年的改革开放，在以牺牲生态环境、破坏自然资源、依靠人口红利进行工业化、城市化建设的低成本追赶西方现代化的中国发展时代已基本结束。到目前为止，我们能够引进的基本都已引进，我们希望引进的高端技术，在无法引进的新国际环境背景下，中国正面临着重大战略方向的调整与抉择。

在思维惯性的作用下，如果依然继续采取老的思路与办法，不顾时代形势的变化，仍继续滞留在追赶西方的现代化之道路上，我们将会付出更大代价。一是付出物质代价。继续追赶下去，那将是一个高成本、高风险的开放之路，而且还会延缓我们走内生发展道路的转型。二是付出精神代价。几十年来，在精神层面上，对西方物质技术的学习和引入，正在嬗变为对西方文明和文化的盲目崇拜。这种不加选择的崇洋媚外、"去中国化"之风，已成为侵蚀中华民族主体性、自信心的精神毒品。

在这样一种历史背景下，未来无论是从物质层面还是从精神层面，从经济上还是外交上，我们都必须调整自己的对外开放战略——从追赶西方现代化的战略，向培育独立自主、孵化内生增长动力，走中国人自己的现代化之路上来。

令人感到欣喜的是，这个划时代的转型已经启动。十八大之后，中央提出了找

回中国人自信之根，提出了实现中华民族伟大复兴的中国梦。这是对中国在开放中付出精神代价的一次发展矫正。习近平总书记提出的"一带一路"倡议，正是中国由低成本开放走向自主开放的新探索。

中国在工业文明主导的一百多年间，逐渐形成了一整套根源于城市文明系统的概念。以这些概念为标准，形成了一整套现代化的理论标准。如来自城市开放、自利、竞争、创新、自由、理性等概念都被认为是进步的理念；相反，与此相对于封闭、利他、共生、传承等概念则被认为是落后的理念。

如果我们滞留在这种工业文明主导的思维空间中审视这些理念，毋庸置疑，这些都是对的。但是，在21世纪的今天，当我们站在时代发展的高度，重新审视我们的乡村与城市时，则会有新的问题被发现。中国太极理论告诉我们，一阴一阳则为道。其讲的就是宇宙中不存在绝对孤阴、孤阳的事物，宇宙在阴阳互动之中相生相克，达到动态平衡。

自足封闭的乡村不一定就落后，恰恰是自足封闭的中国乡村形成了城市所没有的物质财富的自养体系，而这也使乡村获得了城市所没有的持续的安全的发展特性。中华民族之所以能成为世界上最长寿的文明，其秘密就在于中华民族的乡村能提供稳定安全的自养系统。

"十里不同风，百里不同俗。""一方水土养一方人。"高度分散的乡村自足、自养体系，使中华文明获得一种长治久安的稳定的给养保证，同时也使中华民族的文明种子在高度分散的大空间中获得了规避风险的作用。而城市则恰恰相反，尽管各种要素高度集中在城市系统，使城市获得了乡村所不具备的要素集聚效应。但是，这也造成城市不能持续发展、成为规避风险不足的地方。如两千多年前快速崛起的古希腊、古罗马城邦，曾经极度繁荣，却又像流星般刹那间飞过天际，成了一种短命的文明形态。

二、传统乡村的生态循环系统

乡村有句谚语："养猪不赚钱，回头看看田。"意思是养一头猪来卖，不一定能回本，但加上猪粪肥田的功效，就会发现还是有赚头的。在中国传统乡村，很多废弃物都会得到循环利用。厨余垃圾可以喂猪，稻草柴（秸秆）可以垫猪圈，与猪粪一起沤成农家肥，甚至猪毛和猪骨头都可以卖钱。秸秆和树枝、树桩可以烧饭，草木灰又是有机肥。在传统乡村，连万物之灵的人类，也只是生态循环系统中的一个环节，因而孙悟空戏称厕所为"五谷轮回之所"。

中国传统农业，都是种养结合、循环利用的。一旦养殖禽畜的排泄物不被种植业有效利用，自然就会污染环境。在开展美丽乡村建设之前，生猪的小规模粗放养殖，猪粪没有及时处理，滋生蚊蝇，污染河流；养鸭户圈一块河面养鸭，鸭粪污染河面。嘉兴的死猪直接扔进河里，漂浮到了上海黄浦江。

乡村的生态治理，应从恢复传统种养结合的生态循环系统开始。实际上，所谓垃圾，绝大多数只是放错地方的资源。

浙江省淳安县枫树岭镇的下姜村，原先是个偏远的穷山村。砍树烧炭烧饭，砍秃了青山；无序养猪、鸡、鸭，弄得污水横流，蚊蝇乱飞。2003年4月24日下午，时任浙江省委书记习近平深入该村调研。当村支书希望省里能帮村里建沼气时，习近平答应了。在省农村能源办公室的支持下，村里很快建起了沼气，厕所、猪圈、鸡舍里的脏水都流入了密封的沼气池子里，村民们都用上了沼气，再也不用上山砍树当柴烧。经无害化处理的沼液，成了很好的有机肥。从建沼气池开始，下姜村走上了生态发展的道路。目前，该村森林覆盖率达到了97%，已建成生态、宜居、富裕的山村。

三、生态文明建设的中国方案

东西方文明复杂的差异性，根源在于构成这两种文明的逻辑起点不同。而这个逻辑起点，就是乡村与城市。尽管在东西方文明的体系中都有乡村与城市的存在，但是城市与乡村在东西方文明形成过程中，却扮演着迥然不同的角色。

中华民族是根源于乡村社会的文明，西方文明是根源于城市社会的文明。乡村是生发出中华民族五千年文明的种子，中华五千年文明则根源于农耕经济，而农耕经济的载体是乡村。中华文明属于世界上发展成熟度最高，且最具有持续性的、以乡村社会为主导的文明模式。乡村不仅是农耕经济的载体，也是中华文化发育、储存与传承的载体，更是中华五千年文明长寿的秘密所在。

自秦始皇统一中国以来，在两千多年的朝代更替、外族侵扰中，虽然城市遭受了一次又一次的毁灭，但中华文明的传承从未中断过。为什么？因为中华文明的种子在乡村，只要乡村没有遭到彻底破坏，中华文明就会在乡村传承延续下去。新建的王朝，就能借助来自乡村的赋税，重塑城市的繁荣。

复兴与弘扬中国传统文化，已经成为当下中国实现中华民族伟大复兴的五千年华夏文明，不能简单地等同于国学，也不能简单地等同于孔子和老子。从文化发展的角度看，中华五千年的传统文化是依托古代高度发达且成熟的农业经济才形成的，而农耕经济重要的核心的载体是乡村。

作为中华文化经典的《诗经》《易经》《道德经》等，不要简单地归结为古圣贤的天才之作，应将这些经典视为中华文明这棵大树上绽放的花朵。而为这棵文明大树提供营养的，是这棵大树的根。这"根"扎在了哪里？它扎在广袤的中国乡村。

《诗经》是中国古代乡村农耕祭祀、乡村农耕生活、乡村民风的诗意表达。《易经》有云"观乎天文，以察时变"，是古人仰观天象、俯察地理、静观人和的成果。为什么中国古圣贤要观天象、察地法、观人和？因为古代农业生产耕作最基本三大要素是"天、地、人"。所以构成《易经》逻辑起点的三爻，就是取"天、地、人"之意。老子《道德经》所讲的"道"，讲的也是天与地的演化之道，并希望人们做人做事、齐家治国、修身养性都要遵循天地之道。

在中国古代社会，也有发达的城市，但中国古代城市与西方城市的功能是不同的。中国古代城市也具有政治中心、文化中心和工商业经济中心的功能，但中国的古代城市所有的这些功能，不是内生于城市本身，而是内生于与城市联系的广大乡村。小城镇上的商人都明白，四乡的村民才是他们的"衣食父母"。

决定中国古代经济命脉的农业经济和手工业经济，一直都在乡村。城市的工商业经济，与广大乡村有着千丝万缕的联系。许多商家在城市经商做买卖，家族大多在乡下，在各自的家乡。他们在城市赚取财富，而这些财富最终会回流到乡村去，增加宗族的财富，兴办宗族的义塾等。另外，古代中国为朝廷提供官员的科举制度的教育场所，绝大多数都在乡村。中国古代不少名门望族都有"耕读传家"的优良传统。对于在朝廷为官的广大官员，各朝各代实行的是"告老还乡"制度。中国古代的官吏和商人，犹如地瓜，尽管地面上的藤蔓可以爬得很远，但日渐膨大的瓜仍结在原地。

总之，中国古代的乡村与城市的关系，如同一棵大树的树冠与树根的关系一样。乡村是这棵大树的根，是这棵大树的生命所在。即使这棵大树树冠被推毁了，只要根还在，这棵大树仍然会重新生长，生生不息。现如今，中国的城市化率已接近60%，但仍没有出现像印度、巴西那样的城市贫民窟，主要原因是在城市缺乏谋生能力的进城农民仍能回到自己的村里生存，生活困难的家庭能得到当地政府的救助，甚至会列入精准扶贫的对象。

相反，从城市这颗种子中发育出来的古希腊、古罗马文明，与古代东方文明模式则完全不同。西方古代的城市不仅仅是政治、经济、文化的集聚中心，同时也是政治、经济、文化的载体。在中国的古代城市只是乡村经济、政治与文化的表达载体；而在西方的古代城市本身就是这些因素的根系所在。

早在20世纪80年代，理论界就已提出生态文明理论，但首次把生态文明建设上升为国家战略，在世界范围举起生态文明大旗，中国是唯一的。这充分说明，当代中国站在了面向世界和未来的制高点上。生态文明建设的中国方案，给当代世界带来黎明曙光的不是技术、GDP，也不是某一方面的制度，而是基于东方智慧天人合一的新自然观，利他共生的新价值观，人类命运共同体的新哲学，对未来新文明世界的不倦探索。

十八大提出的生态文明建设战略，很快得到了国际社会的广泛认可。2013年2月，联合国环境署第二十七次理事会通过了《推广中国生态文明理念》的决定草案，标志着国际社会对中国理念的认同和支持。

2015年11月30日，习近平主席在气候变化巴黎大会开幕式上提出了解决世界气候问题的三大理念。一是明确提出巴黎大会应摈弃"零和博弈"狭隘思维，按照"己所不欲，勿施于人"新思维，在互惠共赢中"创造一个各尽所能、合作共赢的未来"。二是摈弃对立思维，以"包容互鉴、共同发展"的新思维，面对全球气候的挑战。三是以中华民族特有的天下观、义利观，明确向世界表明中国在气候治理上的自主贡献和担当。

2016年5月，联合国环境规划署根据习近平的"两山"理念发表了《绿水青山就是金山银山：中国生态文明战略与行动》报告，该报告对习近平的绿色发展和生态文明理念给予高度评价。习近平生态文明思想不仅为指导中国绿色发展做出了贡献，也将对世界生态文明建设做出重大贡献。

2017年1月18日，习近平主席在联合国日内瓦总部发表以《共同构建人类命运共同体》为题的重要演讲，向世界提出了"构建人类命运共同体，实现共赢共享"的中国方案。这一方案既是中国共产党外交传统的接续性创造和实践延伸，也是中国在世界舞台上发出的声音，充分彰显了我们在国与国关系中寻找最大公约数，建构相互合作、公平竞争、和平发展的新的世界格局，逐步实现和谐共存美好世界的愿望。

第四节　生态文明低成本建设在乡村

老子曰：大道至简。简单，是见山仍是山，见水还是水的大智大慧。乡村种养结合的循环农业，是一种将养殖业所产生的排泄物进行植物种植资源化利用的绿色农业。现代机械和生物技术将原先又脏又累的农活变得轻便简易。

美丽乡村建设，给乡村融合创造了条件。尤其是东南沿海的富裕乡村，生活设施已跟城市比较接近。"凤凰男"把城里媳妇带回乡村老家，生活上并没有不适应之处。美丽乡村的魅力，正在带动当下中国的"逆城市化"。乡村生活绿色、低碳，又低成本。

乡村文化丰富多彩，适合回乡的"新乡贤"，归国的老华侨，还有那些乐于到乡村抱团养老的城里人，慢慢品味多种多样的农耕文化，享受美丽乡村的诗意慢生活。

一、乡村的低成本生态产业

目前全球性的粮食危机，其深层的根源就在于：把解决工业领域化合物的科学技术方式，简单地照搬到农业生产中，由于违背了自然界与生命的本质和规律，结果导致了自然界的生物被破坏和摧毁；而以农业为生存基础的人类，同样受到破坏和摧毁。由此，遭遇破坏的农业生产持续地造成人类许多灾难性后果。

中国五千年农牧业的发展，所使用的智慧和技术，恰恰是在遵循天道和人道的生命规律中形成的。以家庭为单位的小农经济的农耕生产方式，以互助为主的游牧生产方式，同样也是服从于生命物质财富增值的规律形成的。

一位美国专家曾发问，为什么中国古代农民耕种了五千年的土地，都没有耕坏，而现代工业化农业，只用了一百多年的时间，就不可持续了？其中的秘密，或许是由于中国传统农业是更符合天道与人道的农业。

当今世界需要一次新的农业革命。中国农业革命，是要在中国传统农业发展模式与现代新能源、智能化技术结合中，探索生态、低碳、可持续发展的农业。

如果说现代信息技术和交通技术为乡村承载现代产业经济提供了可能性条件，那么在生态经济推动下回归自然的低碳消费、绿色消费理念等，为中国乡村生态产业的发展提供了广阔的市场和动力。

从目前发展趋势看，有六类产业将会成为中国振兴乡村文明发展的新兴产业：

一是生态有机农业。高附加值的农业生态产品将成为未来生态农业产业发展的新方向。素有"九山半水半分田"之称的丽水，好山好水好空气。大自然的慷慨馈赠滋养了高品质的"山珍"，厚蓄了新时期绿色发展的生态底色。丽水市委、市政府决定将打造生态精品农业作为丽水农业发展的长期战略，并以品牌化作为生态精品农业发展的重要抓手，在浙江大学专家的精心指导下，创建了区域公用品牌——"丽水山耕"。在这一农产品区域品牌的助力下，丽水的绿色农产品走出深山，卖出了好价钱，增强了农业的"造血"能力，拓宽了富民增收的新渠道。"丽水山耕"，从农产品"田间到餐桌"全产业链着手，双向解决了消费者需求和农业主体服务的相关问题。从消费者的需求角度，主要为消费者提供了有品牌背书、质量安全保障且又价格适中的优质农产品；从农业主体的服务角度，依托"丽水山耕"全产业链一体化公共服务平台，从标准生产、创意研发、产品精深加工、金融服务、科技服务、物联网服务等，全方位地解决农业主体在生产、流通、营销等全产业链的公共服务需求。

二是乡村旅游业。目前绿色发展已经成为中国发展的核心战略，并进入"十三五"规划。在生态文明建设理念下，正在兴起绿色消费、低碳消费、文化消费的新趋势，使沉睡于乡村的绿色资源成为新财富之源。

三是乡村手工业。在新需求的推动下，借助现代市场经济、乡村旅游业与文化产业发展的契机，中国的乡村手工业正在悄悄地复兴，尤其是国家级、省级非遗手工业制品。

四是乡村农副产品生产与加工业。在新的发展形势下，男耕女织的农耕文明形式，需要再创新、再升级，这也是乡村振兴总要求中如何实现"产业兴旺"的重要内容。一、二、三产业融合，延长了绿色农产品的产业链。

五是乡村新能源产业。在中国农村发展沼气、太阳能、风力发电，利用新能源产业提高农民的生活品质。

六是随着中国进入老龄化社会，乡村特有的低成本生活与浓厚的乡土人情，在乡村养老产业中的作用将会越来越凸显。

总之，目前正在兴起的旅游业、中医中药业、康体保健业、传统民间手工业等产业，都是以中华文化为资源的新兴产业。可以说，根源于中国乡村的传统文化价值，20世纪80年代是概念，90年代是古董，21世纪是稀缺资源，是财富之源，是竞争力之魂，是民族自信之根。

当然，乡村的绿色产业需要各级政府通过乡村振兴战略去认真推动。乡村的小农户缺少技术、资金、销售渠道等，需要政府来推动，或者由新型农业主体来带动，或者用"三位一体"模式来组织。

典型案例：兰考县南马庄生态农产品专业合作社

2004年，河南省兰考县南马庄村在县、乡政府的大力支持下，在"三农"问题专家温铁军及中国农业大学何慧丽等专家学者的指导下，成立了河南省兰考县南马庄生态农产品专业合作社，开始带动社员种植无公害大米。合作社下辖大米加工厂、资金互助部、植保部、销售部、老年人协会和文艺队。合作社成立十多年来，一直在村庄层面探索生产合作、供销合作、信用合作的"三位一体"模式，这其实就是中国式发展综合农协的路子。合作社在生态农业的可持续发展和销售模式上坚持探索，将传统技术与现代技术结合起来，进行多样化和循环农业的生产。先后建造了150座沼气池，用发酵床养猪法饲养"快乐猪"，猪粪和沼渣用来做水稻、小杂根、莲藕等农作物的有机肥料，农作物下脚料做猪的饲料，形成农产品生态生产循环链。

该合作社通过运用统一供种、统一供肥、统一施药、统一加工、统一品牌、统一销售的"六统一"方式托管土地4050亩，涉及水稻、莲藕、黑花生、黑绿豆、黑芝麻等19个种植品种，取得良好的经济效益和社会效益。[1]

二、乡村的低成本绿色生活

新能源革命，正在从根本上改变着中国乡村在工业化与城市化冲击下的边缘化地位。非均衡分布、集中开发、高运输成本的传统能源，使分散居住的农村处在分享工业化好处的边缘地位。相反，具有高度分散性、相对均衡分布的太阳能、风能、地热能、生物能等新能源，越是人口分布密度低的地方，人均可利用的新能源量越大。新能源这种特性使农村获得了城市不具备的新优势，而且农村使用新能源的优势在当代中国已经成为一种活生生的现实。

目前我国已成为世界上最大的太阳能热水器生产和消费的国家，而太阳能热水器90％以上的市场在中国农村。从20世纪70年代末至80年代发展起来的中国农村沼气，也显示出良好的发展前景。

新能源在农村生活领域的使用，不仅从根本上改变着中国农村的生活方式，而且新能源经济在农村也具有极大的开发潜力。按照这个趋势发展下去，新能源将从根本上改变中国农村的命运。农村将会成为引领低碳经济与绿色消费的新生力量。

从生态文明的消费观来认识，乡村生活恰恰是符合生态文明要求的另一种幸福生活模式。而被GDP增长和资本增值所捆绑和刺激起来的高消费、高能耗、高成本的幸福生活，是一种加剧能源和环境危害的病态生活。

中国环保部披露的数据显示，目前中国城市的人均能耗是农村的3倍。目前中国乡村虽然没有城市的收入高，但农民享有城市用货币无法购买或成本很高的另一种福利，这就是人类幸福生活所需要的宁静心情、健康清洁的空气和原生态食物等。

从工业化、城市化发展要求看，农村的低消费不能使GDP明显增长；但从生态文明建设看，乡村低成本、低消费、低能耗的幸福生活模式，恰恰是需要倡导的新生活方式。

乡村是一个集政治与经济、历史与文化、社会与家庭于一体的文明体。乡村是认识中华文明与中华五千年历史的起点。

在未来一段时间内，推动中国逆城市化现象的动力和契机，是来自不断升温的"新回乡运动"，有五类人群将逐渐向乡村回流。

一是新告老还乡者。20世纪80年代大学生120万人。这批五六十年代出生的人，未来几年均会进入退休年龄。他们中的大部分人来自农村，他们有回乡养老、回馈故乡的强烈愿望。目前乡村治理中的"乡贤会"将会加速他们回归故乡，成为乡村文明复兴的中坚力量。

二是改革开放后到城市打工的2.5亿农民工。未来大约有3570万农民工，因到了退休年龄而出现在城市无法就业的现象。他们中有2500多万农民工，将会带着他们的积蓄，带着城市文化的生活经验，回乡养老，耕种自己家的承包地，或者为家门口的新型农业主体打工。

三是新下乡知识青年。随着城市就业难和乡村发展机会的增加，出现了大学生回乡创业的新趋势。特别是在"互联网+"给乡村产业发展带来新机遇的背景下，乡村将会为知识青年提供大有作为的"希望田野"。

四是一批城市人将回到乡村养老或从事乡村产业的经营。随着中国逆城市化出现，未来5—8年，中国将会出现一个退休高峰，城市退休人员将达到2亿人。城市人回乡或到乡村"候鸟式"养老，将会给乡村带来新消费，带来乡村养老产业的发展。

五是6000万华侨同胞将会寻根回乡。随着祖国的强大，将会出现海外华侨回乡寻根的热潮。他们的寻根行为，将会给乡村发展带来新的机遇。

总之，面对转型时期出现的新变化，我们需要顺应时势，以二元协同、多元共生的思维方式，从城乡双向流动来认识中国特色的乡村振兴之路。我们需要把乡村发展的着力点，从关注乡村到城市单一通道的疏通，转向城市与乡村双向流动的通道上来。

中国的逆城市化发展之路，不是重复西方的城市郊区之路。中国有广大的乡村腹地，未来中国逆城市化将会带动中国乡村文明的复兴。中国未来城市化格局，将是城市、乡村与小城镇协同共生、双向流动的发展之路。我们理想的城市化将是诗意乡村、温馨小镇与田园城市和谐共生的格局。

《都市快报》2017年12月19日以《6+1中国首个抱团养老的成功范例可能就在杭州诞生》[1]为题，报道了余杭乡村王阿姨组织"抱团养老"的故事。家住余杭瓶窑的王阿姨，和老伴住着200多平方米的三层农家别墅，有鱼塘，有菜地，有果树，有鸡鸭，想找几对兴趣相同的老人抱团养老，结果有5对年龄相近的城里人，加上一位丧偶的老太太，成功入住王阿姨家。半年住下来，抱团养老，大家互助互爱，生活和谐。平时大家也吃鱼肉鸡鸭，过节也吃螃蟹。孩子、亲友过来看望老人，也一起吃饭，饭钱另算在老人头上。据统计，半年来每人平均每月伙食费只有400元左右，可谓是低成本的乡村绿色生活。

古人称主宅以外的另一处住宅为别业，即别墅。现如今，不少富裕起来的人家在乡村和城镇上都有房子。平时有老人在乡村种植瓜果蔬菜，饲养鸡鸭等，节假日年轻人回家来住上一两天或几天，回城时汽车的后备厢被爸妈塞满瓜果蔬菜和土鸡土鸭。如今的不少"凤凰男"，从乡下过节回城，还会给城里的朋友分享父母自产的绿色食品。这也算是乡村低成本绿色生活的"溢出"效应。

三、乡村丰富的精神生活

现代的工业文明病表现之一，就是严重存在着缺乏精神制衡的物质主义和消费主义的泛滥病。在工业化文明系统中，缺乏精神与文化制衡的物质财富无限制增长，不仅吞噬了大量的资源，造成资源环境危机，也吞噬了人类的精神能量，使人类文明在物质主义、病态消费主义、GDP主义的单极化世界中越走越远。

医治工业文明病的解药，不仅在西方文明世界中找不到，在今天中国的城市中也找不到，因为中国城市染上的这种文明病，某种程度上比西方还要重。医治当代人类文明危机的解药，就在中国乡村文明中。在几千年的农耕经济中，中国先民发现，大自然虽然给人类提供的物质财富是有限的，但它提供给人类智慧的精神财富却是无限的。《诗经》与《易经》、道家和儒家等丰富多元的文化，都根源于中国先民"仰则观天文，俯则察地理"的自然智慧。在几千年历史中形成的古代乡村文明，本质上是"耕读"文明，即通过"耕"来满足物质需求，通过"读"来满足精神提升。正是这种在耕读中形成的物质与精神的均衡互动，才是中华文明成为长寿文明的秘密所在。诚然，我们不是简单地回到中国古代耕读社会，而是要将中国古代耕读的乡村文明携带的基因，为我们所用而延续下去。

由此可见，中华传统文化复兴的背后，必然是中国乡村文化的复兴。乡村文化

---

1 罗传达、葛亚琪：《6+1中国首个抱团养老的成功范例可能就在杭州诞生》，《都市快报》2017年12月19日。

是中华民族传统文化的源头和载体。目前，在中国乡村仍保留着天人合一的敬天尊地文化，基于熟人社会的互助利他的亲情文化，家风教化与家规家训融为一体的乡土文化。这些文化，既是生态文明建设需要汲取的营养，也是医治现代诸多城市文明病的解药。

中国不仅是世界上的人口大国，也是世界文化资源最丰富的国家。而中华民族伟大复兴的核心和灵魂，则是中华民族文化的复兴。中国五千年文化的根在哪里？多样化的文化是在乡村，还是在城市？对此，我们必须清楚地认识到，城市可以使我们享受工业化带来的物质文明，但乡村才是中华民族的精神家园。中国乡村孕育了一代又一代中国人骨子里的自强基因。

今天，使我们自信的不仅是经济总量排名世界第二，更拥有世界上独一无二的多样化且历史悠久的乡村文化。如果按照西方工业标准化、分工化等生产方式来说，已经建设的中国现代城市是大同小异、千篇一律。我们新飞到一座城市，高楼大厦差不多，户外广告也主要是那么几个国内外知名的品牌。那么中国数千年来的乡村却仍在顺应自然、天人合一的理念下，建造出了世界上最丰富多样的乡村文化。

从各地地理资源与生态环境的差异性来看，中国丘陵地带的乡村是诗意乡村，山地是桃源乡村，平原是田园乡村，青藏高原是天堂乡村；从历史发展角度来看，则有神话乡村、远古乡村、历史名人的乡村；而从乡村的功能角度看，还有茶乡、花乡、鱼米之乡、陶瓷之乡、刺绣之乡、武术之乡、耕读之乡……

纵观中华民族的历史，会发现乡村一直都是中国人的文明生发之地。几千年乃至近万年的中华农耕文明不仅创造了中华文明灿烂辉煌的发展史，更是每一个中国人内心深处最无法割舍的精神家园。

第三讲

乡村振兴：
美丽中国新战略

周　克

"美丽中国"是中国共产党第十八次全国代表大会提出的概念，在十八大报告中首次作为执政理念出现，强调把生态文明建设放在突出地位，融入经济建设、政治建设、文化建设、社会建设各方面和全过程。2015年10月召开的十八届五中全会上，"美丽中国"被纳入"十三五"规划，首次被纳入五年计划。2017年10月18日，习近平同志在十九大报告中指出，加快生态文明体制改革，建设美丽中国。

党的十九大报告还提出实施乡村振兴战略，并提出"坚持农业农村优先发展"和"产业兴旺、生态宜居、乡风文明、治理有效、生活富裕"的总要求。只有以生态文明作为乡村振兴的内容与途径的方向指引，遵循生态文明理念，才能助推乡村振兴目标的实现。只有实现乡村振兴，才能让乡村更美，才能建设好美丽中国。

第一节　生态文明是乡村振兴导航标

党的十九大报告首次提出"实施乡村振兴战略",为新时代乡村发展提供了行动指南。这对于解决城乡发展不平衡、农村发展不充分,实现全面建成小康社会的奋斗目标具有重大的意义。只有以生态文明为指引,才能切实推进乡村振兴战略的全面实施。

一、生态文明决定了乡村振兴的发展方向

党的十八大以来,以习近平同志为核心的党中央高度重视生态文明建设,将其作为统筹推进"五位一体"总体布局和协调推进"四个全面"战略布局的重要内容。乡村振兴是全方位、多角度、深层次的,不只是乡村经济的发展,必须兼顾政治、社会、文化和生态文明等方面。只有坚持节约资源和保护环境的基本国策,把生态文明建设融入乡村振兴的各方面和全过程,加大生态环境保护力度,才能推动生态文明建设,实现整体深入推进。

生态文明为促进乡村产业持续兴旺发展指引了方向。中国社会的主要矛盾已转化为人民日益增长的美好生活需要与不平衡、不充分的发展之间的矛盾。人民群众对物质文化的需求达到了更高的层次,对环境保护、生态安全等方面的要求日益提升。因此,面对日益趋紧的资源约束,只有以生态文明为指引,从产业结构和生产方式上推进绿色发展,将农业可持续发展提升到绿色发展新高度,才能更好地满足人民群众对美好生活的向往。目前,中国的农业供给侧结构性改革正处于关键时期,中国乡村经济正从劳动力密集型经济、资源经济的高速增长阶段,向规模经济、知识经济、生态经济的高质量发展转变。这需要紧紧围绕"稳粮、优供、增效",以"扩面积、优结构、提质量、创机制、增效益"为突破口,提高农业供给体系质量,构建高效优质的现代农业产业体系。只有以生态文明为指引,坚定不移走资源节约、环境和谐的集约化发展道路,推进调结构、优布局与农业生产自然基础、环境生态容量以及市场供求关系、消费结构动态变化相适应,通过绿色发展推动自然资本增值和农村一、二、三产业融合发展,实现人与自然和谐共生。

党的十八届五中全会提出了创新、协调、绿色、开放、共享的发展理念。习近平总书记指出:"环境就是民生,青山就是美丽,蓝天也是幸福,绿水青山就是金山银山;保护环境就是保护生产力,改善环境就是发展生产力。"[1]

以生态文明为指引的乡村振兴,需要绿色发展理念为可持续发展提供理论基

---

1 中共中央文献研究室:《习近平关于社会主义生态文明建设论述摘编》,北京:中央文献出版社,2017年,第12页。

础。绿色发展理念基于人与自然和谐共生，既强调生态与经济的协调发展，为子孙后代留下天蓝山青水绿的美好家园，也重视经济社会各方面协调发展，强调把绿色发展理念融入经济社会发展各方面。乡村振兴以生态文明为指引，践行绿色发展理念，在乡村振兴的方向和途径的有机统一中实现经济社会可持续发展。

二、乡村是美丽中国的重要组成部分

广阔的乡村是美丽中国的重要组成部分。习近平总书记在2013年底召开的中央农村工作会议上强调："中国要强，农业必须强；中国要美，农村必须美；中国要富，农民必须富。"[1]乡村占中国国土总面积94%以上，有近6亿农村常住人口。即使到2035年城镇化进入成熟期，城镇化水平达到70%以上，届时仍有4亿人口生活在乡村，这个数字比美国人口还要多。占国土面积绝大部分的乡村美不美，庞大的乡村人口富不富，是决定数亿农村居民获得感和幸福感的关键因素，是中国全面建成小康社会质量的核心指标。因此，广阔的乡村是美丽中国的关键部分，庞大的乡村人口是美丽中国的关键群体。

自2002年十六大报告提出今后20年要全面建设小康社会的构想；2007年十七大报告进一步提出全面建设小康社会的新要求；2012年十八大以来，习近平总书记提出到2022年全面建成小康社会的宏伟目标。全面建成小康社会是实现中国梦的阶段性目标，是实现中华民族伟大复兴的关键环节。在中国迈向现代化的进程中，广阔的乡村不能被忽视；在同心共筑中国梦的进程中，广大农村居民的梦想不能被忽视。

三、乡村是建设美丽中国的强大基础

有人认为乡村落后、农民贫穷，拖累了小康社会的后腿，这一认识极端错误。诚然，目前中国的农民仍不富裕，农业是"四化同步"的短腿，乡村是全面建成小康社会的短板。但是，据此认为乡村拖累了中国全面建成小康社会目标的实施进程，是极其片面的错误看法。事实上，对于整个社会而言，乡村和城镇都是人类社会这个系统的有机组成部分。城镇和乡村具有各自不同的功能，互为依存，各自的发展对于对方的发展都具有不可替代的作用，都对整个国家的现代化发展起着不可替代的作用。概括来说，乡村对美丽中国战略的实施提供了以下三个核心功能：

（一）保障粮食安全

中国的乡村一直是中国粮食安全的可靠保障。民以食为天，粮食安全是国家安

---

1 中共中央文献研究室：《十八大以来重要文献选编》（上），北京：中央文献出版社，2014年，第658页。

全的核心，古今中外，概莫能外。粮食生产和粮食治理，保障国家粮食安全，是实现中国经济发展、社会稳定、国家安全的重要基础和根本前提。中华人民共和国成立70年来，发生了翻天覆地的变化，而乡村保障国家粮食安全的功能没有变。乡村对中国粮食供给的安全保障，是中国这些年经济社会高速平稳发展的先决条件。

中国的乡村用占世界5%的淡水资源和8%的耕地，为占世界20%的人口提供所需食物的比例高达95%。[1]乡村很好地完成了党中央提出的要确保"谷物基本自给、口粮绝对安全"的新形势下粮食安全战略目标。尤其是2004年粮食"四补贴、一奖励"政策开始实施，大幅度提高了广大农民的种粮积极性，粮食产量稳步提升，截止到2018年，粮食产量连续7年保持在6亿吨以上。除了提供必需的主粮，乡村还为中国人民提供了水果、蔬菜、豆类和油料作物等多种多样的食品以及水产品、猪牛羊肉、鸡鸭鹅肉等丰富的肉类。乡村不仅解决了中国的温饱问题，还不断提高中国人民的生活水平，极大地丰富了中国人民的物质生活。

为了保障中国的粮食安全，乡村在传统耕作模式的基础上积极开拓创新，不断创造更高效的生产模式，例如：

稻鳖共生、稻虾共生、稻鸭共生、稻鱼共生：即稻田放养鳖、虾、鸭或鱼等动物，这些动物吃掉稻田中的害虫，其排泄物作为水稻的肥料。这种模式基本不需要使用农药和化肥，既降低了成本，又保证了农产品质量，是高效的生态循环种养模式。

跑道养鱼：即流水槽循环水养殖或池塘内循环流水养殖。将传统池塘的"开放式散养"变为"集约化圈养"，使池塘"静水"变成了"活水"。使用机械造浪、造流，在鱼塘中形成环形水流，水流流经水槽，将水槽中鱼的排泄物带走，净化鱼塘水质；持续的流水让鱼保持运动，加快了鱼的生长发育，不仅能够提高肉质，还提高了鱼的存活率，既增加了产量，又提高了质量。

智慧农业：采用物联网技术，通过移动平台或者电脑平台运用传感器和软件对农业生产过程进行精准控制。例如，通过物联网技术，"智慧鱼塘"可以智能感知、智能预警、智能决策、智能分析鱼塘环境，为农业生产提供精准化种植、可视化管理、智能化决策，不仅可以大量节省劳动力，还可以提升农产品生产过程的标准化程度，保证食品质量安全。

乡村功能的有效发挥，要归功于中国成功的制度建设，包括在全国范围实施的最严格的耕地保护制度、基于耕地空间分布的科学规划和粮食收储制度。

---

1 黄季焜：《四十年中国农业发展改革和未来政策选择》，《农业技术经济》2018年第3期。

　　严格的耕地保护制度是保障粮食安全的前提和基础。2008年中共十七届三中全会提出"永久基本农田"概念，规定无论什么情况下都不能改变永久基本农田的用途；并优先把城镇周边易被占用的优质耕地划为永久基本农田，严控城市化进程加快对耕地尤其是对城市周边地区优质耕地的挤占，给子孙后代留下足够的良田沃土。目前，中国划定了15.5亿亩永久基本农田，并对永久基本农田实行最严格的保护。

　　另外，基于耕地空间分布特征而进行的宏观规划，是保障粮食安全的关键。首先，设定13个省份为粮食主产区，分别是河北、内蒙古、辽宁、吉林、黑龙江、江苏、安徽、江西、山东、河南、湖北、湖南、四川。这些粮食主产区集中于我国东北、黄淮海和长江中下游区域，气候湿润或半湿润，雨量充沛，光、热、水资源条件较好，有机质含量较高，易于耕作和水土保持，适合各类农作物生长。这些粮食主产区的粮食产量占全国75%以上，保证了中国谷物基本自给和口粮绝对安全。[1]另外，在各省开展了"两区"（粮食生产功能区和重要农产品生产保护区）建设。各省根据自身实际情况，以永久基本农田的空间分布为基础，以主体功能区规划和优势农产品布局规划为依托，聚焦主要品种和优势产区，优化区域布局和要素组合，有效稳定地保持了重要农产品的区域自给水平。

　　此外，粮食收储制度是保障粮食安全的重要手段。粮食作为重要的战略物资，需要政府在一定程度上干预其价格和供给量，保证市场供给平稳、维护社会稳定。中国自1998年开始实行保护价敞开收购，对稳定粮食生产起到重大的积极作用；从2004年开始，执行现行粮食最低收购价格和临时收储政策，是在保护价基础上的一种改革深化，如果市场价格高于最低收购价格，农民可以按照市场价格出售；当市场价格低于最低价格时，政府并不直接管控价格，而是按照最低收购价格收购。这一灵活的收储制度既保护了农民的生产积极性，又有效平抑了市场价格的剧烈波动，对稳定粮食的市场价格具有显著作用，有效保障了粮食安全。

　　随着中国经济持续高速增长，美国等西方国家对中国的遏制不断升级，乡村保障中国粮食安全的功能越来越重要。随着信息经济的发展和世界经济一体化进程的加速，全球经济一体化大趋势不仅不会减弱，还会进一步深度融合。在全球经济一体化过程中，和平与发展虽然仍是主题，但是国家与国家之间商品和服务贸易的背后，还掺杂着隐含政治目的和意识形态冲突。国际上普遍认为，按照目前中国和美国经济的增长速度，中国的GDP在2025年之前很可能超过美国。另外，中国为了消化过剩产能，通过"一带一路"将自己的模式和产能向世界扩张，都被美国认为中

---

1 陈冬仿：《关于粮食主产区农业供给侧问题与对策研究》，《农业经济》2019年第6期。

国是在挑战美国的金融霸权和美国主导的世界秩序，引起了美国对可能丧失"世界第一"地位的强烈不安和深深恐惧。美国这一强烈的不安，在2017年12月18日美国发布的《国家安全战略报告》中得到最明显、最直接的表现，该报告直接将中国定义为"竞争对手"和"修正主义"国家，明确将中国置于其战略对立面，正式宣告进入与中国战略对立阶段。美国为了继续保持目前的领先地位，并不是通过加快自身发展来保持领先地位，而是重点通过抑制中国发展来实现。美国为了抑制中国继续高速发展，从2018年开始挑起贸易战。美国挑起的贸易战并不是单纯的经济利益冲突，其背后隐含着遏制中国崛起的目的。虽然贸易战首先以限制中国高新科技产业发展为突破口，并没有以农产品作为先手。但是，在意识形态分歧和地缘政治利益冲突不断的情况下，粮食是美国遏制中国崛起的一个潜在大杀器。

无论任何时候，中国的粮食安全不能依靠任何别的国家，只能依靠本国乡村。保障粮食安全，是中国实施美丽中国战略中最基本也是最重要的保障。习近平总书记一直高度重视粮食安全问题，他强调："我国是个人口众多的大国，解决好吃饭问题始终是治国理政的头等大事。"[1]中国人口众多，每年所需粮食数量巨大，即使是很小比例的外购，也会引起国际粮价大幅度波动。如果中国保持较高的粮食自给率，就有助于维持世界粮食价格平稳，为世界其他需要从国际市场购买粮食的国家营造福利。因此，中国的乡村保障中国自身粮食安全，既是对自己负责任，也是对全世界负责任，对中国和全世界和平稳定发展具有重大意义。

（二）提供生态屏障

美丽中国需要优良的生态环境。优良的生态环境是全体人民的热切诉求，对提升人民群众的幸福感具有重要影响。干净的水和空气是最基础的公共产品，是最普惠的民生福祉。因为环境质量与每一个人息息相关，因此广大人民群众的环保诉求日益增强。另外，生态环境还与生产力发展密切相关。西方发达国家的工业化都经历了先污染后治理的过程，这种经济发展方式造成了严重的生态问题，留下了许多值得人们深思的经验和教训。

习近平总书记指出："生态兴则文明兴，生态衰则文明衰。"[2]他还强调："保护生态环境就是保护生产力，改善生态环境就是发展生产力"[3]；"生态环境问题归根到底是经济发展方式问题"[4]。因此，保护生态环境，推进生态文明建设，是加快转变经济发展方式的必然要求。

1 中共中央文献研究室：《十八大以来重要文献选编》（上），北京：中央文献出版社，2014年，第659页。
2 习近平：《推动我国生态文明建设迈上新台阶》，《求是》2019年第3期。
3 中共中央文献研究室：《习近平关于社会主义生态文明建设论述摘编》，北京：中央文献出版社，2017年，第23页。
4 中共中央文献研究室：《习近平关于社会主义生态文明建设论述摘编》，北京：中央文献出版社，2017年，第25页。

　　然而，中国目前的生态环境面临的形势不容乐观。2/3的草原沙化，沙漠肆虐；全国90%以上的江河湖泊被严重污染；主要水系的2/5已成为劣Ⅴ类水，乡村人口中有3亿多没有安全的饮用水；城市居民有4亿多遭受空气污染的折磨，1500万人因此得上支气管炎和呼吸道癌症；世界银行报告列举的世界污染最严重的20个城市中，中国占了16个。生态环境污染已经给中国带来了严重的负面影响，并对中国未来的发展产生严重的威胁。这些突出的生态环境问题，还引起广大人民群众的强烈反应，日益成为新的社会热点问题。着力解决环境污染问题，回应人民群众对美好生态环境的诉求，成为今后一段时间考验党执政能力的试金石。

　　为了保障发展的可持续性，提升广大人民群众的幸福感，为美丽中国营造良好的生态环境，乡村义不容辞地担负着提供生态屏障的责任。中国的大部分山水林田湖草分布在乡村，同时，乡村的生产和生活对大气、水体和土壤具有广泛和深远的影响。因此，乡村责无旁贷地肩负着"统筹山水林田湖草系统治理，严守生态保护红线"的重要职责。

（三）传承文化传统

　　美丽中国的文化核心，正是中华民族几千年发展中形成的农耕文化。中华民族几千年来以农耕为主，精耕细作、轮种套种是典型的农业生产模式。在漫长的传统农业经济社会里，我们的祖先用勤劳和智慧不仅创造出了辉煌的物质文明，还创造出了灿烂的农耕文化。在乡村形成并积淀下来的文化传统，对美丽中国具有重要的现实意义。乡村对这些优良文化的传承和传播，有利于促进整个社会和谐发展，从而对经济发展产生积极影响，是美丽中国在当前和未来建设中强大的精神动力来源。

　　乡村传承的文化传统对促进社会和谐发展具有积极的促进作用。乡村传承的礼仪文化是农村居民处世的规则，包括价值观、自然观、伦理观和善恶标准等。例如，乡村礼仪文化通过文艺表演和建筑装饰等方式，在乡村广为传播，是维护乡村社会和谐发展的灵魂与源泉；不同地区形成的独特乡村文化要素和传统农耕文化，包括农业生产方式和农业生产景观，民俗文化活动和乡土建筑等，体现和贯彻了中国传统的天时、地利、人和的天人合一思想以及自然界万事万物相生相克的辩证关系；传统村落中蕴藏着丰富的历史信息和文化景观，是农耕文明留下的重要文化遗产。乡村传承的这些独具特色的文化要素，是唤起国民对本源文化、地域文化和民族文化的归属感、认同感、自豪感的重要内容。

　　中国传统的乡村耕作模式对中华民族的思维模式具有深刻影响。2014年 *Science*

杂志刊登一篇文章，[1]阐述了传统农业耕作方式对思维模式的影响。该研究基于实证调研数据，发现中国南部种植大米的个体与中国北方种植小麦的个体相比，更倾向于互助合作和整体性思维。这一发现不仅在一定程度上揭示了以种植小麦为主和以种植水稻为主的不同文化之间的差异，还揭示了种植水稻对人类思维方式的影响。这一影响对于培养人们的合作意识和加强相互合作，具有显著的积极影响。乡村文化潜移默化的浸润，不仅深刻影响了中华民族性格的形成，还对目前和今后美丽中国建设中加强民众的团结协作，具有积极的现实意义。

第二节　生态良好是乡村发展的大前提

"望得见山，看得见水，记得住乡愁。"[2]习近平总书记这句充满诗意的话，道出了无数中国人对传统乡村生活的向往和眷恋。

良好的生态是乡村产业兴旺和生态宜居的前提和基础，是乡村持续繁荣发展的保障，是乡村成为美丽中国可靠后盾的坚实基础。乡村振兴的根本是人与自然的和谐相处，乡村振兴的核心是以严格保护生态环境为前提，逐步摒弃以往过度依赖不可再生能源的农业生产方式，转而以绿色生态发展理念为指引，探索符合可持续发展理念的循环农业发展模式。

习近平总书记说："生态环境问题，归根到底是资源过度开发、粗放利用、奢侈消费造成的。资源开发利用既要支撑当代人过上幸福生活，也要为子孙后代留下生存根基。"[3]他说："如果仍是粗放发展，即使实现了国内生产总值翻一番的目标，那污染又会是一种什么情况？届时资源环境恐怕完全承载不了。想一想，在现有基础上不转变经济发展方式实现经济总量增加一倍，产能继续过剩，那将是一种什么样的生态环境？经济上去了，老百姓的幸福感大打折扣，甚至强烈的不满情绪上来了，那是什么形势？所以，我们不能把加强生态文明建设、加强生态环境保护、提倡绿色低碳生活方式等仅仅作为经济问题。这里面有很大的政治。"[4]习近平总书记指出："良好生态环境是最普惠的民生福祉。"[5]

一、乡村产业对提升和保持乡村生态良好至关重要

乡村产业对乡村生态影响最直接、最深刻。良好的生态既是乡村产业发展的必

1 T. Talhelm 等：*Large-Scale Psychological Differences Within China Explained by Rice Versus Wheat Agriculture*，*Science* 2014 年第 6184 期。
2 习近平：《推动我国生态文明建设迈上新台阶》，《求是》2019 年第 3 期。
3 中共中央文献研究室：《习近平关于社会主义生态文明建设论述摘编》，北京：中央文献出版社，2017 年，第 77—78 页。
4 中共中央文献研究室：《习近平关于社会主义生态文明建设论述摘编》，北京：中央文献出版社，2017 年，第 5 页。
5 习近平：《推动我国生态文明建设迈上新台阶》，《求是》2019 年第 3 期。

要前提，同时也受到乡村产业的反作用。对于供给端的生产主体而言，良好的生态为农业生产提供高效的生产环境。农业生态系统是通过物质和能量流通联结起来的，保证能量流、物质流在这个生态系统中循环利用是最重要的。只有保持良好的生态，才能为能量流、物质流在农业生态系统中顺畅高效流通，才能确保农业生产的可持续；另一方面，乡村生态也受到乡村产业的深刻影响。如果只注重追求经济效益，就会过分依赖农药和化肥等投入，会改变能量流与物质流在农业生态系统中的流动，在短期获得高效产出的同时，严重污染环境，进而会严重制约农业生产的可持续发展。尤其是现代农业主要依赖以石油为基础的农药和化肥等投入品。这种高投入、高能耗的生产方式，削弱了乡村生态承载力，已被证实不利于乡村产业可持续发展。

乡村产业发展中使用的大量农药和化肥等投入品，造成严重的面源污染，对乡村生态产生深刻和深远的影响。

（一）过量不合理喷洒农药的危害

过量喷洒农药，会严重污染土壤、水环境和大气。过量不合理喷洒农药，首先对土壤造成严重污染。农药中含有的镉、铜和砷等重金属元素（或类金属元素）在土壤中不断积累且难以分解，造成土壤酸化，而土壤酸化会进一步提高重金属的活性，促进重金属的溶解和释放，增加作物对重金属的吸收累积，加剧对生态环境和人类健康的危害；[1] 土壤被污染后，会造成土壤中养分减少、有益生物隐性退化，严重影响土壤中的生态系统平衡，导致土壤整体结构和功能发生退化；[2] 过量滥用农药，还会对水体、大气和土壤造成严重污染。进入大气的化学农药被空气中悬浮的颗粒物吸附，随大气流动和降雨，扩散到整个自然界，对整个自然界和人类社会都造成威胁。[3]

过量喷洒农药，会造成农田生态系统退化。化学农药大量施用是造成全球范围昆虫数量大幅度减少的重要原因；[4] 过量滥用农药，尤其是过量喷洒有机农药，例如有机氯农药，在消灭害虫的同时，还会对害虫的天敌和传粉的昆虫等也造成致命伤害；由于害虫生命周期短，可以很快产生抗药性，而益虫和益鸟生命周期较长，难以产生抗药性，或是产生抗药性的速度慢于害虫；这样，一方面害虫受到益虫益鸟的抑制减弱，另一方面害虫抗药性不断增强，导致不得不用更多农药控制害虫，同

1 丛晓男等：《化肥农药减量与农用地土壤污染治理研究》，《江淮论坛》2019第2期。
2 侯莹：《农药污染对土壤生物隐性退化的影响研究》，《江西农业》2017年第21期；张春秀：《农药污染对农作物土壤的影响及可持续治理对策》，《现代农业》2017年第7期。
3 周一明：《水体的农药污染及降解途径研究进展》，《中国农学通报》2018年第9期。
4 Francisco Sánchez—Bayo 等：*Worldwide Decline of The Entomofauna：A Review of Its Drivers*，*Biological Conservation* 2019年第232卷。

时对益虫益鸟的持续伤害而降低了天敌对害虫的抑制能力，从而陷入农药越用越多的恶性循环。[1]

过量不合理喷洒农药，还严重威胁人类身体健康。首先，过量不合理用药，是直接导致农产品农药残留超标的最主要原因。人体长期食用农药残留超标的食品，会降低人体免疫力、加重肝脏负担、诱发癌变和胃肠道疾病等。[2]另外，农药通过大气和水循环扩散到自然环境中，进入动植物体内，并通过复杂的生物链传递，最终对人体健康产生影响。此外，过量不合理喷洒农药，还会对喷药人——农业生产者的身体健康产生负面影响。[3]

（二）过量施用化肥的危害

过量施用化肥，会对土壤造成严重负面影响。大量施用氮肥，会使表层土壤中积累大量硝态氮，增加土壤的酸性，加速溶解和活化大量钾、钙、镁等营养离子，加速这些营养离子从土壤耕作层中流失；[4]土壤酸化之后，还会加速活化、迁移和释放铝、锰、镉、汞、铅、铬等有毒污染物；土壤中增加的铝离子会减少植物对其他阳离子和磷的吸收，影响作物产量。大量施用磷肥，会逐步增加磷元素在土壤中的含量，降低土壤有机质含量，危及土壤中微生物和生态系统，破坏土壤肥力，最终会降低施用化肥的效果；另外，磷肥是将磷矿石粉碎后，用硫酸、硝酸、盐酸或磷酸等分解磷矿石粉得到磷肥，加工过程还会引入镉、锶、氟、锌等重金属元素，这些重金属元素是土壤重金属污染的主要来源之一。另外，化肥过量施用带来的重金属污染，也对食品质量安全产生严重威胁。

过量施用化肥，还会严重污染大气和水环境，并通过大气和水的循环流动，将污染扩散到整个生态环境。例如，氮肥施用于土壤之后，有0.1%—1.4%的氮肥发生反硝化作用，转化为一氧化二氮挥发到大气，增加了大气中温室气体的存量；再进一步，一氧化二氮在紫外线照射后生成的一氧化氮会破坏臭氧层，还会生成酸雨，对整个人类生态环境产生严重且深远的负面影响。[5]2015年，来自化肥的氨氮排放量约72.6万吨，占全国氨氮总排放量的31.6%（2015年中国环境状况公报，环境保护部）；2017年，在全国开展营养状态监测的109个湖泊（水库）中，呈现富营养化状态的多达33个，地下水"三氮"（亚硝酸盐氮、硝酸盐氮和铵氮）超标现象严重

1 Grzegorz Doruchowski 等：*Drift evaluation tool to raise awareness and support training on the sustainable use of pesticides by drift mitigation*，*Computers and Electronics in Agriculture* 2013 年第 97 卷。

2 王燕：《浅谈食品安全中蔬菜农药残留问题》，《河北农业》2017 第 4 期。

3 Kishor Atreya：*Farmers' willingness to pay for community integrated pest management training in Nepal*，*Agriculture and Human Values* 2007 年第 24 卷第 3 期；Hruska AJ 等：*The impact of training in integrated pest management among Nicaraguan maize farmers: Increased net returns and reduced health risk*，*International Journal of Occupational and Environmental Health* 2002 年第 8 卷第 3 期。

4 李晓欣等：《不同施肥处理对作物产量及土壤中硝态氮累积的影响》，《干旱地区农业研究》2003 第 3 期。

5 王科等：《化肥过量施用的危害及防治措施》，《四川农业科技》2017 第 9 期。

（2017年中国环境状况公报，环境保护部）。中国每年有50%—70%的化肥通过各种途径流失到地下水、地表水和大气中，造成地下水硝酸盐污染、地表水富营养化，不仅破坏了生态系统平衡，还对人畜健康造成危害。

（三）适度规模经营是保证乡村生态良好的关键

以保持乡村生态良好为前提，促进乡村产业发展，需要各地根据实际情况，准确把握适度规模经营。在乡村人口逐步向城镇第二、三产业流动的大趋势下，农村土地承包经营权流转开始活跃，农业生产的规模化水平逐渐提升。农业生产的规模化水平逐步提升，主要来自两个方面，一是来自小农户自身实力壮大，二是来自工商资本下乡投资农业生产。其中，工商资本下乡投资农业，是提升农业现代化水平和提升农业生产效率见效最快的方式，因此得到了各地政府的积极响应。但是，我们要辩证地看待工商资本下乡，既要看到其积极的一面，也要看到其对乡村生态和乡村可持续发展的负面影响。

工商资本下乡，必然追求大规模经营，从而对乡村生态产生深远影响：

一方面，工商资本追求大规模经营，有诸多积极影响。工商资本为了实现大规模经营，会将分散的破碎小块土地整合，原先破碎地块之间的田埂和道路复垦为农田，增加了土地的有效利用面积；工商资本往往大量使用机械，提高了农业生产的技术水平和经济效率；工商资本采用规模化生产，有利于提升农产品的标准化程度，有助于控制农产品质量，提升农业现代化水平。

但是，工商资本追求的大规模经营，也有诸多负面影响。工商资本为了追求利益最大化，往往倾向于"非粮化""非农化"经营，不利于国家粮食安全；工商资本在与小农户互动中，往往处于强势地位，在利益分配中可能损害小农户的利益；如果工商资本在短期大量流入乡村产业，其为了提高资金使用效率会扩大信贷，[1]而农业生产周期长、风险大，这会增加国家金融信贷体系的风险，有引发金融危机的风险。[2] 1929年至1933年波及整个资本主义世界的经济危机，是发源于美国的大萧条（The Great Depression），其起源正是因为美国政府采取的低息贷款等政策鼓励农民快速扩大生产规模，大量农民用农场作为抵押品贷款扩大投资规模，然而随之而来的大丰收带来的是农产品价格大跌，结果大量农民无法偿还债务，并丧失了农场抵押品赎回权，从而导致美国银行业不稳定，最终引致"大萧条"。这些负面影响可以通过政策引导和限制，在一定程度上得以控制。但是工商资本必然追求的大规模经营方式，对乡村生态具有严重的负面影响：为追求农业生产的规模效应，工商

---

1 王钊等：《农户融资水平对农地适度规模经营的影响——基于CHIP微观数据实证》，《农业经济与管理》2018年第5期。
2 莫妮卡·普拉萨德：《过剩之地：美式富足与贫困悖论》，上海：上海人民出版社，2019年，第三章。

资本必然扩大投资规模，必然大量采用机械、农药和化肥等投入品。这正是建立在石油、煤和天然气等能源基础上的"石化农业"。这种高投资、高能耗的大型农业生产方式，短期可以大幅度提升农业生产效率。但是，从长期看，这种资本密集型、能源密集型生产方式，对乡村生态破坏严重，并不利于农业生产的可持续发展。

为了保持乡村良好的生态，实现乡村产业持续兴旺发展，需要理性看待工商资本下乡。地方政府吸引工商资本下乡，不能以单纯的政绩考核为目标，而应以促进乡村产业兴旺和乡村振兴为目标，否则就是本末倒置。习近平总书记多次强调"大国小农"是中国的基本国情农情。今后相当长一段时间，中国农业生产的主体仍以小农为主。如果过快吸引工商资本下乡，会对乡村生态带来无可挽回的严重破坏，会对乡村振兴战略的实施和美丽中国的建设进程产生严重的负面影响。

二、良好的生态是乡村人居环境的核心

乡村良好的生态是宜居的农村人居环境的核心，是实施乡村振兴战略的重要任务。随着农村居民收入的持续增加，良好的生态环境、整洁的村社环境、洁净的饮用水等逐渐成为农村居民日益关注的焦点。这些公共品的供给数量和质量成为农村社区能否繁荣发展的关键因素，对农村产业是否能够持续发展具有深远影响。通过政府投资，为广大农村居民提供包括水、电、厕所等必需的生活设施以及生活污水处理、垃圾收运、畜禽养殖污染治理、农作物秸秆无害化处理等公共服务，使乡村保持良好的生态，才能营造宜居的乡村环境。只有乡村人居环境达到生态宜居的标准，才能增强乡村对人口的吸引力，才能逐步缩小城乡差距和推动城乡一体化发展，为乡村社区繁荣提供前提条件，才能保证农业生产的稳定和可持续发展。

习近平总书记指出："环境就是民生，青山就是美丽，蓝天也是幸福。"[1]习近平总书记在党的十九大报告中提出实施乡村振兴战略，前所未有地把乡村建设提高到与城镇化同等重要的战略高度。在实施乡村振兴战略大背景下，提升和保持乡村良好的生态，是改善农村人居环境的最核心任务。2018年2月，中共中央办公厅、国务院办公厅印发《农村人居环境整治三年行动方案》，明确提出，改善农村人居环境，建设美丽宜居乡村，是实施乡村振兴战略的一项重要任务，事关全面建成小康社会，事关广大农民根本福祉，事关农村社会文明和谐。

改善提升乡村良好生态的过程，可以激发农村居民主人翁精神，健全村民自治

---

1 习近平：《推动我国生态文明建设迈上新台阶》，《求是》2019年第3期。

机制，发挥基层党组织的核心作用，建立完善村规民约，是引导农村居民积极参与人居环境问题规划、建设、运营、管理的过程。这不仅可以引导农村居民积极参与提升和保持乡村良好的生态，还是提高农村居民现代文明素质的有效途径，是加强精神文明建设的有效途径。

三、生态良好是乡村产业发展的大前提

随着中国经济社会飞速发展，人民群众对农产品的需求从"吃得饱"向"吃得好"的更高需求转变，全社会对农产品质量的关注度越来越高。2017年中央一号文件提出深入推进农业供给侧结构性改革，目标是增加农民收入，提升农产品的营养价值和农产品质量安全。只有保持乡村良好的生态，坚守乡村生态的绿色底线，以适度规模经营为途径，为高质量农产品的生产营造良好的生态环境和政策环境，才能更好满足广大人民群众对食品质量安全越来越高的要求，才能实现乡村产业良性可持续发展。

以良好的生态为依托的乡村社区，还是推动乡村产业融合发展、促进农民增收的重要元素。良好的生态是乡村吸引城镇居民到乡村体验生活的核心元素，是乡村旅游兴旺发展的关键。以良好的生态为依托发展乡村旅游和民宿，将乡村美景、美味农品、特色民宿有机结合起来，使田园成花园、农房成客房。为城镇居民提供鲜活的农耕体验，是繁荣乡村社区和促进农民增收的新兴支柱产业。再进一步，以良好生态为依托的乡村旅游和民宿，是拉动农村一、二、三产融合发展的有效途径。城镇居民在亲身感受到乡村良好生态的同时，会增强对乡村高质量农产品的切身体会和信任，从而扩大对乡村农产品的需求。这为乡村延长产业链、拓宽产业范围和调整产业结构提供了良好的契机，可以进一步有效增加农民收入。

另外，以乡村良好的生态为依托的乡村人居环境，还可以进一步拓宽农民的收入渠道。良好的生态提升了乡村人居环境质量，从而吸引城镇居民期望迁移到乡村居住生活，即出现所谓的"逆城镇化"。在农村宅基地三权分置改革深入推动的情况下，宅基地的所有权、资格权和使用权分离。农民可以将自家的宅基地出租获得租金，农民获得了将自有房屋等资产与城镇资本充分交换的权利。农民从房屋资产使用权流转中获得的财产性收入，可以用作迁移到城镇的生活成本。这种城乡要素的流通，会大大刺激内需增长，成为活跃国民经济最具有潜力的动力。即使农民没有将房屋等资产使用权流转出去，其拥有的这些资产的较高市场价值，也可以大幅度提升农民的获得感和幸福感。

第三节　绿色资源是产业兴旺的新优势

乡村良好生态带来的绿色资源，是推动农业绿色发展的核心动力，是农业高质量发展的根本保障，是乡村产业兴旺的新优势。2005 年 8 月 15 日，时任浙江省委书记习近平同志在浙江省湖州市安吉县考察时，首次提出了"绿水青山就是金山银山"的科学论断。习近平总书记的"两山"重要思想，点明了绿色资源不仅可以转化为财富，而且是促使乡村产业兴旺的内源性强大动力。习近平总书记的"两山"理论充分体现了马克思主义的辩证观点，系统剖析了经济与生态在演进过程中的相互关系，深刻揭示了经济社会发展的基本规律。

一、绿色资源为乡村产业兴旺提供了新优势

随着市场对高质量农产品需求越来越旺盛，乡村产业面临新的发展机遇。随着全社会经济水平的提升，人民群众的消费观念也在逐步改变，消费需求更加体现个性化、高端化和独特化，对农产品质量安全和美好生态环境的需求越来越旺盛。人民群众更加重视农产品的质量是否安全、品种是否多样、营养是否丰富；另外，人民群众对农业的需求不仅停留在农产品消费上，还对休闲观光、农事体验、农耕传承等方面的需求不断释放。人民群众的消费逐步升级，并成为乡村产业发展新的重要推动力。

乡村的绿色资源为乡村产业兴旺提供了新优势。在消费升级的大趋势下，中国的农业发展环境与以往相比有较大变化，农业的主要矛盾由总量不足向结构性矛盾转变。新的结构性矛盾主要表现为阶段性供过于求和供给不足并存，即同质化、低质量农产品供给过剩，而个性化、高质量农产品供给严重不足。解决这一结构性矛盾，需要从供给侧入手，推动农业供给侧结构性改革。这就意味着需要扭转以往以产量为目标的发展思路，将农业生产目标中农产品质量的比重逐步提高，从而提升农产品的竞争力和农业生产率。这些目标的实现，只有以乡村的绿色资源为依托，才能不断增加高质量农产品的供给能力。在农业发展进入全面转型的新阶段，只有依托乡村绿色资源，倡导绿色生产方式，加大高质量农产品的供给，才能更好满足人民群众对农产品的安全、营养、味美、保健等多方面不断升级的需求；只有充分发挥绿色资源的优势，全面推进农业绿色发展，走"质量兴农、绿色兴农、品牌强农"的发展道路，才能全面提升乡村产业的市场竞争力，才是持续提升农村居民收入水平的有效途径。

二、绿色资源开发与保护的关系辨析

为了保障乡村产业持续兴旺发展，必须注重绿色资源的开发与保护并举。乡村

绿色资源的开发与保护互为目的和手段。乡村绿色资源是乡村产业兴旺的新优势，开发乡村绿色资源的目的是为了进一步有效促进乡村产业可持续发展，是推进农业供给侧结构性改革的具体实践，为乡村振兴提供强大的物质基础。

对于乡村绿色资源，如果只是为了保护而保护，不进行科学合理开发利用，就失去了保护的意义。只注重保护乡村绿色资源而忽视了开发利用，就无法向广大人民群众提供更多高质量农产品，就无法满足广大人民群众越来越多样化的需求，不能很好满足人民群众不断升级的消费需求。另外，如果只注重保护而不进行开发，确实能够在短期内实现乡村绿色资源的维持。但是，与这些绿色资源密切接触的广大农村居民无法从中获得收益，就无法充分调动广大农村居民保护绿色资源的积极性；另外，还会有部分农村居民由于保护乡村绿色资源而牺牲的个人利益得不到补偿，因而会伤害这些农村居民参与保护绿色资源的积极性。甚至，由于只保护不开发，部分农村居民由于难以找到其他就业渠道而导致维持生计都困难。在这样的情况下，他们就会为了获得收入来源而私自开发利用乡村绿色资源，这必然造成无序的低效率开发，只会严重损耗乡村绿色资源，对保护工作产生严重干扰和破坏。另外，如果只是保护而不进行有效开发，就不能给地方财政带来实在的收益，地方政府也就失去了保护乡村绿色资源的持续动力，无法实现真正保护好乡村绿色资源的目的。这种单纯以保护为目的、为了保护绿色资源而保护的行为，虽然投入大量人力物力进行生态修复和保持，但是失去了保护乡村绿色资源的意义，无法实现保持乡村绿色资源长期良好的目的。

对于乡村绿色资源，如果只注重开发而不加以保护和维持，就无法实现乡村产业持续兴旺。如果只开发不保护，片面追求眼前的经济利益，就会忽视整体的长远利益。此外，公共品属性决定了乡村绿色资源的开发必然是缺乏系统的科学规划。在缺乏统一规划和协调的情况下，只由单纯的经济利益驱使，乡村的绿色资源必然是按照短期经济利益最大化的方式开发利用，这样的开发必然是无序和过度的。由于缺乏明确的所有者，乡村绿色资源也就必然得不到及时的修复和有效的维护。这都会使乡村绿色资源在短时间内被过度开发，而得不到及时有效的修复和维护，从而损害绿色资源的可持续开发潜能。这就造成所谓的公共品的"公地悲剧"，即对乡村绿色资源的开发以短期经济利益最大化为目标，最终反而成为这一目标的掘墓人，对整个社会所有人的利益都造成伤害。

三、绿色资源开发利用的建议

为了促进乡村产业兴旺，使"绿水青山"长期稳定转变成"金山银山"，就必须站在全局的高度，保障参与各方在利益分配中的平等地位，建立良好的制度环境，调整好政府与市场的关系，才能长期保持绿色资源在促进乡村产业持续兴旺发展中的新优势，进而形成"绿水青山"向"金山银山"转换的良性循环。

以深入推进农村集体产权制度改革为起点，厘清绿色资源的种类、数量和归属，保障村集体成员在开发利用绿色资源获得利益分配中的平等地位，是调动广大农村居民积极参与保护和维持绿色资源的基础。乡村绿色资源大多以村集体资产的形式存在，尤其是以山林、水面等资源型资产的形式存在。这些村集体资产长期以来种类和数量不明确，归属不清晰，无法调动广大农村居民积极参与开发和保护。深化农村集体产权制度改革，并不是要把村集体资产所有权分到户、分到人，仍是以所有权归村集体为前提。针对农村集体资产种类和数量长期不明确的情况，把属于村集体所有的资产逐一盘点，合理估值经营性资产，详细准确记录准经营性、非经营性、资源性资产的数量、归属和使用情况；在所有权归村集体的基础上，将村集体资产股份的占有、收益、有偿退出及抵押、担保和继承权分配给村集体经济成员。村集体产权制度改革转变了以往长期"产权虚置"的局面，实现了乡村绿色资源的权、责、利明晰化，将广大农村居民的利益与乡村绿色资源的保护与开发绑定在一起，为保障乡村绿色资源的开发与保护提供必要前提。

以农村产权制度改革深入推进为前提，地方政府还需要逐步推进基层民主制度建设。这需要地方政府从外部不断完善村级自治，通过加强普法宣传教育，逐步增强广大农村居民的法制意识和自治意识，提升广大农村居民参与村集体资产经营管理决策和监督的广度和深度；督促和完善村民代表监督村集体资产经营管理，有效保护广大村集体经济成员的切身利益，充分调动广大村集体经济成员对乡村绿色资源关注的积极性。由于乡村天生具有的熟人社会的性质，在一定程度上阻碍了村民自治效能的发挥，村民自身的反制力量较为薄弱。这需要地方政府严格限制涉黑涉恶人员和宗族势力干扰或侵入基层政权，严厉阻止其插手村级公共事务，绝不允许其霸占或破坏性利用乡村绿色资源。这需要地方政府依法加强对村务治理的指导和监督，尤其注重督促乡村资源型资产开发利用过程的透明度，坚决保证乡村绿色资源的开发利用具有可持续性。另外，还需要地方政府积极推动村集体资产财务管理规范化，将村级财务管理上移，实行"村账镇管"，加强对村集体资产经营的审查和监督，从外部切实强化对开发和利用乡村绿色资源行为的监督；要注重发挥驻村干部在定期检查村集体资产中的作用，利用驻村干部熟悉了解本村的优势，让其参与乡村绿色资源开发利用的全过程，加强对乡村绿色资源开发利用过程的保护，确保绿色资源的开发利用与乡村产业持续兴旺目标相一致。

地方政府需要理顺政府与市场的关系，为乡村产业发展中绿色资源充分发挥新优势营造良好的制度环境。首先，针对乡村绿色资源开发和保护项目，地方政府需要设定科学的评估方法和完善的监管，确保乡村绿色资源得到可持续的高效开发。其次，地方政府除了在税收、财政、金融等方面加大支持力度，还要积极提供完善的配套服务，包括绿色资源开发项目的资金监管、融资对接、农业保险等金融服务，帮助经营主体精准对接金融机构，提升绿色资源开发项目的盈利能力。另外，地方政府要尤其重视交易管理制度建设，加快推进农村集体资产交易平台建设。地方政府要高度重视和顺应大数据、互联网等信息技术发展大趋势，积极发挥"互联网+"的优势，在建立交易平台的基础上，实现交易平台网络化。网络化的交易平台，可以大幅度降低交易双方的搜寻信息成本，交易平台由政府的权威性做背书，有助于降低交易双方的谈判成本；网络化的交易平台提供统一、规范的合同以及纠纷调解服务，能够有效保护交易双方的权益，尤其是保护转出绿色资源的小农户的正当权益。另外，充分发挥地方交易平台收集绿色资源供给信息效率高的优势，在建立村级、乡（镇）级、县（市、区）级流转交易平台的基础上，整合建立省级甚至国家级乡村绿色资源流转交易平台网站，发挥高级别流转交易平台网站覆盖面广的优势，尽可能降低绿色资源交易流转信息的交易成本。

此外，地方政府还可以尝试开展绿色资源证券化。在建设流转交易平台的基础上，探索引入绿色资产证券化等创新，为引入外来资本高效开发乡村绿色资源提供有效的进入途径，可以有效解决乡村绿色资源开发中面临的资金难题。例如，可以采用PPP模式（Public—Private—Partnership，公私合营模式），以政府监管为前提，吸收具有雄厚资本、先进技术、广阔渠道和丰富管理经验的民营资本，充分调动市场积极力量参与开发乡村绿色资源，充分发挥市场高效配置资源的基础性作用。

典型案例：生态文明指引鲁家村的绿色发展之路

浙江省湖州市安吉县的鲁家村，既没有名人故居或风景名胜，也没有特色突出的产业，只有一片青山斜依、碧水环绕的山间盆地。这个小村庄的村级集体经济在2011年仍是全县倒数第一：村集体资产不足30万元，全村家庭人均年收入仅有1.47万元。到2017年，鲁家村已经发展成为"开门就是花园、全村都是景区"的美丽乡村新样板，村集体资产已达2亿元，人均年收入增加到3.56万元，2018年还被评为"全国十佳小康村"。鲁家村的崛起之路，完美体现了生态文明指导下的乡村振兴，以绿色发展理念为指引，获得的发展新机遇。

鲁家村能有今天的成绩，得益于其开创性的家庭农场集群模式，具体做法如下：

● 资源变资本

鲁家村立足山水林田湖草优质自然资源优势，利用本村的4000多亩低丘缓坡，协调规划建设18个各具特色的家庭农场，形成集聚的家庭农场，并吸引外部资本和专业机构投资运营管理。通过休闲农业和乡村旅游产业放大，原本熟睡的资源快速转变为资本，土地流转和旅游收入分红为村民带来丰厚的收入。

● 田园变景区

2012年起，鲁家村抓住美丽乡村精品村创建契机，确立了建设全国首个家庭农场集聚区和示范区建设的发展定位，完成鲁家湖、游客集散中心、文化中心、体育中心"一湖三中心"基础设施建设，并开通一列全长4.5千米的观光火车，环线串联起18个农场，组合成不收门票、全面开放的4A级景区。生态良好的田园变成了风景优美的景区。

● 农民变股民

职业农民、职业经理、职业农场主已经成为鲁家村发展的"新主角"。鲁家村邀请在外创业人员回乡创业，发挥创业"领头羊"作用，目前18个农场主有10个是本村人。村民用资金、土地或农房入股，参与建设开发，年底得到分红，深度参与村庄经营开发的利益分配，获得丰厚的回报。

鲁家村发展前后对比图

第四讲

绿色发展:
乡村振兴的新经济

谭亭亭

　　绿色发展是建立在生态环境容量和资源承载力约束下,以环境保护作为发展重要支柱的一种新型发展模式,其发展要素为环境资源,其发展目标为实现经济、社会和环境的可持续发展,其内容是经济活动和结果的"绿色化"和"生态化"。在乡村,良好的生态环境是最大优势和宝贵财富。2017年中央农村工作会议指出:中国特色的乡村发展道路必须坚持人与自然和谐共生,走乡村绿色发展之路。乡村绿色发展,对生态环境保护、提供生态产品、发展生态旅游等意义重大,也是农业农村可持续发展的题中应有之义。

第一节　自然资本：乡村发展新财富

1995 年，世界银行《人类发展报告》基于可持续理念，将资本内涵拓展为自然资本（natural capital）、经济资本（economic capital）、人力资本（human capital）与社会资本（social capital）四个部分。其中，自然资本已经与其他资本一起成为可持续发展的重要动力。

2005 年 8 月，习近平总书记提出"绿水青山就是金山银山"的发展理念，其本质即在强调自然生态系统的价值性。此后，浙江省各地开始了"护美绿水青山，做大金山银山"的实践探索：从靠山吃山到养山富山，从局部改善到全域提升，从美丽风光到美丽经济，各地涌现出了形式不一的成功案例，无不体现了生态与经济发展之间的内在关系，展示了农村自然资本在经济发展中的新价值。习近平总书记所讲的以绿水青山为主的生态自然资源，80% 以上在乡村，是乡村未来发展绿色经济最大的自然资本，是乡村未来发展绿色经济的优势所在。

一、自然资本的内涵

"自然资本"一词的出现最早可以追溯到 1990 年，Pearce 和 Turner 在《自然资源和环境经济学》中将经济学生产函数中的资本称为人造资本，进而提出了与之相对应的自然资本，从此开启了学术界对于自然资本的研究。1993 年，英国伦敦大学环境经济学家 Pearce 在其著作《世界无末日》中提出用自然资本和另外两种资本来估算可持续发展能力，Turner 也提出了将自然资本作为可持续性评价标准的观点。1994 年，世界银行出版了《扩展衡量财富的手段》的研究报告，将资本划分为四个部分：人造资本、人力资本、自然资本和社会资本，提出一个国家的财富应该包括自然资本，并将土地、森林、湿地等作为自然资本的组成部分，对世界各个国家的自然资本的经济价值进行了评估。2000 年，保尔·霍根等出版了题为《自然资本论：关于下一次工业革命》的论著，倡导人与自然和谐共存、协调发展的新理念，开拓出一条可持续发展的新路。自然资本一经提出，就引起了全世界知名专家和学者的广泛关注，并逐渐为大多数专家、学者和管理者所接受。2011 年联合国《迈向绿色经济》报告中认可了自然资本的价值，认为自然资本是人类福祉的贡献者，是贫困家庭生计提供者，是全新体面工作的来源。

对于自然资本的内涵，目前尚未形成统一的认知，学者们的表述也不尽相同，包括自然资本（产）、生态资本（产）、环境资本等，但本质却基本接近，他们对于自然资本的论述大致从三个角度进行。

第一，将自然资本直接等同于自然资源和生态环境。世界银行副行长伊斯梅尔·萨拉丁认为，自然资本指一切自然资源。EI Serafy（1989，1991）指出生态环境提供环境产品和服务就是自然资本，把自然资本分为可再生的自然资本和不可再生的自然资本。刘思华（1997）认为生态资本主要包括自然资源总量（可更新的和不可更新的）和环境的自净能力、生态潜力、生态环境质量、生态系统作为一个整体的使用价值。Hawken（2000）指出自然资本可以被看作支持生命的生态系统的总和。王健民等（2002）认为，生态资产从广义来说是一切生态资源的价值形式；从狭义来说是国家拥有的、能以货币计量的，并能带来直接、间接或潜在经济利益的生态经济资源，从生态资产价值的角度指出生态资产的构成包括生物资产、基因资产、生态功能资产和生境资产（以生态环境对人类生存的适宜度来度量其价值）四大方面。

第二，将自然资本界定为一种有用的资源和环境存量。Constanza等（1997）认为，"资本"是在一个时间点上存在的物资或信息的存量，每一种资本存量形式自主地或与其他资本存量一起产生一种服务流，这种服务流可以增进人类的福利。Daily（2000）认为，自然资本是指能够在现在或未来提供有用的产品流或服务流的自然资源及环境资本的存量。黄兴文等（1999）将生态资产定义为"所有者对其实施生态所有权，并且所有者可以从中获得经济利益的生态景观实体"。董捷（2003）指出所谓生态资本是指产出自然资源流的存量，也就是能为未来产生有用商品和服务流的自然资源存量。

第三，将自然资本范围扩大到纯自然资本和人造自然资本。孙冬煌等（1999）认为自然资本是指自然资源和自然环境的经济价值。其实物形态包括各种自然资源、环境的净化能力、臭氧层以及各种环境和生态功能等。按照是否有人类劳动投入，又可分为纯生态资本和人造生态资本。李萍、张雁（2001）将环境资本分为有形生态资本（或硬环境资本）与无形生态资本（或软生态资本）。有形生态资本主要包括土地、水、矿产等自然生态环境以及交通、电信网络等基础设施建设的硬环境；无形生态资本则更多地强调制度（或体制）、机制、观点等因素。武晓明等认为，生态资本是指人类花费在生态环境建设方面的开支所形成的资本，其实质就是自然的生态资本存量和人为改造过的生态环境的总称。虽然国内外学者对于自然资本的研究角度不同，然而关于何谓自然资本的结论则有几点共识：其一，自然资本不仅包括自然资源，也包括生态环境质量要素，具备一般资本的特性，即增值性。其二，自然资本都具有价值，无论哪一种观点都认为自然资本的价值是客观存在的，并且是人类生存、生产和生活所必需的。其三，自然资本能够带来生态效益，主要体现在人与自然的和谐关系上。

自然资本是生态经济时代的特殊资本，作为自然和资本结合的概念，自然资本兼具生态环境的自然属性和资本的一般属性，既遵循自然规律，也遵循市场规律，具有二重性。同时也表现出自然资本自身所独有的，不同于人造资本或者其他资本的特殊属性。

首先，自然资本具有不可替代性。自然资本的不可替代性主要指其不可被人造资本或者其他资本所替代，自然资本包括自然资源资本与生态环境资本两个方面，它们均具有不可替代性。自然资源资本的自然再生产周期较长，且受到各种难以预料和难以控制的因素影响，其供给数量难以在较短时期内迅速增长。生态环境资本可以为人类提供生态服务，例如良好的空气、优美的环境、净化大气、调节气候等，这种资本更具有不可替代性。自然资本能够承载人类生存与经济发展对生态系统经济功能的需求，但是自然资本的不可替代性决定了自然资本具有刚性和有限性，对人类的需求并不是无限满足的。因此，有限的自然资本供给能力与无限的人类发展需求之间的矛盾和不平衡，就成了自然资本运营中必须重视的挑战。自然资本的不可替代性决定了必须建立起自然资本的补偿和投资机制，通过自然资本的补偿机制实现自然资本的保值功能，通过自然资本的多方投资机制，实现资本的增值功能，从而保证自然资本能够满足经济发展和生态保护的需要。

其次，自然资本存在形式具有多样性。不同于人造资本主要存在于技术化、劳动化的物品中，自然资本的存在形式更具有多样性和丰富性，自然资本既可以以具体的资源形式存在，也可以以生态系统服务的形式存在；既有物化的存在形式，也有非物化的存在形式。

最后，自然资本具有公共产品特性。传统经济学家之所以未将自然资本纳入经济增长的约束因素之中，不仅是因为他们深信人造资本才是制约经济增长的稀缺性因素，同时也由于自然资本具有的公共产品特性。自然资本要发挥作用，实现保值增值就必须明确产权，同时，也应根据不同的资本形态确定不同的产权，形成多种产权相结合的一个产权体系，从而化解自然资本的"公地悲剧"，充分发挥自然资本在经济发展中的作用。

二、自然资本的生态价值及实现逻辑

从已有研究来看，尽管学术界对自然资本的表述各有侧重，但始终围绕着人与自然之间的经济活动，自然资本的生态价值体现在人类从生态系统中获得生态产品和服务，并衍生出供人类生产和再生产过程所创造的价值。然而，由于生态产品存在的外部性和公共产品等属性，其定价无法准确反映生态产品的真实价值，这其中产生的价值差是生态产品供给不足产生的根本原因。因此，自然资本的生态价值实现过程在很大程度上是通过激励机制刺激人们行为选择，减少生态产品定价与真实价值之间差异的过程。

生态资源资本化是一个基于生态资源价值的认识、开发、利用、投资、运营的保值增值过程。生态资源资本化遵循"生态资源—生态资产—生态资本"的演化路径（见图4-1），这一路径是"资源—资产—资本"三位一体新型资源管理观在生态领域的运用。生态资源在不同阶段具有差异性的价值形态表现，生态资源形态和价值的不断变化使得生态资产实现增值效应。

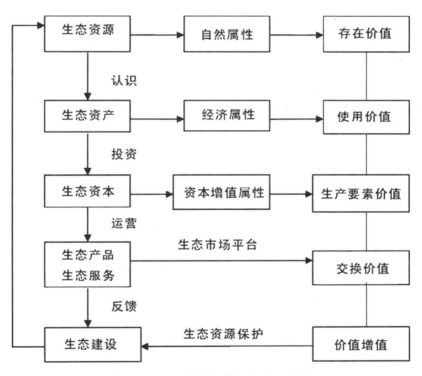

图4-1：生态资源资本化演化逻辑

生态资源资本化主要经历生态资源资产化、生态资产资本化、生态资本可交易化三个阶段。

（一）生态资源资产化

生态资源以其自然属性为人类提供生态产品和生态服务，随着人类对生态资源需求的加大，为人类提供生态产品和生态服务的自然要素被纳入资源观。生态资源转化为生态资产，最大的特征在于生态资源稀缺性的出现，因稀缺而导致生态资源权益所有者发生变化。在初始状态下，生态资源属于共有资源；随着生产生活环境的变化，国家代表公权力对共有资源进行权利界定。当产权明晰的生态资源能够给投资者带来收益时，投资者能够对生态资源享有法律规定的权利，生态资源成为生态资产。生态资产具有资产的一般属性，即具有潜在市场价值或交换价值，是其所有者财富或财产的构成部分，同时要求达到稀缺、产权清晰等条件。生态资产更强调经济属性，能够将生态资源使用价值进行货币化，为人类生产生活提供经济效益。生态资源资产化是生态资源向生态资产转化的过程，能够确保生态资源所有权人及其权能所有者权益不受损害，并有效管理和保护生态资源。生态资源资产化意味着将生态资源及其产权作为一种资产，按照市场规律进行投入产出管理，并建立以产权约束为基础的管理体制，实现从实物形态的资源管理到价值形态的资产管理的转化。

（二）生态资产资本化

生态资本是有一定产权归属并能够实现价值增值的生态资源，主要包括资源总量、环境质量与自净能力、生态系统的使用价值以及能为未来产出使用价值的潜力资源等。生态资本与生态资产既有区别又有联系，生态资本是能产生未来现金流的生态资产，具有资本的一般属性，即增值性，生态资本通过循环来实现自身的不断增值。生态资产与生态资本的实体对象是一致的，但需强调，只有将生态资产盘活，成为能增值的资产，才能成为生态资本，经过资本运营实现其价值，这一过程就是生态资产资本化。生态资源转化为生态资产并进入经济社会领域，在市场上产生服务于社会的效益才能转化为资本，进而获取保护生态环境或是生态资源可持续发展所需的经济成本，真正实现生态资源保护与经济利益（获取生态产品或服务等）之间的平衡。当生态资产通过市场交易、金融创新，使得生态资产形态和价值不断变化而实现价值增值时，生态资产就成为生态资本。生态资本在投资生态资产的基础上更加强调增值性，体现生产要素价值以及在未来的增值空间。生态资本作为一种生产要素，在其逐利性的支配下必然投入一定的社会生产活动，在生产过程中与其他生产要素相结合生产出特定的产品，然后通过产品在市场上的出售以交换价值即价格的形式实现其资本价值。生态资源货币化形成生态资产，生态资产凭借其收益转换成市场交换价值，带来预期的收益。生态资源资本化意味着具备明晰产权的生态资源完成资产化后，以生态资产及其产权进入交换市场，体现资本增值属性，实现生产要素价值。

（三）生态资本可交易化

生态资本可交易化是生态资产资本化进入资本运营阶段的具体表现。生态资源的生产价值通过生态资本的具体运营过程转化到生态产品或服务中，并在市场上交易，形成交换价值。这一过程使生态资源的要素价值转化为交换价值。只有生态资产转化为生态产品或服务，才能体现其价值。生态资本运营目标之一是实现生态资本保值，即在生态资本各要素存量上不减少、流量上分配更良性、结构性更合理、生态资本总体价值不降低。生态资本运营的另一目标是实现生态资本增值，即通过生态资本运营实现生态资本的货币化，获取远高于常规经济活动的经济效益，提高经济发展水平，反过来更好地促进生态资本管理和发展。保值与增值相辅相成、紧密相连。如果在生态资本运营中没有保值措施，那么资本运营将是不可持续的。反之，生态资本增值才能实现经济效益，改善当地生产生活水平，引导人们重视和主动维护生态资本，推动生态资本运营可持续。生态资源资本化体现在生态产品和生态服务经市场交易、金融创新实现要素价值交换，也就是生态资本运营过程中。生态资本运营形成一定的生态市场，这一生态市场是生态产品和生态服务价值实现的重要平台。生态市场平台机制促使投资者将已实现生态资源价值收益的部分用于生态资源保护、生态技术改进或者生态耗损的修补，以提高未来生态资源价值。生态资源价值增值诱使生态建设成为可能，并与生态资源形成循环路径。基于资源与外部环境的双约束，体现外部性的交易成本体系和制度体系共同作用于生态资本可交易化过程。这就需要充分发挥市场在生态资源配置中的决定性作用，发挥政府制度创新和治理现代化能力，促进生态资本保值增值。

（四）生态资源资本化的演化特征

生态资源经资产化形成生态资产，生态资产经资本化形成生态资本。"生态资源—生态资产—生态资本"的演化逻辑以明晰产权为基础、以生态技术价值量化评估为支撑，具有时空动态特性以及体现生态价值变化内在逻辑等特点。一是生态资源资本化以明晰产权界定为前提。产权边界不清的生态资产，其范围和数量不能确定，其价值也就无法量化，构不成现实的生产要素。明晰生态资源的权利所指向的每项权利产权边界，明确各主体行使权利的范围及权限的法律行为，也是体现生态资源的稀缺性和价值性的要求。二是技术的应用对于生态资产转化成生产要素、凝结为生态产品或生态服务起着重要作用。如何量化评估生态资源价值，关系到生态资源经营权价值的确定，从而影响到由生态资源经营权价值所能带来的抵押、入股等资产经营性行为的相关活动。三是生态资源资本化演化过程中的时间前后性。生态资源资本化最重要的前提是明晰产权，产权的廓清过程有明显的前后时间。生态资源经资产化形成生态资产，进一步明晰产权后，随市场交易、金融创新的资本化过程形成生态资本。四是生态资源资本化演化过程的空间并存性。生态资源的资产化和资本化过程并不是两条平行线，而是在空间上相互联系。生态资源资产化以生态资源为物质基础，生态资源资本化以生态资源和生态资产的产权为其价值增值的前提，产权的价值增值也影响着生态资源价值评估，两者相互关联。五是体现生态资源价值变化内在逻辑，生态资源资本化演化实质上是生态资源价值发生变化，即"存在价值—使用价值—生产要素价值—交换价值"的变化。生态资源的存在价值转换为生态资产的使用价值，生态资产的使用价值作为要素投入生产过程便形成生产要素价值，生产要素价值通过生态资本的具体运营过程转化到生态产品中形成交换价值，最后通过生态市场的生态消费交易实现交换价值的货币化。任何一个环节的中断，都将导致生态资本运营过程无法进行下去。

生态资源资本化的演化逻辑表明：生态资源资本化是以生态资源为物质基础，通过明晰产权后，对生态资源进行量化评估，实现生态资源向生态资产转化，利用对生态资本的消费及其形态的变化，通过生态产品和生态服务实现生态资本作为生产要素价值增值的市场投资活动。

三、自然资本的生态价值实现路径

生态资源资本化方式多样，如何对资本化路径进行分类并没有一致的结论。严格界定生态资源资本化的市场路径是有困难的。Whitten（2005）将生态系统服务的市场化工具归纳为基于价格的机制（如拍卖、投标、拨款、退款、特定税收）、基于数量的机制（总量管制、交易补偿）和市场摩擦机制（如生态标签）三类。Pirard（2014）基于演绎的类型划分，将市场化工具分为直接市场交易（如林木产品）、许可证交易（如碳配额）、反向拍卖（如林木招标）、科斯类型协议（如经营权交易）、调控价格变化（如生态税）和自愿性价格信号（如森林认证和有机农业标签）等六大类。可见，基于归纳和演绎类型的划分差异性较大。生态资源资本化路径实质也是"绿水青山就是金山银山"的转化路线。从生态资源具体交易内容视角，大体上可将生态资源资本化路径分为直接转化路径和间接转化路径。直接转化路径是将生态资源的优势转化为生态产品并可直接交易获得价值，间接转化路径则需要经过生态资产优化配置、绿色产业组合、金融市场工具嫁接等方式实现生态资源增值。

（一）生态产品直接交易

生态产品直接交易是指利用生态资源产出生态产品的能力，通过不断挖掘其新的生态生产要素，并与其他生产要素相结合生产出满足人们绿色消费的新型生态产品，通过直接在生产者和消费者或者加工者之间进行交易获得价值，将生态资源使用价值直接开发转为交换价值，进入生态市场实现资产增值。浙江省安吉县利用本地丰富的竹林资源，在传统竹材利用的基础上，开发了远销日本、韩国、东南亚及欧美等地区的第二代到第六代竹产品，创造了巨大的经济、社会效益，并保护了生态资源，改善了生态环境。安吉县的竹制品从单一的竹凉席发展到竹地板、竹家具、竹饮料等七大系列3000多个品种，竹子的价值从15元提高到60元，竹加工一年产值达150亿元，占工业总产值的1/3，从业人员近5万人，全县现有竹产品配套企业2400余家，竹地板产量占世界总产量的60%以上。生态产品直接交易的另一典型的技术路线就是应对气候变化背景下的林业碳汇。碳交易市场是运用资本市场解决碳资源需求的重要形式。农民可通过参与联合国清洁发展机制碳汇项目和中国在建的碳排放市场交易，实现其生态产品价值。据世界银行测算，全球二氧化碳交易需求量预计为每年7亿—13亿吨，由此形成了一个年交易额高达140亿—650亿美元的国际温室气体贸易市场，到2020年，全球碳交易总额有望达到3.5万亿美元。

（二）生态产权权能分割

生态产权权能交易的前提是权能明晰、权责分明。生态资源的所有权、使用权、收益权等权能在交易双方按照各国法律规定达成一致情况下实现权能交易，其中，使用权交易可将资产的使用价值转化为交换价值，实现增值。鉴于中国自然资源资产的公有性质，所出售的往往是特定时间内的自然资源资产的使用权、经营权及与之相伴的收益权或受益权。如果生态资源的产权能够界定，加上足够的生态技术，核算生态资源价值，那么通过市场交易方式实现生态资源供给就成为可选择的机制。如通过出让、租赁、作价出资（入股）、划拨、授权经营等方式处置国有农用地使用权，通过租赁、特许经营等方式发展森林旅游，以招标、拍卖、挂牌等市场化方式出让、转让、抵押、出租、作价出资（入股）等丰富海域使用权权能，以出租、抵押、转让、入股等流转形式或以资产证券化等金融产品形态进行生态旅游资源经营权市场化运作，以实现其价值增值。生态资源使用权流转主要形式包括出租、抵押、转让、入股等，通常是经营权与所有权、使用权的组合关系。以水资源为例，水资源市场工具包括：生态系统服务付费制度（PES），消费驱动认证制度，推广使用可交易的许可证、补偿和银行制度。有些国家和地区通过改进水资源的授权和分配制度，允许水权交易，以适应变化的经济与环境状况。水资源收费制度可以是向取水用户收取一定的费用（消费者付费），或是由政府向水资源消费者征税，再由政府提供取水费用。水权交易发生在一个周密设计的体系中，会有相应的水资源规划来确定其在不同河段及蓄水层中的分配，也有一个明确的授权制度来规定水在用户间的分配。

（三）生态资产优化配置

生态资产优化配置是指以生态资产存量为基础，推进与生态资产相关的区域绿色产业化组合发展，通过整体优化配置生态资产提升生态资产质量及其社会服务能力，从而提高生态资产共生、创收等增值空间。欠发达地区发挥"生态位"优势，从落后产业承接到培育特色产业、提高特色产品附加值来形成地区发展的内生力量。通过产业化运营，主要包括污染物（大气、水和土壤）减排与治理，生态环境保护与修复，绿色基础设施和公共服务的推进（低碳能源、交通、建筑和垃圾、污水处理）以及绿色产业的发展（低碳、循环经济），主要是依靠以绿色产业为代表的第二产业（包括新材料、新能源等产业），以补偿因放弃资源开发而损失的利益，实现产业化运营增加收益的目标。"生态+"将生态与经济紧密结合，促进生态资源转化为经济产出，实现生态资产优化配置。

"生态+"空间布局以主体功能区为支撑，优化区域经济发展空间格局；"生态+"现代农业途径较多，可以是从事林下种植、林下养殖、相关产品采集加工和森林景观利用等立体复合生产经营，优化调整特色农林产品结构，提高农林产品附加值和综合效益；"生态+"康养旅游以优化养生环境、发展养生经济为立足点，释放生态红利和宜居效应，促进生态与医护养老、养生休闲相结合；"生态+"产业园区将生态系统引入园区规划布局和建设管理，促进园区产业链接循环化和资源利用高效化，通过绿色产业组合实现生态增值；"生态+"特色文化促进文化资源在产业和市场结合中的传承、创新与可持续发展，推进文化创意和设计服务融合发展，实现文化价值与实用价值的有机统一。同时，基于物联网与大数据技术等信息化手段，能够显著提高产品生产的透明度，降低生态信息的不对称性，支撑建立生态优势产品与服务的供销渠道，促进生态资产优化配置。"互联网+生态经济"通过塑造生态产品分享平台，创造出平台化运营、大数据服务、个性化体现的新生态经济模式。

（四）生态资产投资运营

如果将金融创新引入生态资源的开发利用与保护，与生态资源相关的资本市场将得到进一步发展。如发展与生态资源相关的股票、证券、基金、保险、期货、期权等资本市场。生态资源资本化市场的发展，将使得各类金融工具出现在生态市场成为可能。消费者对于生态资源的需求衍生到金融市场，通过市场交易协调生态资源供给和需求以及对于生态资产的投资。可以预见，利用市场机制让生态资本成为一种新的投资领域，将为促进绿色经济转型打开一条全新思路。此外，在一个稳定且具有弹性的资本市场，如果有充足的资金供给以便及时支持绿色经济转型，私人资本和公共资本的相互作用与配合的能力就非常关键。以绿色林业投资方案为例，一些私人和政府的绿色投资可以按照不同的森林类型进行区分，确保足够的森林面积提供生态服务。私人在原始森林发展生态旅游等投资行为，需要政府与之配合的措施，比如政府部门对其私人产权的保护、对私人资本行为的约束与激励。考虑到私人资本在向低碳经济过渡中所发挥的关键角色，通过连贯性政策体系谨慎调配公共资本，将会催化和激发更多的私人资本投资于绿色经济领域，私人资本和公共资本共同作用于森林生态服务价值的实现就是一个很好的例证。

典型案例：遂昌对生态产品价值实现机制的路径

2019年1月，浙江省丽水市被列为全国生态产品价值实现机制试点地区，正式开启了生态产品价值实现机制的实践探索。该市遂昌县是浙江"两山"实践样本县，在探索生态产品价值实现路径上做出了有益探索。以下对遂昌县的生态产品价值实现机制的路径和典型案例进行列举。[1]

1.高坪康养度假模式。高坪乡是一个距离遂昌县城53千米，平均海拔800多米的偏远乡。2012年，该乡在全国首办"空气"拍卖会，三个村一年的休闲养生服务权，最终以总计174万元的价格拍出，成为遂昌生态产品价值实现的"第一拍"。该乡茶树坪村首创的"统一宣传、统一接团、统一标准、统一结算"的"四统一"农家乐经营模式，先后被省市作为典型案例。目前，该乡依托高山避暑优势，将农业、文化、体育、养生养老等产业与乡村度假游相融合，打造出集"吃、住、玩、游、购、娱"于一体的农家乐集聚区，形成全域发展、全业融合、全民参与的康养度假旅游模式。2018年，全乡农家乐经营户达173家，床位数达2200余张，接待国内外养生度假游客43万人次，实现旅游综合收入4800万元；群众收入快速增长，高坪乡信用社存款十年间从500万元增加到1亿多元。

2.大田村企联动模式。大田村，历史源远流长，生态环境优越，是前往遂昌多个A级景区的必经之路。2009年，大田村依托温泉和古树林资源，吸引民间资本投资开发了亚洲第一家乡村森林温泉——汤沐园。依托汤姆园温泉和生态茶园，带动当地群众发展农家乐，村里也建起了全市首家农村俱乐部、首家农村民宿博物馆等文化场所，探索形成了以工商资本为引领、乡村级组织为保障、农户经营为基础的产业培育新模式。全村农家乐从最初的9家，发展到46家，其中有41家为三星级。2018年大田村共接待游客10万余人次，年营业额逾900万元，村民人均收入居全县前列。2019

---

1 张俊雄：《生态产品价值实现机制研究》，《知识经济》2019年第6期。

年，大田村被确定为全市村级生态产品价值估算试点村暨全市村级GEP核算试点村。

3. 金矿变废为宝模式。遂昌金矿，被誉为"江南第一大矿"，矿区金银开采历史悠久，历经唐、宋、明和现代。为保护和利用矿区特有的矿业遗迹资源，2005年7月，国土资源部批准建设浙江遂昌金矿国家矿山公园。该矿山公园累计投资1.8亿元资金，开展矿山环境整治和生态保护工作，2008年，建成国家4A级景区，首开丽水工业旅游的先河。目前，遂昌金矿既产黄金白银，又掘旅游富矿，年涉旅综合收入3亿多元，为160多人提供了就业岗位，成为中国矿山公园范本、资源枯竭型企业重生典范。

4. 茶园乡村活化模式。茶园村，一个城市化进程中典型的"空心村"，全村半数人口在外打工，常住人口仅四五十人。2018年，正在全球选址的深圳乐领生活发展有限公司偶然间看到茶园村照片后，一眼相中这里幽静、清奇、古朴的原生态镜像。很快，乐领公司与茶园自然村正式签约：租下全村老房子，租期20年，租金超过1000万元，每年每户接近3万元，公司将建成风情各异的黄泥房高档民宿，20年后房子还给农户，由村民自行居住、经营，或者继续租给乐领公司经营。这个即将被"遗忘"的自然村，却因为一个"乡村活化"项目奇迹般地"活"了过来，甚至现身2018年的威尼斯建筑双年展，成为世界关注的地方。目前，该项目即将试营业，村民既有租金收入，又成为民宿的服务员。"乡村活化"模式正在全县许多古老的村落推进，将为全域旅游和乡村振兴注入新的"血液"。

5. 农产品电商赶街模式。"赶街"，遂昌县一家在国内具有一定影响力的农村电商企业，"赶街模式"实现了生态精品农业与农产品电商双轮驱动、两翼并进。作为一个传统农业县，遂昌县着力推动农产品向健康、精品、现代方向发展，创建国家农产品质量安全县，完成无公害认证22个，农业无公害生产覆盖全县5.33万农户。长期以来，遂昌县农产品以安全质优著称，但是，优质并没有实现优价。而农产品电子商务的出现，为山区优质农产品迅速走入千家万户创造了条件。遂昌县依托"赶街模式"，有效打通生态产品的销售渠道，把农产品变成农商品，卖到全国各地。2018年，国家发改委基础司在遂昌调研后认为，这一模式是生态产品价值实现最有效的模式之一。通过"赶街"平台，2018年实现农产品销售额6.8亿元。

第二节　乡村手工业：新型乡村生态工业

农村手工艺是我国传统文化的重要组成部分，其作为农耕文化的产物，在很长一段时间内曾经是日常生活本身的形式，也是农业社会极为重要的经济来源。然而，随着改革开放以来电子产品、工业化产品的盛行，曾经传承几千年的中国传统手工业被工业生产替代，传统的手工制品被贴上了"落后""贫穷"的标签。进入21世纪以来，在温饱问题解决之后，对产品功能的追求，开始转向对产品的文化性、个性化的追求，正在消失的传统手工业产品死而复生，正在成为带动乡村发展的一种新型业态。

一、新消费：手工业复兴的新动能

进入21世纪以来，随着人们温饱问题的解决，人们的消费由"满足物质文化的需求"向"满足美好生活的向往"转变，生态化、文化化、个性化的消费成为现代新的消费趋势。新消费形势下城市中产阶层出现了新的消费趋势，主要表现为如下三种形式的回归：

一是回归自足田园生活的生态消费。随着城市食品安全、空气污染、噪音等城市病的出现，20世纪70年代在欧美和日本等国出现了一种满足生态消费的新型农业，即社区支持农业。社区支持农业恰恰是向传统的自足田园生活的回归，当然，这是一种在新时代背景下的回归。目前正在兴起的乡村旅游热、体验农耕，一些知识分子、文化人定居乡村等，最吸引他们的恰恰是自足的田园生活。

二是回归手工艺术生活的文化消费。生态化、文化化、个性化消费是现代新消费趋势。正是在这种新消费的推动下，古老的乡村手工业、手工艺产品出现了复兴的新趋势。改革开放以来，特别是20世纪80年代到90年代，代表现代最时髦的消费是科技含量高的电子化产品、工业化产品。21世纪乡村振兴的一个重大经济支撑，就是古老乡村融艺术、文化与体验为一体，融手工生产与艺术生活为一体的乡村手工业的复兴。

三是回归乡村幸福生活的生活消费。追求以生态化、文化与艺术为内涵的人生价值提升，追求回归自然的智慧生活，将是引领未来最前沿的消费。生态、文化与智慧组成的，就是生态文明时代新消费的生活样式。但要得到这种健康生态、文化品质、智慧人生的新生活，成本最低、最容易获得的不是在城市，而是在乡村，由此决定了未来消费的新趋势，这就是回归乡村生活需求的消费。

在以上背景下，催发了"城市+乡村"的产业复兴，产生了一种全新的产业模式：乡村产业。乡村产业在一定意义上来说，就是绿色发展。十八大提出，绿色发展成本最低、资源最多、潜力最大的地区就在乡村。也正是在这种新需求的推动下，古老的乡村手工业、手工艺产品所包含的新价值被现代市场经济所接纳。按照现代工业化标准，传统的手工业与现代机械化大工业相比，是一种低效率的生产方式。然而现在人们越来越接受传统手工业，不是单纯技术产品，而是具有艺术价值的产品，这种集艺术、生态、独特性、不可重复于一体的传统手工艺产品成为消费的新潮流。因为传统手工产品本身是手工艺产品所具有的这种特性，恰恰能够满足现代文化消费的需求。

21世纪乡村复兴的一个重大经济支撑，就是古老乡村融艺术、文化与体验为一体，融手工产品与艺术生活为一体的乡村手工业的复兴。随着现代生活方式转变与精神消费关注度的提高，人们开始关注生活体验的重要性。与工业化产品相比，传统手工艺品包含了丰富的艺术创意和创造价值，其成品具有更高的购买价值；同时，其制作过程也充满了心灵手巧带来的体验乐趣。从陶艺工坊到皮具、木艺工作室的出现，越来越多的工艺以体验式消费形式蔓延到人们的生活中。这种模式将工艺之美不仅仅停留于造型、色彩等视觉享受，更强调手工艺的体验性，注重手工艺的体验过程，通过体验者的双手感受传统工艺形态、材质与技术、肌理与质感等，更直观地了解传统工艺之美，并从中得到乐趣。

二、方兴未艾：手工业发展的新趋势

中国传统乡村社区为民间手工艺的孕育、生产与发展提供了重要的背景。然而在近代中国的社会研究领域，对乡村手工业发展的追踪是一个薄弱环节。相对而言，由于现代商业、机器工业、产业变革大多集中在通商大埠，近代城市手工业发展史比农村手工业史受到了更多的关注，在农村手工业发展史中，农业经济史比手工业史更受重视。

近代中国乡村手工艺术创作遭遇传统制作工艺失传、民间艺人流失、经济与土地发展资源被削弱的多重打击与限制，发展走向衰落。面对传统手工艺生存困难甚至濒危的现实，近年来国家制定与实施了一系列抢救和保护我国非物质文化遗产的措施，如颁布保护条例、认定国家级及各省市非物质文化遗产名录、传承人等；专家学者也纷纷响应，如冯骥才先生于2003年发起"中国民间文化遗产抢救工程"等，对我国非物质文化遗产的保护起到重要作用。纵观乡村手工业发展的历程，工艺的生产组织形式与技艺的传承方式是手工技艺能否存续的决定性因素。我国传统民间工艺生产历史悠久、品类丰富，如民间剪纸、民间年画、民间刺绣、民间编织、民间印染、民间玩具、民间陶塑等，它们在不同社会阶段曾呈现出不同的生产组织形式。

学者对于手工业生产组织形式进行了不同维度的划分，例如张世文将农村工业分为家庭制、工匠制、商人雇主制和工厂制四重类型；彭南生提出三种存在形态（农民家庭手工业、农村作坊与工厂手工业、外出或流动的工匠手工业）和三种经营制度（业主制下的自主经营、包买商制下的依附经营、合作制下的联合经营）；李绍强、徐建青提出手工业组织形式变迁的不同阶段，例如明清时期的手工业有三种不同的存在形态，即农村家庭手工业、官营手工业和城镇手工业，但"明代民间手工业最雄厚的基础是家庭手工业，也是最基本的手工业的生产形式，数量也是最多的"，官营手工业则趋向衰落。总体来看，现有分类对经营制度和组织形态间的分类相互交织，界限模糊；此外，现有的对乡村手工业的研究将乡村手工业视为主导中国近代工业化进程的乡村经济的主要成分，是农民家庭经济中不可或缺的一种重要副业；而对手工业中的民间艺术和手工艺术创作的专门研究则相对缺乏。

近年来，随着新消费形式的普及，乡村手工业作为一种新的消费模式重新回到了消费者的视野中。在巨大的需求拉动下，许多乡村手工艺重新浮出水面，走向市场，许多手工艺因此得到传承。

另一方面，生产经营的主体随着返乡创客的进入，可能会发生较大的变化。这些"乡创客"会从非物质文化传承人那里学习传统工艺，又能就地取材，生产出深受城乡居民欢迎的手工艺品。他们既在手工作坊里销售，还会在网店里销售。

三、乡村手工业发展的对策

农村手工艺起源于农耕时代农村的产业输出，是兼具物质性和非物质性的产业，分别代表着民间手工艺的物质精神和文化价值。工业化实现之前，社会衣食住行方面的需求大多来源于农村，这些物品同时也构成了农村中大部分的物质系统；同时，手工艺品的制作技艺、师承关系、人际关系等非物质方面也是维持产业持续运转的重要因素。随着西方文明的进入，机械化大生产的崛起，进口贸易迅速扩张，传统的"耕织"生活和生产方式被冲击，大量"物美价廉"的日常生活用品的进入，相比生产时间和人工成本高昂的传统的民间手工艺用品，人们更愿意去购买那些工业化生产的用品，价格低廉，样式现代且更多样化。从20世纪30年代开始，伴随农村经济"破产"的，是乡村传统手工业的式微。

现今在消费新形势下，发展乡村手工业是乡村绿色发展的重要产业之一。

一、加强非遗保护，使更多失传工艺浮出水面。2003年，联合国教科文组织在巴黎通过了《保护非物质文化遗产公约》，目的之一就在于提高年轻一代对非物质文化遗产的保护和传承意识。中国国务院也发布了《关于加强文化遗产保护的通知》，并制定了"国家+省+市+县"共四级保护体系，要求地方和各有关部门贯彻"保护为主、抢救第一、合理利用、传承发展"的工作方针，切实做好非物质文化遗产的保护、管理和合理利用工作。到2014年7月16日，有264项传统技艺被列入国家级"非物质文化遗产名录"，还有不计其数的省级、市级、县级名录。通过将乡村手工艺纳入非物质文化遗产名录，让许多面临失传的民间手工艺浮出水面，让更多的人去了解和认知。

二、借助文化产业发展浪潮，实现文化输出。乡村手工艺历史悠久、技艺精湛，单纯依靠手工艺品的自发传播往往很难达到促进乡村经济发展的效果。近年来，国家大力支持文化产业发展，乡村手工业也可借助文化发展的浪潮尝试跨界合作，实行文化输出。具体来说，可以设立创意展览空间，开发工业旅游，吸引国内外游客参观游览，提高知名度；或与影视游戏等领域合作，开发衍生产品等。

三、创新经营管理模式，接轨现代市场运作模式。在营销宣传方面，乡村手工艺品普遍缺乏品牌意识，应注重品牌塑造，加强品牌定位宣传，提高品牌知名度，同时可以借助"互联网+"，提高宣传的广度和深度；在产业运营方面，可通过产业化经营，传承乡村手工艺。民间手工艺品历史悠久、技艺精湛，大力传承和壮大发展民间手工艺品产业是更好地促进传统文化继承发展的有效途径之一。在客户体验方面，可增加手工艺品生产的顾客体验环节，提高手工艺过程的知名度，吸引更多年轻创客加入到乡村手工业产业化进程中来。

典型案例：惠山泥人引入体验式商业模式

地处中国大运河之畔的无锡惠山泥人，是无锡地区的传统手工技艺，相传已有400年的历史，惠山泥人以其独特的艺术造型、鲜活的民间色彩和浓郁的江南乡土气息，反映了江南地域文化与民间生活的美好愿景。

明末史学家、文学家张岱在《陶庵梦忆》卷七愚公谷中，记有泥人在店铺中出售的情况。清乾隆南巡时，惠山名艺人王春林制作泥孩数盘进献，得到了乾隆皇帝的称赞（见《清稗类钞》）。由此可见，在清中期以前，惠山泥人已有相当高的技艺水平，并且名重一时。据说，惠山泥人全盛时期，大小作坊有40多家。著名艺人有王春林、周阿生、丁阿金、陈杏芳、王锡康等30多人。每年入秋以后，有六七百条货船、几千人次自苏北来惠山采购泥人，部分高档泥人则随着前来无锡经营蚕丝、米面的各地商贾作为礼品运往远方。惠山泥人由此远销江苏、浙江、山东等省广大农村乡镇，相当一部分流入上海、杭州、汉口等大城市。

惠山泥人在制作上可分为两大类，一类是模印泥人。艺人们创作出一件样品，俗称"捏仔子"。然后制成模型，进行批量生产。模印泥人造型古朴丰满，表现手法简捷洗练。《大阿福》《一团和气》《三胖子》是这类作品的代表作。模印泥人数百年来始终是惠山本地的主流产品。另一类是手捏泥人。它除了面部由模印制外，身段、手脚、衣冠都由手工制作，因为多以戏曲为表现题材，所以又称"手捏戏文"。它造型生动、活泼，衣纹流畅而富于装饰性。代表作有昆曲《挑帘裁衣》《教歌》，京剧《贵妃醉酒》《霸王别姬》等。

随着现代工业、制造业的发展以及当代科技信息技术的兴起，传统手工艺的发展止步不前，惠山泥人也面临着同样的现状。传统手工艺所占的市场份额越来越少，且对现代年轻人也缺乏吸引力，直接影响了手工艺的传承。

对此，有研究者提出，引入体验式商业模式，可以使体验者与手工艺本身形成互为影响的关系。体验者可通过惠山泥人工艺了解传统文化，培养自身的兴趣，引导并提高欣赏水平与审美能力，在体验过程中更直观地了解惠山泥人技艺与艺术表现特征。反之，因体验者一定程度上代表现代人们的审美价值取向与文化消费观念，惠山泥人传承人通过体验者的需求与表达，可发掘传统手工艺新价值与拓展的空间，使惠山泥人在题材、功能及表现形式等多方面获得创新与再设计的可能。在体验式商业模式引导下，让更多的体验者了解惠山泥人的传统工艺，也让惠山泥人艺术不断地传播与创新。对于当下的孩子来说，可能更喜欢卡通形象，这就对惠山泥人的造型设计提出了新的挑战，也许又是新的机遇。

第三节 乡村生态旅游：独特的绿色服务业

党的十九大报告首次提出乡村振兴战略，为解决"三农"问题做出了总体布局，即按照产业兴旺、生态宜居、乡风文明、治理有效、生活富裕的总要求来加快推进农业农村现代化。而乡村旅游作为以乡村社区为活动场所，以乡村独特的生产形态、生活风情和田园风光为对象的一种旅游业态，其发展能够起到农民增产增收、农业多元经营、农村美丽繁荣的作用，因此已经成为乡村振兴中的重要引擎。然而，乡村旅游发展过程中，存在着缺少统一规划、产品雷同的现象；对当地资源挖掘不深入，缺乏创意等问题，产业亟须转型升级。乡村生态旅游是将传统的乡村旅游与生态旅游进行结合而产生的一种新型旅游模式，是将乡村生态资源转变为经济财富的重要途径，是绿色经济发展的重要产业，在乡村振兴中将起到至关重要的作用。

一、乡村旅游业亟须转型升级

我国乡村旅游始于20世纪80年代，随着社会经济快速发展，国家对乡村旅游的重视程度不断提高。2009年12月，国务院在《关于加快发展旅游业的意见》中明确指出，我国应该大力发展乡村旅游，发挥乡村旅游带动经济发展的作用。2016年中央一号文件提出"加快发展休闲农业和乡村旅游，使之成为繁荣农村、富裕农民的新兴支柱产业"。在国家政策大力支持下，乡村旅游得到迅速发展。2018年全国休闲农业和乡村旅游经营收入超过8000亿元，年接待游客30亿人次。

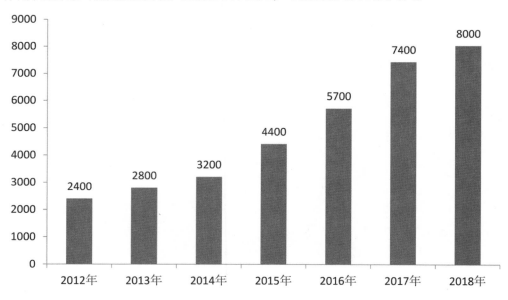

图4—2　2012—2018年休闲农业与农村旅游收入（亿元）

尽管乡村旅游业发展非常迅速，但在发展过程中，无论其经营理念、经营策略、人员素质等方面均存在不足，主要表现在：

一、缺乏区域旅游整体规划，产品雷同现象突出。在我国乡村旅游发展中，相当一部分地区缺乏区域性乡村旅游规划。由于缺乏区域层面上的统筹规划，乡村各自为政，各自按照自己的规划开发旅游产品，致使缺乏区域上的比照，很难将独具特色的旅游资源开发出来。多数产品盲目抄袭其他乡村旅游产品，造成乡村之间旅游产品简单模仿，产品雷同、类型单一等问题突出，区域内各乡村旅游点不仅不能形成优势互补，反而产生恶性竞争，造成资源浪费。如江苏省泰州市在乡村旅游发展中，各地纷纷模仿遛马项目，导致同一个地级市出现了多家雷同项目，竞争激烈，却没有市场，最终只能以破产收场。

二、资源特色挖掘不够，产品缺乏创意。乡村旅游产品是乡村旅游的消费对象，产品创意直接影响游客体验质量和心理满足感，这是提高游客重游率的关键条件。乡村旅游产品的创意应牢牢把握当地的资源特色，深入挖掘。然而，乡村自然景观、田园风光、饮食起居、生产模式、风俗习惯等虽有地域差异，但一定范围内却具有相似性。目前我国乡村旅游发展中存在的普遍问题便是对当地资源特色挖掘不够，造成乡村旅游产品低层次重复，产品差异度不高，直接影响乡村旅游的体验感。

三、市场定位不准确，稳定性差。充足的客源是乡村旅游发展的重要支撑，这就需要乡村旅游产品在开发之初就依据市场营销的原则进行准确的市场细分和定位，并针对目标市场进行有效的营销。然而，我国乡村旅游开发中存在的普遍问题是，弱化旅游市场分析，甚至有的地方还没有进行过充足的市场调查就匆忙上马旅游项目，造成市场定位混乱，客源不足或不稳定等问题，直接影响乡村旅游的健康发展。

四、基础设施不健全，服务能力不强。在我国，城乡存在一定差别，乡村旅游区基础设施、服务设施与城市差距较大，网络设施、停车场、公共厕所、污染处理等设施不够完善，乡村旅游标识系统不健全，有些乡村旅游地甚至因为导引系统不健全致使游客难以到达。由于受过一定教育的成年人到城市务工，造成乡村人才缺乏，导致乡村旅游地服务人员服务意识不强，服务不规范，环境卫生较城市有一定差距，影响游客的体验质量和满意度。

在国家发展全域旅游、实施乡村振兴战略的新时代，乡村旅游要得到更快更好的发展，产品质量亟待提升，转型升级势在必行。国内许多学者对新时代乡村旅游转型升级的路径进行了深入的研究，具体包括：

一、规划升级：由"景点旅游"向"全域旅游"转变。从全域旅游视角进行乡村旅游规划，更有利于挖掘旅游资源的优势，形成独特的旅游形象，旅游产品不求大而全，但求出精品；更有利于区域内旅游产品优势互补，形成旅游资源综合优势，加大区域旅游资源综合吸引力，扩展区域旅游市场份额，实现乡村旅游共赢；更有利于区域内基础设施与服务设施合理配置，优化旅游系统结构，保障旅游资源有效开发，节约资源提高效益。

二、借力乡村振兴，加强基础设施建设。乡村振兴战略要把农业打造成有奔头的产业，让农民成为有吸引力的职业，让农村成为安居乐业的美丽家园，从整体形象上改变农村面貌，增强农村的吸引力。强调打造人与自然和谐共生发展的新格局，积极开发观光农业、游憩休闲、健康养生、生态教育服务区，创建一批特色生态旅游示范村镇和精品路线；同时要求"划定乡村建设的历史文化保护线，保护好文物古迹、传统村落、民族村寨、传统建筑、农业遗迹、灌溉工程遗产"。乡村振兴战略通过多种途径、多种手段促进资金向农村集聚，已经激发了各类资本投入农业农村的信心和动力，《国务院关于实施乡村振兴战略的意见》指出：把基础设施建设重点放在农村，加快农村公路、供水、供气、环保、电网、物流、信息、广播电视等基础设施建设，推动城乡基础设施互联互通，乡村基础设施的保障为乡村旅游发展提供了条件。

三、促进产业融合，提高产品质量。乡村旅游是依托乡村的自然景观、田园风光、农业资源等要素开展的一切游憩、休闲、参与、娱乐、体验、科普活动。要满足游客需求，增加旅游收入，必须提高产品质量，丰富产品内涵。产业融合引导和延伸乡村旅游的发展，是乡村旅游发展的必然选择。它能够延伸休闲体验服务价值链，满足消费者的体验需求，为乡村旅游的转型升级带来巨大的推动力。加强旅游产业+农业、旅游+农田水利、旅游产业+乡村文化、旅游产业+乡村旅游商品加工业、旅游产业+商业购买等产业融合，可延长产业链，丰富产业内涵，延长游客停留时间，提高旅游收入。

二、乡村生态旅游的特点及趋势

乡村生态旅游是将传统的乡村旅游与生态旅游进行结合而产生的一种新型旅游模式。乡村生态旅游是坚持生态观念与可持续发展思想，以人文无干扰、生态无破坏为宗旨，把乡村自然环境、农业资源、民宿风情以及人文历史等乡村地域特色资源作为载体，为城镇居民提供游居和野行活动，是一种集休闲、体验、求知于一体的新兴旅游方式。乡村生态旅游一头是城市，一头是乡村，是链接城乡的重要纽带，不仅能够满足现代城镇居民的旅游需求，更重要的是可以振兴乡村经济，促进乡村的全面发展。

乡村生态旅游是发展绿色经济的重要产业，具有乡村性、社会文化性和生态性等特点：

就其乡村性而言，乡村生态旅游是乡村振兴的助推器。世界旅游组织认为，乡村生态旅游在提高就业率、加速地方经济发展、促使农村经济多元化、使农村经济发展转型等方面都会产生促进作用。其一，乡村生态旅游可以拓宽农民增收渠道，通过自主经营、参与旅游服务、出售农副产品以及流转土地、入股旅游项目等都可获得一定收入；其二，乡村生态旅游通过三产融合促进农业转型升级，带动农产品深加工，加快住宿餐饮和交通运输等服务业的发展，推动当地经济全面上升。

就其社会文化性而言，乡村生态旅游有助于加强乡村与外界的交流，促进乡村迅速发展。其一，通过乡村生态旅游开发，让村民有机会接触到不同文化层次、不同文化背景的游客，对村民的价值观产生一定的影响，加速农村社会发展演变；其二，乡村生态旅游的开发会引进人才、信息和先进技术，提高村民谋发展的能力；其三，通过发展乡村生态旅游，可以让村民重新认识乡村的价值，有助于提高村民对当地文化的认同感、骄傲感和归属感。

就其生态性而言，乡村生态旅游对于保护和美化乡村环境，改变乡村面貌，具有重要的价值。其一，通过参与乡村旅游，从主观上增加村民对周边环境的关注，形成较高的环保意识；其二，乡村生态旅游引进的资金和技术，对改善乡村自然环境、保护乡村景观具有重要的作用；其三，乡村生态旅游可以盘活当地生态资源，村民因此获得生态红利，将进一步催生村民的生态自觉，改善农村环境。

根据乡村振兴战略安排，到2050年要实现"农业强、农村美、农民富"的总体目标，乡村振兴强调乡村社会经济文化的全面振兴，城乡融合发展，和谐绿色发展。打造乡村生态旅游产业链，将有利于构建新型乡村经济体系，使旅游业成为促进乡村经济发展、文化复兴的重要新动能之一。

首先，乡村振兴的目标是乡村经济、政治、文化和生态文明的全面发展，而乡村生态旅游既能在充分利用乡村本地资源发展乡村、农业旅游，构建以旅游业为主体的现代乡村服务经济体系，促进乡村经济的发展，也能通过对乡村文化的挖掘、利用，推动乡村文化的复兴与重构。乡村是一个兼具生产性、生活性、生态性、社会性、行政性的载体。实践证明，乡村生态旅游是新常态下旅游业和乡村经济发展新的增长点，乡村生态旅游的发展，是有效解决"三农"问题、破解城乡二元结构、实现城乡互补协调和一体化发展的有效途径，是促进农民就业增收、改善农民生活条件、促进乡村转型发展的重要手段。更重要的是，乡村生态旅游开发，将通过对乡村传统文化、乡村生态文明的挖掘利用，引发人们对乡村文化价值的重新思考。通过乡村生态旅游的开发，调动村民文化共同体意识的重塑，推动乡村文化回归，构筑"乡愁"载体，创新和谐、生态、文明、科学、现代的乡村文化和乡村文化形态，消除乡村在工业化、城市化过程中被边缘化而带来的文化认同缺失问题，激发和唤起乡村发展的内生动力和文化自觉意识，最终促进乡村文化的复兴与重构，促进乡村经济、政治、文化和生态文明的全面发展。

其次，城乡融合发展是乡村与城市之间经济融合、市场融合基础上的互动发展，将形成新的产品交换、市场交换和人流交换机制，必将推动生态旅游业的大发展。城乡融合发展推动了各种资本、人力、知识等要素流向乡村，带来了乡村环境改善、经济结构转变、业态不断提升、村民生活富裕，带动了社会结构的变化和乡村治理方式的进步。乡村生态旅游已然成为促进乡村发展、实现乡村复兴的重要途径。这种新的"上山下乡运动"，促使我们需要对"三农要素"进行重新组织和对城乡关系重新定位，实现城乡优质资源的良性互动、融合发展、共建共享，最终必将推动城乡公共服务体系、经济发展水平、文明进步程度的均等化。

最后，和谐绿色发展将使乡村环境更加优美，乡村景观更加美丽，乡村空间更适合人居，乡村生态休闲、度假、康养等新兴乡村经济业态必将成为最有市场前景的朝阳产业和幸福产业。习近平总书记深刻指出："绿色发展，就其要义来讲，是要解决好人与自然和谐共生问题。"绿色已成为我国乡村发展和乡村振兴的底色，生态宜居是乡村振兴的直接目标。如何贯彻绿色发展理念，还乡村以"青山绿水"，是我们实施乡村振兴战略和推进脱贫攻坚的重要任务。乡村生态旅游开发，正切合这一发展理念。

典型案例：长兴"上海村"民宿经济风生水起

长兴"上海村"位于长兴县水口乡顾渚村，三面环山，东望太湖。该村的民宿经济起步于2000年，经过十多年的探索实践，已成为长三角地区有名的乡村旅游度假目的地，因有大量长期居住的上海旅客，而被称为"上海村"。该村依托良好的自然生态环境和深厚的茶文化底蕴，发展以民宿客栈为主要内容的乡村旅游，形成了"集聚区＋集散地"的乡村旅游发展模式。目前，该村拥有精品民宿480余家，床位数18000张，餐位数20000个，年接待游客270万人次以上，实现经营收入6.1亿元。2017年春节期间，有19万人次游客来此过年，体验乡村年味。该村有80%的劳动力从事旅游业，有一半以上的精品民宿营业额超过100万元，户均净收益在22万元以上。

为了保证民宿良性可持续发展，该村特别重视提升景区环境质量。该村主动拓宽景区主要道路，开展水系治理、污水纳管、一体化供水、绿化、亮化、旅游厕所和景观改造等基础设施建设；结合"三改一拆"，开展农户一户多宅、少批多建、各类棚披和围墙等违法建筑整治，拆除有碍观瞻的构筑物，腾出空间，美化环境；开展民宿立面改造，委托设计单位结合每户实际情况，设计改造提升方案，鼓励业主结合公共景观建设开展小环境提升。

该村的民宿在多个方面进行创新：在吃的方面，该村定期举办"水口八大碗"寻找水口农家美食活动，以"味美、新鲜、地道"的口感吸引广大游客；在住的方面，该村形成了农家客栈、特色民宿和精品酒店三种类型；在行的方面，开通了旅游直通车，景区自备20辆旅游大巴，接送游客从沪、苏、锡、常、宁等地到水口，并采用创新的"家门口接送"一站式服务模式；在游的方面，初步形成了以茶叶、苗木、蔬菜、水果等为主导特色的农业采摘休闲园，月月有采摘活动；在购物方面，景区内超市、农贸市场、旅游小商品市场等配套齐全，土特产琳琅满目，形成了一条农特产品产业链，成为浙江省规模最大的乡村旅游集聚区之一。

三、农家乐：乡村生态旅游的新业态

"方宅十余亩，草屋八九间。榆柳荫后檐，桃李罗堂前。暖暖远人村，依依墟里烟。狗吠深巷中，鸡鸣桑树颠。"陶渊明的《归田园居》是对耕读生活的真切描述。同时，也是当代人对生活的热切向往。近年来，乡村旅游出现了一种新的趋势，旅游者不仅仅热衷于游山玩水，体验农事，更热衷于对农村生活方式的体验，乡村旅居成为乡村旅游的新形势。

对于如何破解以家庭为单位的小农经济与现代化市场经济的矛盾，在我们面前呈现了两种方案和两条道路：一条是自上而下的顶层设计的方案，这就是目前正在进行的，希望以推动土地自由流转为前提，对分散、封闭的承包制进行改造，实现从小农经济向能够容纳大规模的资本农业、工业化农业的转型；另一条道路，就是农民自己探索的道路，这就是农家乐。农家乐与顶层设计的最大不同在于：农家乐是保留家庭经营组织，不是改变组织本身，而是改变经营内容，即从单纯农业转向经营服务业，由此解决了单纯经营农业无法提高货币收入问题。在如何衔接家庭小农经济与现代市场相结合的难题上，农民比专家、政府更有智慧。顶层专家解决小农经济与现代市场结合，是按照高度分工、规模效益的工业化经营思维来改造小农经济，而农民却不这样想，他们是通过农村所拥有的城市里没有的禀赋优势，来满足现代化城市旅游的需要，实现了家庭经营与现代市场的嫁接。这是农民自己探索出来的成本低、收益大，且可持续的经营方式。以家庭为组织的自我管理，产权明晰，可以说家庭组织是所有市场组织中产权最清晰的组织，也是内生动力最大的组织。这种小而优的经营方式，门槛低，简单方便，可以使大多数农民进入，也是农村共同致富的最优经济组织。

目前中国乡村已经分布200多万家的农家乐，带动了3300万农民致富。游客数量达12亿人次，占到全国游客数量的30%。农家乐不是单纯的服务业，是集合了一、二、三产业，将乡村产业生活化经营的新型业态。因为在农家乐所吃的是来自农家自产的农业产品，城市人不仅吃在农家，还可以购买农家自产的农产品和手工艺品。农家乐作为一个窗口，带动的是一、二、三产业融合发展。随着城市居民多样化消费的兴起，乡村有机农业、休闲农业、观光农业、乡土文化体验、乡村手工业、乡村养老正在快速兴起，而能够把这些产业整合起来，把需求与供给连接起来的就是农家乐。

农家乐破解这个小农经济面向现代市场的难题，不是让乡村文明变成城市文明，而是在保留乡村文化赖以生发的家庭组织的前提下，架起连接城市与乡村两种文明与文化交流的桥梁。被城市人消费的农家乐不是单纯的农家乐饭菜和住宿，而是农村特有的生活方式和乡村文化。如果单纯就农家乐的饭菜品质和居住的舒适度而言，无法与城市星级饭店相比，农家乐之所以吸引城市人来消费，就是因为有一种城市没有的家文化、乡土文化蕴含在其中。由城市中产阶层衍生出的绿色消费、文化消费和心灵消费，才是农家乐兴起的深层原因。农民往往并不是为了保护传统文化才搞农家乐，他们是为了生计而搞农家乐。恰恰是这种基于生计方式的农家乐，以市场需要为导向的农家乐，找到了现代背景下，活化、保护、传承中国乡土文明的新路径。

第四节　乡村自然教育：生态教育潜力巨大

近年来，在世界范围内幼儿户外活动明显减少这一现象备受关注。美国著名作家 Richard Louv 在《林间最后的小孩》中使用"自然缺失症"描绘现代社会孩子们与大自然缺乏联系的事实。于是，自然体验教育活动在全世界开始盛行。

"自然体验"，顾名思义，就是切身投入到大自然中，通过观察、记录等方式去领会自然的美好，其核心是"情感第一，知识第二"，因为"大自然的美是环境意识行为的先导"。自然教育要求以自然环境的情感体验为目标，引导人们接触自然，认识自然，探索自然。其目标在于让受教育者形成面向可持续发展战略的综合素质，如意识、知识技能、价值观和态度等，具有多学科整合性、反思批判性、参与多元性、乡土适切性等基本特征。在自然缺失背景下，在乡村建设中开展自然教育，不仅可以挖掘乡村的农业特色，科普农业知识，提升乡村的农业品牌，拓展农业的多元化功能，还能促进产业的优化与转型、乡土文化的发扬与传承，实现乡村的振兴。同时，以乡村为媒介开展自然教育可以寄托乡愁，培养环境情感，树立环境伦理价值观，提升环境保护技能，促使公众成为乡土景观保护的行动者，实现人与自然、与社会、与自我的可持续发展。

一、自然教育：国际教育的主流趋势

自然教育起源于20世纪50年代的北欧，丹麦成立世界第一所"森林幼儿园"，据说来源于一个疑问：在温室中长大的孩子能够适应这个世界吗？实践证明，将孩子放到可控的、有一定危险的环境中，孩子会建立起自己的"危险管理能力"，知道如何去评估风险，知道自己能否应付这种风险带来的不良后果。

研究人员跟踪调研发现，相比没有受过森林教育的儿童，受过这种教育的孩子自信心、注意力、学习积极性、语言能力、交流能力、行为习惯、主动思考及身体素质方面更为突出，此外，森林教育对身患自闭症、焦虑症等心理疾病的孩子也有很好的治疗效果。

近年来，自然教育已经迅速蔓延到欧洲以外的地区，如日本、韩国、美国、加拿大等发达国家也开始兴办形式各异的野外幼儿园。

1.日本的自然体验教育。日本教育很重视社会实践，他们很早就开展了自然体验教育，并积累了很多经验，取得了不错的效果。日本每所学校都有自己的特别活动，并在课程设置中占了很大比例。它的内容和形式多种多样，包括仪式性活动、文化活动、促进身心健康的安全体育活动、接近自然和文化来增强公众道德的旅行活动、集体住宿活动、义务活动等。通过这些活动，发展人的个性，培养丰富的人格，使学生适应班级和学校生活，并且加深学生作为集体或社会一员的认识，增强其责任感以及良好人际关系建立。

2.美国的自然启蒙教育。有一种教育方式在美国推行了一百多年，即美国规模

最大的非正式教育计划——4H 教育。4H 教育中的"4H"就是 Hand、Head、Health、Heart 的简写。顾名思义，这种教育强调"手、脑、身、心"的和谐发展。4H 教育鼓励孩子们从大自然和日常生活中撷取知识和掌握技能，进而在生活中创建积极的人生观的教育哲学。

一个专为美国农场孩子设计的 4H 教育中，根据年龄或年级，孩子们参与的 4H 活动有所区别：

通常，幼儿园的孩子学习把吃剩的早餐收集起来去喂猪，辨别观察营养物质的循环；

一年级的孩子在农场做零活，喂鸡、放羊或看看动物；

二年级的孩子学习农作物种植，包括丰收时亲自打谷、扬场；

三年级的孩子则动手学做饭、房屋搭建；

四年级的孩子认养奶牛；

五年级的孩子侧重于地理学习，通过绘图、水彩、黏土塑形来描述农场地形；

六年级的孩子则开始研究乳制品，重点在于动手，提升感知力。

七年级的孩子要去探索外面的世界。从七年级起，学生们开始通过探险拓宽他们已经熟悉的领域——不同程度地去探索霍桑山谷以外的世界。

孩子们在一个连续的层面上学习了解世界。在往复上升的过程中，风景没有变，但孩子们的视角和认知方式却是全新的。

3. 英国、韩国、越南的自然教育。在英国，对于森林幼儿园，并不意味着幼儿园所有的教学活动都在户外场地进行，诸如阅读、讲故事、唱歌和进餐等都是在室内。

韩国森林覆盖率达 63%，由国立、地方、个人等进行管理，韩国的森林幼儿园也由此大体分为国营森林幼儿园和地方自治团体运营的民间森林幼儿园。这些自然休养林大多具备完善的体验和教育设施，如原木建造的"森林之家"、文化馆、宿营场、野生植物园、观景台、探访路、野炊区等。同时，韩国山林厅从 2008 年开始在全国的休养林和树木园中运营儿童森林体验项目。所进行的森林教育，就是每周或每月与地方幼儿园合作，定期对儿童开展两到三天的森林教育，由十几位具备专业生态知识的森林导师深入幼儿园指导。釜山国立大学附属幼儿园是韩国首家对儿童进行森林生态教育的幼儿园。

在越南，一所名为 Farming Kindergarte 的幼儿园引起全球人们的注意。因为它的建筑设计非常独特，十分强调人与自然的密切关系。从上空俯瞰这所"农场幼儿园"，看到一大片绿地上有一个三连环的结，草木在这些高低起伏的环形中生长。

屋顶铺有草坪，经过处理后，孩子们可以在上面种植植物、蔬菜，在那里玩耍的同时体验收获的乐趣；而幼儿园所有的室内活动空间和相关设施都设在屋顶下方。据说，这所幼儿园大约可容纳500名孩子，而这些孩子都是来自普通家庭，他们的父母就是在附近鞋厂上班的工人。

在很多地方的幼儿园敦促孩子尽早读书写字的时候，幼儿园的诞生地德国和其他一些国家的森林幼儿园，却正走在一条返璞归真、投入自然怀抱的路上……

二、自然教育：下一个蓝海市场

近年来，我国经济建设如火如荼，取得了许多令人欣喜的成效及实践，但也存在着一系列生态、文化和经济方面的问题。如人与自然的关系日渐疏离，气候变迁、自然资源浩劫与生活质量下降等问题越发复杂，精神问题也日趋严重，许多人认为以上种种问题都源于人们扭曲的价值观、与自然的疏离以及民众没有掌握环境品质的能力，以上统称为"自然缺失症"。在这种背景下，自然教育成了迫切需求。

典型案例：杭州老爸众筹建自然学校

2016年2月，杭州一位70后父亲在网上发起了一项众筹，希望能筹到300万元资金，建一所没有围墙的自然学校。他在众筹的帖子上这样写道：

我们曾经用春天的紫云英扎成花球，爱把苍耳扔到心仪的小姑娘头发上。

我们曾经被蜜蜂蜇哭，被毛毛虫吓哭。

然而，我们分得清金龟子和知了，而你的孩子们呢？

他们低着头，手中放不下iPad，没完没了的奥数和补习课，只能隔着栅栏认识动物。

他们比我们那时候聪明，比我们知道更多知识，却没有我们那时候快乐。

这是一位热爱自然、热爱旅游的父亲。2013年，他带着儿子在台湾溪头地质公园旅游时，遇到了一群日本孩子。当时，他们正围着一棵大树，轮流用听筒聆听虹吸现象，原来，大树每隔两小时左右，都会把地下水吸上来，发出类似大海波涛的声音。

这位70后父亲在那一刻看到了自然教育的魅力：孩子们非常专注、认真，了解到生命的神奇，也学习到了对生命的尊重和敬畏。随后，那位带队的日本老师告诉他，全世界200多个国家和地区有自然学校，一个国家的文明程度与它有多少所自然学校是相关的。

于是，这位70后父亲产生了开办自然学校的想法。令他没想到的是，短短一个星期，居然众筹到了超过900万元的资金。随后，他接受了预期的300万资金，在建德新安江边一个村子租下了约100亩田地、30亩水域，开始筹建他的自然学校。

据2016年的一项不完全统计，全国有约180家自然教育机构，主要集中在北京、上海、浙江等发达城市和地区。另据《中国自然教育行业调查报告》显示，公众对自然教育已经具备了初步认知和肯定：对自然教育有一些了解的人占54%，非常了解的人占7%，46%的公众愿意让孩子参加自然体验活动，49%的公众非常愿意。这些数据也从另一个侧面解释了，杭州那位70后父亲的众筹活动为何能迅速取得巨大的成功。

随着自然教育理念的广泛传播，这个领域也逐渐成为资本追逐的风口和传统企业转型升级的一种手段。

2012年以来，阿里巴巴公益基金会就开始了对自然教育行业的资助，希望能弥合人与自然之间的距离，寻找古人"天人合一"的生态智慧，并鼓励公众走进大自然，去观察、探索、感受，从而得到身、心、灵的洗礼。

2017年4月21日，由阿里巴巴公益基金会、桃花源生态保护基金会、杭州植物园联合设立的"桃源里自然中心"揭开帷幕，阿里巴巴董事局主席马云出席了开学典礼。"桃源里自然中心"位于杭州植物园内，开设了观鸟、夜观等自然教育课程，举办自然沙龙、户外课堂，还定期组织探索杭州周边自然保护区的旅行，为大众提供了一个"重回自然怀抱的场所"。马云还承诺，在未来的10年内，他的阿里巴巴公益基金会，将对100家从事自然教育的机构提供资金、技术、智力和实践机会的支持。

自然教育作为素质教育中最轻便的"优盘"插件，不仅被政府、学校、企业青睐，更被各个休闲庄园和农业项目视为三产融合的重要抓手。他们纷纷开始因地制宜，建造自己的自然教育基地。未来几年，在国家政策红利、家庭收入提高和二孩人口红利的驱动下，自然教育行业将迎来爆发式增长期。据有关人士估计，这个市场将达到千亿级的规模。

三、国内自然教育发展概况

根据《2016自然教育行业调查报告》，2010年以来，中国的自然教育呈现井喷式发展的态势。我国目前的自然教育机构主要集中在北京、上海、浙江、福建、广东、云南、四川。

根据2015年中国自然教育行业调查，按照机构的运营方式，国内的自然教育机构分为八大类，以自然教育作为核心发展目标的自然学校（自然中心）类组织机构，以自然教育作为机构发展重要项目而存在的生态保育类，以观鸟协会、植物观察协会等民间团体协会组织的自然观察类，在户外活动或旅行方案中融合自然教育内容的户外旅行类组织机构，还有农牧场类，博物场馆类，公园游客中心与保护区类以及融合自然教育内容的艺术、科普等其他教育类型组织机构。

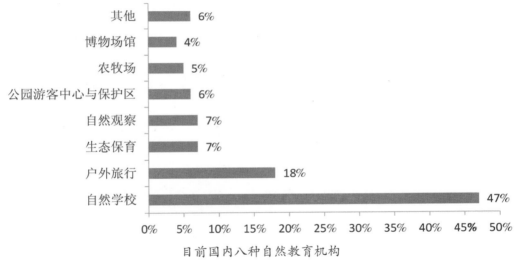

目前国内八种自然教育机构

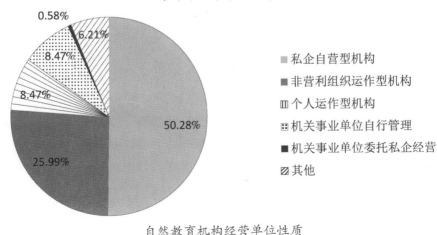

自然教育机构经营单位性质

调查结果显示，自然学校（自然中心）类型的机构数量最多，占47%，主要服务对象目前还是以小学生、亲子家庭以及3—6岁的儿童为主，分别占86%、73%、55%。自然教育机构能提供多种类型的自然教育课程服务，根据调查结果显示，多数自然教育机构都能提供一日活动课程和多日活动课程，分别占85%和80%；也有很多机构能提供旅行活动课程，占63%。[1]

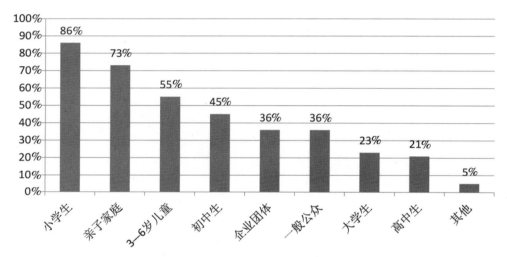

自然教育机构主要服务对象

自然教育机构目前所面临的困难还是主要集中在人才培养方面，占比76%；其次是经费，占比50%；再者是市场，占比47%；场地与政策分别占23%和20%。

让人欣慰的是，我国的自然教育方兴未艾，越来越多的有志之士正加入到自然教育的行业中来。

四、自然教育与乡村建设共生发展

从本质上讲，自然教育与乡村建设的过程是相辅相成的，目标是共生共长。

首先，对于自然教育而言，乡村优良的自然和生态环境中蕴含着天然、丰富的自然和人文资源，这些都是开展自然教育极佳的环境基础。其中，农田、湿地、溪流、山岭、山林等参差错落的乡村景致、丰富的动植物物种及生态群落，这些都是自然教育极为天然的场所[2]。在我国，基本上大多数的城市亲子家庭都会有开展休闲

---

1 http：//www.greentimes.com/green/econo/slly/cyzx/content/2018—07/27/content_387283.htm。
2 李静娜：《既是天然的，更是人文的——记全国中小学环境教育社会实践基地、九寨沟国家级自然保护区》[J]，《环境教育》，2015年第6期：第65—67页。

旅游的需求，此外，有关政府部门也愈加重视青少年的自然教育和劳动教育。国务院和教育部也相继在2015年发文，提出要"建设社会实践及农业教育基地，引导中小学生和公众都积极参与农事体验和农业科普""推动建立资源丰富、形式多样、机制健全、课程完善的劳动教育模式体系，重视普及劳动教育的氛围"[1]。由此可见，无论是从城市亲子家庭的切身需求，还是依据政府有关部门重视自然教育的程度，自然教育理念的引入对于乡村的规划实践都极具潜力。

其次，对于乡村建设而言，通过引导自然教育理念来深入推进乡村的规划建设，一方面可以优化调整乡村的产业结构，切实提高农业经济效益；另一方面，同时也可以促进休闲农业和旅游业的发展，带动休闲农业与自然教育之间的融合发展，加快推动农业经营模式的快速转型，促进社会、经济以及生态效益之间的良性循环。同时，自然教育理念的引入，不仅可以使当地的村民重塑对乡村价值的认知，促进乡村生态和自然环境资源的维护，传承和保留乡村的历史和乡土文化，使更多的人意识到自然和乡村之美，还可以进一步激发当地的获利，将土地资源的优势转变成乡村旅游的特色产品，进而提升当地居民的生活与收入水平，同时也为乡村提供了人才引进的平台，不仅有利于增强城乡之间的互动联系，而且还能促进城乡一体化平台的搭建。

---

1 李文峰：《中小学校外综合实践教育基地在农业科普教育中的作用》，硕士学位论文《仲恺农业工程学院》，2015年。

第五讲

绿色生活：

生态乡村新魅力

陈剑峰

党的十九大报告将坚持人与自然和谐共生作为新时代坚持和发展中国特色社会主义的基本方略之一，将建设美丽中国作为全面建设社会主义现代化国家的重大目标，提出着力解决突出环境问题，促进社会主义生态文明的建设。习近平指出："绿色发展，就其要义来讲，是要解决好人与自然和谐共生的问题。"[1]因此，要实现绿色发展，解决好人与自然和谐共生的问题，建立美好生态环境，根本在于大力生产绿色产品，改变人的生活方式，推进生活方式的绿色转型，引导形成绿色发展方式和生活方式。

---

1 中共中央宣传部：《习近平新时代中国特色社会主义思想三十讲》，北京：学习出版社，2018年，第247页。

第一节　生活方式变革的源头治理

生态文明是人类在反思工业文明等传统文明形态的基础上形成的，重视人与自然环境之间的相互影响、相互融合、相互发展，以实现人与自然、人与人的和谐。人类生活方式经历了从"黄色"到"灰色"的历史嬗变，并加快向"绿色"转型。生活方式对生态文明建设有重大意义，建设生态文明必须加强生活方式变革的源头治理。

一、"黄色"生活方式：生产力低水平下人与自然的简单和谐

《中国大百科全书·社会学》对生活方式这样定义："不同的个人、群体或社会全体成员在一定的社会条件制约和价值观指导下，形成的满足自身生活需要的全部活动形式与行为特征的体系。"[1] 生活方式有广义和狭义之分，广义的生活方式是指人的全部实践活动方式，主要包括物质生产方式、物质消费方式、社会交往方式、精神需求的满足方式等；狭义的生活方式是指人们日常生活活动的方式和形式，即衣、食、住、行、用、娱乐等日常的消费生活方式。

人类最早经历的是"黄色"的生活方式，它是与农业文明紧密联系的，是生产力极其落后下的自给自足的生活模式，体现了人与自然的一种"天然"的和谐关系。农业文明发展以来，一直以土地为基础，土地的无限制开发，导致水土流失，从而走上了一条"黄色道路"。"黄色"的生活方式，本质上是一种落后的生产力水平，以人力、畜力为代表的体力劳动是这个时期的主要劳动主体。同时，以手工制作的劳动工具去改造天然资源的劳动对象，是这个时期最基本的劳动形式。农业文明发展从产业形式看主要是种植业和畜牧业，但兴修水利的生产活动，同样会在实现改造自然环境的同时，又造成某部分区域的气候失调、水土流失和物种失衡。由于总体来说，农业文明改造自然的能力非常有限，人们在相当程度上依然依赖于自然，不可能大规模破坏大自然。

"黄色"生活方式的典型形式是小农经济生活模式。生产力水平的落后造成了物质的有限性，自给自足的小农经济生活方式就成了大多数人的生活方式。"黄色"生活方式体现了人与自然的天然和谐。农耕文明时期的人类生活水平比较低，生活模式主要以家庭为最基本单位，所以不可能对大自然造成很大的影响。而人类由于其生产力水平不高、文明程度较低，所以还必须依靠自然。因此，人与自然的关系

---

[1] 《中国大百科全书·社会学》，北京：中国大百科全书出版社，1992年。

相对稳定和谐。

二、"灰色"生活方式：生产力飞速发展下人与自然的冲突

工业文明是人类文明发展历史上的重大转折，它极大地改变了人类的消费行为和生活方式。一方面，工业革命所带来的科技革命改变了人类对于自然整体依赖的格局，对自然规律的掌控和自然开发技术的提升使得自然物质变换的效率和方式得到突破性进展。工业文明创造了巨大的生产效率，为人们提供了丰富、多样的物质生活资料，使得人们的生活水平不断提高，生活质量不断改善，人们的生活方式逐步由温饱型迈向了富足型。巨大的物质财富和琳琅满目的消费品，促使人们形成消费主义的生活方式。在消费主义的生活方式下，人们扭曲人类需要的现实意义，变本加厉地追求物质主义价值取向，过多地讲求物质带来的感官和享受，把炫耀、攀比作为生活追求，将消费本身作为其身份、地位、权力的象征，一味追求各种名牌服装、饰品、珠宝等，从而使消费生活畸形化，并由此形成"大量生产—大量消费—大量废弃"的高消费模式，成为工业文明时代生活方式的典型特征。从人类文明演化整体进程来看，人们为了满足其过度的消费欲望，客观上给生态环境带来严重污染，造成生态系统的严重失衡。这样的结果，无异是一种自杀式的生活方式，它不仅引发了资源危机，还造成环境污染，导致生态破坏，并最终造成全球性的生态危机。

工业文明背景下，"灰色"生活方式带来的人们消费需求的极大膨胀，使得以工业文明为主导的20世纪成为人类有史以来全球生态破坏最严重的世纪。岩左茂在《环境的思想》一书中指出：自产业革命以来，由于煤炭、石油等化石能源的使用，使二氧化碳等有害气体增加了大约25%。由此导致在100年的时间内，地球表面气温平均上升了0.5摄氏度，海平面也上升了10~20厘米。灰色天空是工业文明时期对环境污染的主要表征。人类从"黄色"到"灰色"的发展过程中，在体验成功快乐的同时，也付出了惨痛的代价，尝到了破坏自然环境的严重恶果。"灰色"的生活方式阻碍了社会的可持续发展，使得各种疾病陆续出现，经济发展环境受到阻碍，人类的健康受到威胁，不仅对当代人产生了严重影响，也会影响后代子孙。

"灰色"生活方式对资源的过度消耗，导致人类对自然的破坏，生态遭受严重损坏。由于森林资源的减少，地表覆盖物减少，土壤被侵蚀，水土流失严重，使土地荒漠化也越来越严重。伴随着生态环境的恶化，生物种群数量也在逐渐减少，物种灭绝的速度越来越快，最后导致环境严重受损，阻止了人类进一步发展的脚步。

大气污染、酸雨、水体污染等都是其明显的表现。"灰色"的生活方式下生产力的极度发展，对环境破坏极其严重，造成人与自然极度不和谐，十分不利于生态文明建设。

在"灰色"的生活方式下，人们把物质财富作为崇尚的最高目标，追求无限制的物质享受和消遣，消费享乐主义迅速蔓延并不断向社会深度延伸，主要表现为奢侈、不公平、愚昧无知、比例失调，好多先富起来的人和地区以这样过度的消费和消费享乐主义的生活方式为荣，导致理想信仰淡化，庸俗文化泛滥。如一些人盲目攀比、炫富、比阔，一些人挥金如土，大量浪费水、电、油等。又如一次性产品的大量使用及消费品的过度包装。人们过分地追求大面积、奢侈装修的住房，追求豪华、舒适、大排量汽车以及相互攀比、大操大办红白喜事，这些求"大"、求"奢"的消费方式与实际需求严重的不相符合，不但挥霍浪费了大量钱财，还加剧了煤、油、电、水、地等资源的紧张，消费后产生的大量废弃物又对环境造成了破坏，从而极大地制约了生态文明建设。

总之，"灰色"的生活方式与工业文明紧密相连，是一种自我"需求膨胀"的生活模式，不仅对自然造成很大破坏，还对我们人类自身造成很大的危害，必须建构科学的生活方式，协调人与自然、人与人的关系，在全社会形成与生态文明相适应的绿色生活方式。这已成为解决生态危机问题的唯一正确抉择。

三、"绿色"生活方式：乡村生态环境的源头治理

"绿色"生活方式是人与自然和谐的辩证回归。过去，面朝黄土背朝天的生活方式是农业文明的非常明显的标志，但生态环境一定程度上退化了。工业文明时期，尽管人们的生活方式开始从温饱型步入到富足型，但由于在生产过程中忽视了生态环境成本，大量低效利用资源，不仅造成环境污染，破坏生态环境，并且不利于人的身体健康。在生活方式上，先发达的国家在飞速发展的同时，也制造出了大量的垃圾，并且极大地破坏了生态环境。生态环境的色彩从黄色变成灰色，人类在发展中付出了十分大的代价。大自然开始报复人类，各种自然灾害频发，人类尝到了破坏环境所带来的严重苦果。由此，人类开始认识到自己的错误，寻求一种"绿色"的生活方式来促进人与自然重新归于和谐，有效推进生态文明建设。

享乐主义是构建绿色生活方式的最大障碍。西方倡导的消费主义即是一种享乐主义，是与"绿色"生活方式根本对立的生活方式。要克服或抛弃享乐主义生活方式最直接、最有效的方式，就是推动形成绿色生活方式，倡导绿色消费，用节俭性

消费取代奢侈性消费，用低碳消费取代一次性的污染消费。

构建"绿色"生活方式需要正确处理绿色生产方式和绿色消费方式的关系。一方面，要用绿色消费方式引导形成绿色生产方式。在消费内容和形式上，要提倡绿色消费，守住生态平衡这个底线。只有绿色消费蔚然成风，绿色生产才有可能成为现实。另一方面，要用绿色生产方式推动绿色消费方式的形成，通过减少无效和低端供给，扩大有效和中高端供给，增强供给结构对需求变化的适应性和灵活性，引领绿色生活方式的养成。丰富的精神文化生活是构建绿色生活方式的重要保障，因此，还要大力提倡和丰富人们的精神文化生活，以精神文化的力量来引导和推动绿色生活方式的加快形成。

生活方式是影响和制约人与自然和谐发展的根本因素。就乡村而言，改善生态环境同样必须从变革生活方式进行源头治理，通过大力倡导"绿色"生活方式，按照可持续发展要求，来实现"人—社会—自然"系统的和谐发展，使人和自然的和谐关系实现回归。正如习近平总书记指出的："绿色发展，就其要义来讲，是要解决好人与自然和谐共生的问题。"[1]因此，要实现绿色发展，就必须解决好人与自然和谐共生的问题，建立美好生态环境，而这根本还在于大力生产绿色产品，改变人的生活方式，推进生活方式的绿色转型，在全社会弘扬和引导形成绿色发展方式和生活方式。

"绿色"生活方式是人类在既能够满足自身高质量生活需求的同时，又能很好地保护地球生态环境的一种健康生活方式。它不单单是指去吃没有农药的绿色产品，而是要改变传统工业文明时期的以牺牲资源环境为代价的经济发展方式，按照可持续发展的理念和道路转变经济发展方式，努力提高人们的生活质量。在经济发展方面，要将过去单纯的资源生产模式改变为循环生产模式，努力提高资源利用效率，用更少的资源去生产更多有用的产品，用最小的环境代价去获得最大的经济效益，使得经济活动中更多的废弃产品再生利用，又能够成为新产品。

第二节　绿色生活是美丽乡村新价值

党的十八大以来，习近平总书记十分重视农村生态环境问题，高度重视生态文明的建设，提出了一系列有关生态文明建设的新思想和新要求，强调指出："中国要美，农村必须美，美丽中国要靠美丽乡村打基础，要继续推进社会主义新农村的建设，因地制宜搞好农村人居环境综合治理，尽快改变农村脏乱差的状况，给农民

---

1 中共中央宣传部：《习近平新时代中国特色社会主义思想三十讲》，北京：学习出版社，2018年，第247页。

一个干净整洁的生活环境。"近年来，伴随美丽乡村建设的推进和乡村振兴战略的全面、有效实施，农村生态环境得到较大程度的修复，广大农村大地正在演绎"绿水青山就是金山银山"的华丽乐章。

一、绿色生活正广泛地改变着乡村面貌

党和政府在《关于加快推进生态文明建设的意见》中提出要"培养绿色生活方式，倡导勤俭节约的消费观，广泛开展绿色生活行动，推动全民在衣、食、住、行、游等方面加快向绿色低碳、文明健康的方式转变"。而在新的《环境保护法》中规定，公民应当自觉增强环境保护意识，培养低碳、节俭的生活方式，在享受优美环境带来的成果时，也应自觉履行环境保护的义务。综上所述，"绿色"生活方式从内涵上可界定为：倡导民众参与绿色志愿服务，引导公民树立绿色、循环、节约的理念，使绿色生活、消费、出行、居住成为人们的自觉行动，让人们在享受绿色生活带来的成果时，也要自觉承担共创优美环境的责任，真正实现使全民按照绿色、节约、健康、环保的方式生活。

（一）生活方式绿色化的科学内涵

生活方式的绿色化不仅仅是指生活领域的绿色化，也涉及各行各业、千家万户，主要体现在以下几个领域：

一是生产领域。生产领域不单单是指种植农作物，还包括农作物加工制作等。生产方式绿色化主要体现在原材料选择及产品加工制作等方面。农户和企业作为生产领域的主导，在生产和加工的过程中应该以保护环境、节约资源为目的，优先采用节能、环保的生产资料和产品。在产品的加工过程中，坚持以清洁、环保为标准，通过有效管理和采用绿色的技术为手段，使污染排放量达到国家的统一标准。

二是销售和消费领域。销售作为连接生产和消费的纽带，在销售的过程中应该多采购绿色环保的产品，进一步倒逼生产方式的绿色化转型，引导企业生产绿色产品。同时公民作为消费的主体，应该树立绿色消费的理念。在选择消费品的时候，应选择绿色环保产品，减少因消费不当而造成的环境问题。

三是资源回收和再利用领域。采取有效措施，建立和完善资源可回收的相关机制，推进垃圾分类和废旧物品的回收利用。如建立统一的地膜和农作物秸秆的回收处理点等。近年来，在美丽乡村建设和乡村振兴国家战略的引领下，通过充分发挥人民群众的积极性和主动性，有效地推动农民生活方式的绿色化，全国各地乡村和农民生态环境保护意识大大增强。绿色生活在农村大地已逐步兴起，绿色生活正在让乡村环境变得更优美、更美丽。

（二）绿色生活正广泛地改变着乡村面貌

安吉是"两山"理念的诞生地，绿色永远是其发展的底色，摘取了中国首个"国家生态县"的桂冠，并在全国率先建设美丽乡村，生态保护与经济发展同步推进，努力现实农村美、农业强、农民富的梦想，美丽生态、美丽经济、美丽生活"三美融合"。安吉让人们看到了绿色发展的未来。发源于安吉的美丽乡村建设在祖国大地全面兴起，各地在乡村振兴国家战略指引下，正在轰轰烈烈地以美丽乡村建设为载体，将村庄作为一盘棋统一规划，开展环境整治，农村污水处理、清洁能源利用、生活垃圾无害化处理等各项治理措施普遍得到了实施，乡村已逐步变成天蓝、地净、水清，告别了20世纪末开采矿山、办印染厂等造成烟尘漫天、青山被毁、溪流混浊的痛楚，成为中国大地的绿色中心。

近年来，无论是乡村基础设施建设，还是乡村新村规划建设，当地都十分注重生态环境保护。封山育林，坚持大树不砍、河塘不填、农房依地形分布。在保护和改善之间，强调有所为和有所不为，乡村已经形成了绿色发展共识。目前，各地普遍开展以标准化为引领，搞好涵盖农村卫生保洁、园林绿化林等各项长效管理标准的编制，加强风貌管控和维护，努力保护好乡村的一山一水、一草一木，为村民自觉践行生态文明提供指南。安吉美丽乡村建设标准于2015年被写入国家标准。2017年，安吉提出建设中国最美县域，打造美丽乡村升级版，建设体系再完善，标准再提档，水平再提升。在全域规划上，调整完善生态人居、生态城市、生态文化等六个专项规划，形成从指标到空间、从用地到景观整体衔接的美丽乡村生态文明建设工作规划体系。同时，创新体制机制，建立农业农村、建设、文化等部门与乡镇联合办公、一线办公机制，统筹投向农村的各级各类政府资源和社会资本，为全域打造大花园、多村联创大景区创造了机会，再次走在全国前例，做出了榜样。

可以说，所有的改变，都源于发展方式的转变，源于乡村绿色生活理念的普及。正是乡村生态自觉，才开创了美丽生活新纪元。目前，当地乡村都会经常性开展生态讲座、普及生态知识、巡查河道、美化环境、加强青少年环保教育等活动，倡导节水节电节材、垃圾分类投放等，每家每户使用菜篮，禁止乱扔塑料袋，严禁药鱼和毒鱼，严禁焚烧秸秆等，逐步构建起生活方式绿色化宣传联动机制。将生态文明建设的相关内容写进村规民约，绿色融入乡村生活的方方面面，正日益改变着村民的行为习惯，推动了乡风文明和乡村善治。

随着绿色出行、绿色消费等环保公益行动相继开展，绿色家庭、健康家庭等创建活动深入推进，绿色生活蔚然成风。在享受绿色发展成果的同时，积极投身生态文明建设，形成健康文明的绿色生活方式。可以说，绿色发展提升了乡村居民获得感，绿色生活方式催生了乡村新风尚，村庄治理、长效管理进入良性循环，美丽乡村、美好生活的画卷展开了。美丽中国源起地：生态安吉，绿色生活进行时。

二、"绿水青山就是金山银山"彰显美丽乡村新价值

2005 年 8 月，时任浙江省委书记的习近平同志在安吉余村考察时，首次提出了"绿水青山就是金山银山"的重要理念。实践证明，护得好、守得住青山绿水，拥有优美环境是乡村可持续发展的最大本钱，护美绿水青山，做大金山银山，演绎绿色发展新篇章，这是美丽乡村的新价值和核心。绿水青山主要在农村，金山银山主要让农民富起来，将"绿水青山就是金山银山"化为生动的现实，根本在于做好彰显美丽乡村大文章，打通"两山"理念在农村的高质量转化通道。

"绿水青山就是金山银山"激活乡村美丽农业新价值。如今，到乡村踏青赏花已成为都市居民一种消费潮流，更成为一种全新的生产力，生态旅游与美丽乡村通过发展"色彩农业"方式发生奇妙的"化学反应"，农村与农业的价值值得被重新发现。"美丽中国"要靠美丽乡村打基础。习近平总书记关于生态文明与经济发展的论述，在"色彩农业"中得到了体现，成为乡村生态游的一道美丽景观，并实现城与乡的双赢。

这种现象的出现，主要有三个方面的原因。首先是因为"城市病"越来越重，人们想去乡村寻找一片净土、乐土，享受田园风光；其次是当今中国农民已不再单纯靠种庄稼增收，多功能农业的理念逐渐被农民所接受，农业除了生产农产品以外，还有独特的生态价值、景观价值和旅游价值。一些地方开始利用农村的自然资源和自然景观，实现第一产业向第三产业的跨越。最后，"资本下乡"也加快了"色彩农业"强势兴起。"色彩农业"的实质是农业+文化+旅游，乡村风貌也是一种旅游资源，乡村自然资源、错落有致的村落和乡村自然风光，对市民游客都很有吸引力。对城市的人来说，乡村赏花游能满足户外休闲、风俗旅游、放松娱乐等需求；对乡村来说，能够增加收入，这正是乡村价值的再发现和再开发、再发展，乡村与城市其实形成了一种"双赢"。

着力形成"色彩农业"文化链。发挥农业的多功能作用已成为共识。习近平总书记在中央城镇化工作会议上提出：要让城市融入大自然，让居民望得见山、看得见水、记得住乡愁。在促进城乡一体化发展中，要注意保留村庄原始风貌，慎砍树、不填湖、少拆房，尽可能在原有村庄形态上改善居民生活条件。各地乡村从适合当地传统特色，通过举办形式多样的系列活动，如亲子游园活动、文明德治科普活动、家庭风筝比赛等，从而拓宽了农产品销售渠道，增加农民收入，促进了乡村

旅游，让传统乡村焕发出新的活力。

典型案例：德清五四村产村融合焕发美丽乡村活力

五四村位于德清县阜溪街道，村域面积5.61平方千米，人口1554人。五四村曾是一个穷村，村里人因为务农收入微薄，大多选择外出打工，导致部分土地抛荒。近十多年来，五四村坚持绿色生态发展理念，以乡村旅游为引领，完成了从传统农业向现代农业和休闲旅游业的转型。通过土地流转，五四村先后引进红枫、水果、苗木等生态种植特色农业生产基地，随后社会资本纷至沓来，乡村面貌也焕然一新。2017年，村集体经济收入328万元，村民人均收入4万元。五四村已逐步建设成为集品质人居、生态观光、休闲体验于一体的美丽乡村，实现了民富村强环境美，并获得全国文明村、全国美丽宜居示范村、全国绿色小康村等荣誉。五四村的产村融合发展之路取得了优异的成绩，也为其他村庄走出具有自身特色的生态发展之路提供了可参考的经验。

五四村的产村融合发展之路，主要有以下做法：

一是建设公共设施，打造宜居环境。大力推动村庄基础设施建设，实现村组道路硬化、亮化、美化、洁化"四个100%"，开通了"美丽乡村公交专线"，建成了城市公共自行车首个村级服务点，修建了村民休闲文化公园、文化礼堂、文化长廊，全村WiFi，监控、路灯实现全覆盖。实行治水美村，全村投入381万元新建污水处理设施及配套管网，生活污水实现了100%集中收集处理，实现了"一根管子接到底"。在全县率先开展垃圾分类试点工作，建设生活垃圾资源利用站，做到了"一把扫帚扫到底"。

二是推动农旅融合，发展美丽经济。五四村自1999年起实施土地流转，目前全村3000多亩土地已实现100%流转。通过土地流转，引进了规模化的农业项目，大力发展乡村休闲旅游，建立了亿丰花卉、垚森生态园等特色农业基地，形成了花花世界亲子游乐园、瓷之源体验馆、德清县生态文化馆等一批乡村休闲旅游体验场所，培育了树野、陌野、青庐、外安5号等特色民宿（洋家乐）以及铜官庄、后东人家等特色农家乐。2018年投资约18亿元的上海三月旅游、华盛达坡地村镇、杭州华元控股五四田园养生三个大项目已经全面启动，电动观光车及充电桩等配套项目正在有条不紊地进行中。

三是制定村规民约，弘扬文明新风。结合文明创建活动，制定了村规民约三字经，开展了"十年百佳"、文明"四家"等评选活动，全村454户村民立家规、传家训、树家风、扬家誉，宣传表彰了孝善传承、治水拆违等方面的"最美"典型100余例，唱响了五四文明乡风好声音。五四村先后荣获了全国文明村、全国美丽宜居示范村、全国绿色小康村、国家3A级旅游景区、中国美丽休闲乡村等荣誉称号，逐步发展成为集品质人居、乡村度假、生态观光、休闲体验于一体的美丽乡村。这个美丽蜕变告诉我们：现代农业发展是乡村振兴的重要支撑，生态环境是美丽乡村的核心价值和财富。

三、深入推进绿色生活方式，持续促进乡村生态文明

加强乡村生态环境保护是生态文明建设的必然要求，是统筹城乡发展的重要任务和改善、保障民生的迫切需要，而持续推动农民生产和生活方式的绿色化，则是转变和解决农村生态环境问题的必然选择。

持续推进生活方式绿色化转变的制度建设。根据环境保护部下发的《关于加快推动生活方式绿色化的实施意见》，要求环保部和地方各级环保部门因地制宜，结合地区特色，制定推动生活方式绿色化的政策措施。可见，倡导农民生活方式绿色化转变，不仅需要广大农民的自觉参与，还需要相应的规章制度建设做基础，需要积极发挥政府的环保职能，构建由政府引导、市场响应、公众参与的长效运行机制。通过制定相应的规章制度，有效规范政府、企业和公众的职责和义务，明确分工。引导企业转变管理理念，树立长远发展的理念，在追求经济效益的同时兼顾环境效益，将绿色生产的理念注入企业发展和运行的每个环节，做到绿色生产，节能减排。要大力引导农民树立绿色生活、绿色消费的意识，通过建立和完善制度体系，引导农民转变生活方式，为农村生态文明建设打下坚实群众基础，将绿色生活的理念融入日常生活的每个方面、每个细节，真正做到从衣、食、住、行、游等各领域的绿色化发展。

持续加强宣传力度，增强农民绿色生活的理念。总体看，农村由于政治经济发展相对缓慢，教育相对落后，农民的环保意识薄弱，同时由于地方政府对环保工作的重视度不够，环保宣传力度不足，农民对环保的重要性和紧迫性认识不深，对绿色理念的重要性认识不透，在日常生活中，不能有效地将绿色理念很好地融入生活

的各个方面。

因此，需要整合宣传资源，加大对农民环保工作的宣传力度，充分利用现代化手段，采用线上、线下相结合的宣传方式，积极发挥网络媒体优势，开发面向全民的绿色生活App，让农民随时随地了解绿色生活方式的相关政策法规及相关动态，提高农民绿色生活的理念。让农民充分认识生活方式绿色化的重要性。加强日常生活自律性，自觉养成绿色生活、勤俭节约好习惯。

建立和完善法律法规，制定激励政策和扶持措施。农村地区环境污染严重的重要原因之一就是缺乏相应的法律规范。为更好地促进农村经济的可持续发展，加强生态文明建设，政府需要根据生态文明建设的要求，按照行业、领域制定符合生态环保建设的标准，加强对绿色产品生产企业的监管力度，督促其采用绿色、环保、循环的生产方式。对一些污染严重的企业，不能采取睁一只眼闭一只眼的办法。同时，为促进农村生活方式的绿色化转变，政府加强对农村环保事业的资金投入，并引导农民积极采用先进环保的生产方式及农业生产的农用物资。

规范绿色消费市场，引导农民树立绿色消费理念。消费是生活方式的一大领域，树立绿色消费理念、规范消费市场，对农民生活方式的绿色化转变意义重大。因此，政府应制定统一的绿色产品认证标准，加强绿色产品的标识管理，规范绿色产品的销售来源和渠道。同时，还应该加强执法监管力度，强化对绿色产品的监测和管理，引导企业积极开发绿色产品。企业在追求经济效益时兼顾环保效率，严格按照党和政府的指示，加大对绿色产品的生产和研发，为市场提供优质、环保产品。农民作为消费主体，树立绿色消费理念，规范自己的消费行为，促进绿色生活方式的转变。

第三节　绿色消费让生态产品升值

进入新时代以来，我国社会主要矛盾发生了重大变化，人民对美好生活的需求日益增长，优美生态环境已成为人民追求美好生活的重要内容。倡导和践行绿色消费势在必行，这是建设生态文明、推进绿色发展的内在要求。绿色消费坚持人与自然和谐共生，以满足人民对优美生态环境的价值追求，是实现经济和生态双赢共生的重要途径。

一、新时代绿色消费的价值诉求

当前，日益增长的经济发展需要、消费需要与生态环境、资源承载能力不足之间的矛盾日益突出。习近平总书记指出："中国是一个发展中的大国，建设现代化国家，走欧美'先污染后治理'的老路行不通，而应该探索走出一条环境保护的新路。"[1] 必须大力倡导和加快形成绿色消费模式，更好地促进生态文明建设，推进绿色发展。2016年十部委联合下发的《关于促进绿色消费的指导意见》，要求"提高全社会的绿色消费意识"。2018年9月《中共中央国务院关于完善促进消费体制机制进一步激发居民消费潜力的若干意见》高度重视"绿色消费"。党的十九大报告指出，"倡导简约适度、绿色低碳的生活方式，反对奢侈浪费和不合理消费"。习近平总书记把"倡导推广绿色消费"作为推动形成绿色发展方式和生活方式的六项重点任务之一，[2] 促进绿色消费上升为一项国家战略。

绿色消费是指"以节约资源和保护环境为特征的消费行为，主要表现为崇尚勤俭节约，减少损失浪费，选择高效、环保的产品和服务，降低消费过程中的资源消耗和污染排放"。[3] 不仅反映了消费层次与质量的提升，更反映了人类文明的跃迁和社会历史的进步。

绿色消费以满足人民日益增长的优美生态环境需要为价值追求。新时代的社会主要矛盾已发生转化，人民向往更加美好的生活，绿色消费体现了满足人民对优美生态环境的价值追求。党的十九大报告提出，要提供更多优质生态产品以更多更好地满足人民日益增长的优美生态环境需要。

从绿色消费本身看，绿色消费以节约资源和保护环境为特征，这种特征尤其体现在限制物质消费上。进入新时代，随着生活水平的提高，我国消费市场空间和升级潜力巨大，但不能走"高生产、高消费、高排放"的老路子。

绿色消费追求用最优的方式来满足人们的物质需要，最大可能地节省资源和减少环境污染，主张"更少但更好"而不是"越多越好"，既顺应"排浪式的规模消费"到"个性化、小批量消费"的需求演化，又有效排除"大量生产、大量消费、大量排放"带来的生态困境，真正体现节约资源、保护生态环境的价值追求。

绿色消费是实现经济和生态双赢共生的重要途径。改革开放以来，在我国经济发展成就中，消费对经济发展的贡献巨大，已经成为保持经济平稳运行的"稳定器"和"压舱石"。绿色消费兼具发展经济和节约资源、保护环境的双重需求，绿色消费有利于实现需求引领和供给侧结构性改革，相互促进，推动高质量发展，建设现代化经济体系，更好满足人民日益增长的美好生活需要。

---

1 《习近平总书记系列重要讲话读本》，北京：学习出版社，2016年，第235页。
2 《习近平谈治国理政》第二卷，北京：外文出版社，2017年，第396页。
3 《国家十部委联合提出关于促进绿色消费的指导意见》，《有色冶金节能》2016年第3期。

绿色消费坚持人与自然和谐共生的生态要求。绿色消费在价值选择上倾向保护自然，不以牺牲自然来满足消费需要，彰显人与自然和谐共生的生态要求。绿色消费反对人类中心主义，把大自然看作是取之不尽、用之不竭的资源库，把大量废水、废物、废气恣意排放给大自然。必须尊重自然、顺应自然、保护自然，消费行为要注重简约适度、绿色低碳，坚持节约资源和环境保护，促进人与自然和谐共生。

二、绿色消费打开乡村生活价值提升新空间

2015年至2017年，一项针对中国一线城市、二线重点城市以及沿海经济发达城市的消费者绿色消费意识调查显示，我国消费者的产品标识认知度已明显提升，能效标识认知度从78%上升到89%，绿色食品认知度从58%上升到83%。[1] 这表明，公众环境态度的日益理性和成熟，绿色消费观念逐步深入人心。就乡村而言，城市居民尤其是中产阶层绿色消费的新需求必将全面提升乡村生活价值，为乡村守护绿水青山和打通"两山"高质量转化注入新动能。

回归自足田园生活的生态消费成为新向往。城市食品安全、空气污染、噪音等城市病的出现，健康和休闲需求的快速增长，加深了人们对乡村生态产品的渴求。20世纪70年代在欧美和日本等国出现了一种满足生态消费的新型农业，通过城市市民与农民建立稳定的经济合作关系、稳定的社会和文化关系，构建农村和土地建立新关系、创建新生产方式和生活方式，形成城市与农民的小规模社会共同体，即社会与文化、生产与生活为一体的新社区。

进入21世纪以来，社区支持农业也在中国各地城市纷纷出现。社区支持农业是新时代向传统的自足田园生活的回归。近年来，大量知识分子、休闲城镇居民旅居乡村，涌现了乡村旅游热、体验农耕情、休闲健养潮。这表明，乡村自足的田园生活成为越来越多的现代城市中产阶层人群向往的新生活，城市市民生态消费将极大地带动社区农业的发展。

回归手工艺术生活的文化消费渐成新时尚。生态化、文化化、个性化消费是现代新消费趋势，它驱动古老的乡村手工业、手工艺产品呈现强劲的复兴势头。改革开放以来，特别是20世纪80年代到90年代，科技化、电子化、工业化时髦消费挤压了几千年的中国传统手工业，传统手工业产品因贴上了穷人消费、落后标签被边缘化。但进入21世纪以来，消费者对产品功能日益追求文化性、个性化，传统手工

---

1 数据来源：http://finance.cnr.cn/jjgd/20180815/t20180815_524332606.shtml。

业产品集艺术、生态、独特性、不可重复于一体，具有心灵手巧带来的体验乐趣，具有艺术创意和创造价值，很好地满足了现代文化消费的新需求，古老的乡村手工业、手工艺产品迎来了又一个春天。

21世纪乡村振兴的一个重大经济支撑，就是古老乡村融艺术、文化与体验为一体，融手工生产与艺术生活为一体的乡村手工业的复兴。

回归自然的智慧生活的心灵消费成为新取向。21世纪是从知识转向智慧的时代，但机器人模仿的是人类对知识和信息加工的能力，只有智慧才是人类的专利。智慧源于心灵对天地人的感悟能力。中国古代，从老子的道、儒家的心学、佛家的觉都是在天人合一中探索人类智慧的过程。智慧内生于心。

当代人类遇到环境危机，需要一种天人合一的智慧来化解，向内是人类感悟生命秘密之道，向外是人类感悟天地秘密之道。工业文明用现代知识和技术创造了城市文明的同时，也使我们离自然越来越远，离滋养人类心灵、破解人类生命秘密的智慧越来越远。乡村是人类与自然连续的纽带，是21世纪人类寻求智慧之源地，是满足人类心灵消费的圣地。滋养心灵智慧生活的寻求之路，就是走向回归乡村之路。

回归乡村的幸福生活成为生活消费的新主打。当代生活方式变革所带来的对生态、文化和智慧需求的消费，标志着人们对生态文明期待与向往。追求以生态化、文化与艺术为内涵的人生价值提升，追求回归自然的智慧生活，将是引领未来最前沿的消费。生态、文化与智慧组成的就是生态文明时代新消费的生活样式。但要得到这种健康生态、文化品质、智慧人生的新生活，成本最低、最容易获得的不是在城市，而是在乡村，由此决定了未来第四消费的新趋势，这就是回归乡村生活需求的消费。

三、绿色消费为乡村生活价值注入新动能，增值新经济

习近平总书记在党的十九大报告中指出：进入中国特色社会主义新时代，我国社会主要矛盾已经转化为人民日益增长的美好生活需要和不平衡、不充分的发展之间的矛盾，不断增长的人民对幸福生活、高品质生活的追求和发展不均衡、不充分的矛盾。满足人民对日益增长的美好生活的追求，迫在眉睫的是补齐乡村经济发展的短板。绿色消费的兴起，将有效激活乡村绿色产品需求大市场。

（一）乡村生活的优势与价值再发现

城市是一个高效率生产的地方，也是生活成本较高的地方。但从生活经济学视角而言，现代城市生活的高成本、高消费并不一定就会成为高品质、高福利的生

活。2012年联合国首次发布《全球幸福指数报告》表明，收入与幸福并无必然关系。用幸福生活的标准来评价当今中国城市生活和乡村生活，目前城市人均收入比农村高3倍，但不见得城市生活品质和幸福感比乡村高3倍，更何况大城市还有对身心健康造成影响的噪音、空气污染等问题。总体看，乡村生活和城市生活相比有三方面优势不容忽视。

乡村生活闲暇时间多。作为承载现代化工业的城市，城市的生活与工作是分离的，在现代城市既能挣钱又能享受快乐的工作，所占比例很小。而乡村生产与生活边界没那么清晰，生产与生活融为一体是乡村的最大特色。乡村收入比城市低但生产劳动没城市上下班耗时，所享受的生活时间要比城市长。从生活闲暇时间来评价生活质量，小城镇、乡村的生活闲暇时间明显比城市平均要长。

乡村农事体验充满健康快乐。农民的劳动与城市劳动相比，农耕劳作给人的身体健康和身心带来愉悦的程度比城市多。若不考虑不同劳动带来的收入高低因素，乡村农耕劳动比城市工厂工人的劳动所带来的健康和内心喜悦的收益要高得多，与自然接触的农耕劳动是一种比城市就业劳动有更多健康收益的劳动。目前中国城市大量的高血压、糖尿病、肥胖症等慢性病的根源，就是缺乏足够运动的生活方式病。乡村劳动不仅有益身体健康，还可实现心灵与自然对话，带来精神愉悦。正是乡村劳动所具有的娱乐性、艺术性和滋养身心健康的特性，才形成了目前方兴未艾的乡村农耕体验的旅游热。

乡土社会是低成本快乐的源泉。从劳动带来的高收入、创新度和获得的成就感看，城市的劳动远大于农村劳动。城市劳动和生活所具有开放性、多元化、创新冒险的特性，对于年轻人具有很大的吸引力，但对于儿童和老人而言，乡村生活更有吸引力。绿色是农民的专利，是城市人的奢望，绿色是乡村生产与生活之本，也是华夏文化之源，更是农民、农村、农业之命脉。田人合一为村，家与祠合一为族，人禽合一为家，这是乡村绿色文明三个基础。守住乡村绿色，才能守住城市碧水蓝天；守住村庄与土地，城市人才能吃上放心粮食与蔬菜；守护好村庄与祠堂，才能让城市文明心灵有所寄托。乡土自然给予儿童身心健康，是城市封闭的教室所不具备的。没有噪音、接地气、乡土文化、互助关系等因素构成的乡村生活，也更适合于老人养生养老。当前，乡村特有的生活价值越来越被社会重新认可，乡村具有低成本快乐生活的优势，这也是当代乡村旅游蓬勃发展的原因所在。

（二）乡村生活是最大吸引力和核心竞争力

乡村产业发展市场在城市，而城市未来需求在乡村，连接城乡市场最重要的稀缺产品和乡村产业发展最大的价值是乡村生活。从经济学看，将四大禀赋资源整合在一起，就是乡村生活的竞争力和吸引力，这是让乡村生活增值的新经济。

乡村生活最具有魅力的是乡土文化。乡土文化是乡村生活魅力的第一要素，如何让古老的乡土文化与现代社会相结合，实现活化创新开发，是乡村产业和乡村社会发展的重要资源。乡村生活的第二个优势是可再生能源。以太阳能为主的可再生能源，是一种普惠式、分布式新能源。未来乡村能够做到能源的自给自足，比城市更能优先进入低碳、生态生活新时代。乡村生活的第三个优势是可再生的绿水青山资源，这是乡村绿色发展最大的自然资本。习近平总书记所讲的绿水青山生态自然资源，80%以上在乡村，这是乡村发展绿色经济的核心优势。乡村拥有的第四个禀赋优势是城市没有的社会资本。这是乡村特有源于熟人社会形成的亲情互助关系的资源，它既是乡村物质财富生产的重要资本，也是乡村互助利他生活的重要财富。把四大优势组合在一起，形成的乡村特有的乡土文化滋养的低碳、健康、幸福生活，构成了乡村独特的产品和竞争力。

乡村生活是时代给予乡村特有的机遇。乡村有生命、有历史、有温度，是历史留给乡村特有的财富，是天地赐给乡村的礼物，是时代给予乡村特有的机遇。

（三）农家乐是乡村生活与城市消费连接的最优组织模式

伴随乡村振兴上升为国家战略，近年来出现了一股资本下乡的势头，耗费巨资的田园综合体、小城镇在各地布局铺开，乡村似乎成为解决城市投资过剩的沃土。事实上，乡村最具有竞争力和价值的产业不是需要大规模再造项目，乡村产业发展最具有价值的就是乡村特有生活方式本身。需求决定未来，对于乡村振兴需要发展什么产业，要从城市出现的新需求来判断。

农家乐成为乡村振兴的时代网红。乡村有城市消费者渴望的诗意乡村生活、部落乡村生活、公社乡村生活、禅修乡村生活；有游牧乡村生活、渔歌乡村生活、桃园乡村生活、国际乡村生活；有候鸟乡村生活、历史乡村生活、武术乡村生活、天堂乡村生活。农家乐是融合一、二、三产业，将乡村产业生活化经营的新型业态，顺应城市绿色消费、文化消费、心灵消费、康养消费的需求而快速增长，发展前景广阔。目前，中国乡村已经分布200多万家的农家乐，带动了3300万农民致富。游客数量达12亿人次，占到全部游客数量的30%。城市居民多样化消费的兴起，还带动了乡村有机农业、休闲农业、观光农业、乡土文化体验、乡村手工业、乡村养老、乡村休闲度假的快速兴起，把这些产业整合连接起来的农家乐，是中国传统文化复兴的新路径，生态文明建设的新示范，城乡一体化的新动力。

典型案例：德清"洋家乐"成为国际乡村旅游集聚示范区

浙江省德清县依托美丽乡村建设成果发展"洋家乐"，带来了极大的经济收益。该县吸引了南非、英、法等18个国家外籍人士投资超过60家"洋家乐"。在"洋家乐"的带动下，各种倡导自然、生态、环保的农家乐也逐步发展起来，形成了莫干山国际乡村旅游集聚示范区和德清东部水乡乡村旅游集聚示范区两大乡村旅游集聚示范区。

这些"洋家乐"中，以"裸心谷"创办最早、最有名。与传统民宿不同，裸心谷的创办人——南非人高天成将生态文明的理念贯穿到了设计、建造及管理的全过程。在设计环节，最大限度地保持了自然的原汁原味，在最小限度影响自然景致的基础上让客人们感受到绿色天然的居住体验。在建造过程中，全部采用绿色环保材料，裸心谷的树顶别墅和夯土小屋还获得了建筑行业的最高荣誉LEED国际绿色建筑铂金级认证，这也是中国第一家获此殊荣的可持续发展度假酒店。在管理环节，裸心谷尽可能雇用本地村民，利用当地资源，使用当地物产，做到节约能源、减少浪费，同时还鼓励客人践行简单、健康、永续的生活方式。正是将国际先进的生态理念贯彻始终，裸心谷让平时司空见惯的山林和再普通不过的民居，摇身变成了入住率常年保持在80%以上的绿色低碳"洋家乐"。在其带动下，德清的民宿经济和乡村旅游蓬勃发展，让"绿水青山"源源不断地带来了"金山银山"。

第六讲

保护大地：
美丽中国新使命

陆建伟

　　每个人都有自己挚爱的母亲，人类共同的母亲，是地球，是自然。保护大地，就是保护自己的母亲。诗意地栖居，是每个人心中的一个梦。未来的美丽中国，一定是一幅天蓝、地绿、水清的动人画卷。

　　党的十八大提出了"美丽中国"的概念，把生态文明建设放在了一个突出的地位。党的十九大报告把美丽中国作为建设新时代中国特色社会主义强国的重要目标，提出从2020年到2035年"基本实现社会主义现代化"，其中，"生态环境根本好转，美丽中国目标基本实现"；从2035年到21世纪中叶，"把我国建成富强民主文明和谐美丽的社会主义现代化强国"。

　　保护大地，是建设美丽中国的新使命！生态宜居，是乡村振兴的五大战略之一，也是实现乡村振兴的必要条件。保护大地要从全域有机农业开始，只有这样，才能从根本上保护我国的粮食安全、食品安全、乡村社会安全。

第一节　保护大地与蓝天保卫战一样重要

党的十八大以来，在以习近平同志为核心的党中央坚强领导下，我国生态环境保护从认识到实践发生历史性、转折性、全局性变化，思想认识程度之深、污染治理力度之大、制度出台频度之密、执法督察尺度之严、环境改善速度之快前所未有，生态文明建设取得显著成效。

中国特色社会主义进入了新时代，生态文明建设和生态环境保护也进入了新时代。

一、十八大以来中央对于保护大地的文献梳理

习近平总书记指出，生态环境是关系党的使命宗旨的重大政治问题，也是关系民生的重大社会问题。我们党历来高度重视生态环境保护，把节约资源和保护环境确立为基本国策，把可持续发展确立为国家战略。

早在1973年8月，第一次全国环境保护会议在北京召开，揭开了中国环境保护事业的序幕。第一次全国环境保护会议确定了环境保护的32字工作方针，即"全面规划，合理布局，综合利用，化害为利，依靠群众，大家动手，保护环境，造福人民"。会议讨论通过了《关于保护和改善环境的若干规定（试行草案）》，制定了《关于加强全国环境监测工作意见》和《自然保护区暂行条例》。1973年至2011年，我国先后召开了七次全国环保大会（前五次名称为全国环境保护会议）。

2013年9月，国务院印发了《大气污染防治行动计划》，又称"大气十条"。

2015年4月，国务院正式发布《水污染防治行动计划》（简称"水十条"），提出了未来一段时间的治水方略。根据"水十条"公布的治理目标，到2020年，长江、黄河、珠江、松花江、淮河、海河、辽河等七大重点流域水质优良（达到或优于Ⅲ类）比例总体达到70%以上，地级及以上城市建成区黑臭水体均控制在10%以内，地级及以上城市集中式饮用水水源水质达到或优于Ⅲ类比例总体高于93%，全国地下水质量极差的比例控制在15%左右，近岸海域水质优良（Ⅰ、Ⅱ类）比例达到70%左右。京津冀区域丧失使用功能（劣于Ⅴ类）的水体断面比例下降15个百分点左右，长三角、珠三角区域力争消除丧失使用功能的水体。

2016年，国务院出台了《土壤污染防治行动计划》，又称"土十条"。制订实施《土壤污染防治行动计划》是党中央、国务院推进生态文明建设，坚决向污染宣战的一项重大举措，是系统开展污染治理的重要战略部署，对确保生态环境质量改善、各类自然生态系统安全稳定具有重要作用。"土十条"尊重土壤污染防治客观

规律，坚持预防为主、保护优先、风险管控，突出重点区域、行业和污染物，实施分类别、分用途、分阶段治理，严控新增污染，逐步减少存量，注重深化改革和创新驱动，有力有序推进各项举措，为当前和今后一个时期我国土壤污染防治勾勒出一幅清晰的路线图。

2016年9月，我国率先发布《中国落实2030年可持续发展议程国别方案》，实施《国家应对气候变化规划（2014—2020）》，向联合国交存《巴黎协定》批准文书。

2017年5月26日，习近平总书记在中共中央政治局第四十一次集体学习时指出，坚决摒弃损害甚至破坏生态环境的发展模式，坚决摒弃以牺牲生态环境换取一时一地经济增长的做法，让良好生态环境成为人民生活的增长点、成为经济社会持续健康发展的支撑点、成为展现我国良好形象的发力点，让中华大地天更蓝、山更绿、水更清、环境更优美。

2017年10月，党的十九大提出，我们要提供更多优质生态产品以满足人民日益增长的优美生态环境需要。

2018年4月10日，习近平总书记在博鳌亚洲论坛2018年年会开幕式上做主旨演讲，指出：面向未来，我们要敬畏自然、珍爱地球，树立绿色、低碳、可持续发展理念，尊崇、顺应、保护自然生态，加强气候变化、环境保护、节能减排等领域交流合作，共享经验、共迎挑战，不断开拓生产发展、生活富裕、生态良好的文明发展道路，为我们的子孙后代留下蓝天碧海、绿水青山。

2018年5月4日，在纪念马克思诞辰200周年大会上，习近平总书记特别强调，学习马克思，就要学习和实践马克思主义关于人与自然关系的思想。

2018年5月18日，全国生态环境保护大会在北京召开，这次全国生态环境保护大会是在新的历史条件下召开的。

新的时代——中国特色社会主义进入了新时代，新时代的生态环境保护工作从外延到内涵，既有拓展，也有深化。

新的形势——我国社会主要矛盾发生变化，要求提供更多优质生态产品以满足人民日益增长的优美生态环境需要。

新的任务——小康全面不全面，生态环境质量是关键。党的十九大将污染防治纳入决胜全面建成小康社会三大攻坚战。

另外一个很直观的变化在于，会议名称由之前大家熟悉的全国环境保护大会变为全国生态环境保护大会。

在这次会议上，习近平总书记强调，党的十八大以来，我们开展一系列根本性、开创性、长远性工作，加快推进生态文明顶层设计和制度体系建设，加强法治建设，建立并实施中央环境保护督察制度，大力推动绿色发展，深入实施大气、水、土壤污染防治三大行动计划，率先发布《中国落实2030年可持续发展议程国别方案》，实施《国家应对气候变化规划（2014—2020）》，推动生态环境保护发生历史性、转折性、全局性变化。

在全国生态环境保护大会上，正式把蓝天、净土、治水列为三大攻坚战。在这次会议上，习近平总书记用通俗易懂的语言阐述了生态环境今后的目标和任务。"蓝天白云、繁星闪烁"——坚决打赢蓝天保卫战是重中之重，要以空气质量明显改善为刚性要求，强化联防联控，基本消除重污染天气，还老百姓蓝天白云、繁星闪烁。"清水绿岸、鱼翔浅底"——要深入实施水污染防治行动计划，保障饮用水安全，基本消灭城市黑臭水体，还给老百姓清水绿岸、鱼翔浅底的景象。"吃得放心、住得安心"——要全面落实土壤污染防治行动计划，突出重点区域、行业和污染物，强化土壤污染管控和修复，有效防范风险，让老百姓吃得放心、住得安心。"鸟语花香田园风光"——要持续开展农村人居环境整治行动，打造美丽乡村，为老百姓留住鸟语花香田园风光。

二、气、水、土污染问题仍较突出

当前大气、水、土壤等污染问题仍较突出，重污染天气、黑臭水体、垃圾围城，污染上山下乡已成为民心之痛、民生之患。污染场地开发利用、历史遗留放射性废物等环境风险也不容忽视。人民日益增长的优美生态环境需要与更多优质生态产品的供给不足之间的突出矛盾，这是我国社会主要矛盾新变化的一个重要方面。

1.土壤污染状况依然还没有改善

民以食为天，食以安为先。土好才能粮好，土安才能居安。无论是生态宜居，还是产业兴旺，土壤安全都是排在第一位的。事实上，土壤污染远比大气污染严重。

尽管之前国家颁布了一系列防治土壤污染的措施，但是土壤污染还没有从根本上得到改善。土壤污染影响我们所吃的食物、我们所喝的水、我们所呼吸的空气以及我们的健康和地球上所有生物的健康。土壤多脏，我们的身体就有多脏。

我国是全球土壤污染最严重的国家之一。最新研究结果显示，[1]中国粮食主产区耕地土壤重金属点位超标率为21.49%，整体以轻度污染为主，其中轻度、中度和重

---

1 尚二萍等：《中国粮食主产区耕地土壤重金属时空变化与污染源分析》，《环境科学》2018第10期。

度污染比重分别为13.97%，2.50%和5.02%。绝大多数重金属元素污染比重呈上升趋势，其中镉（Cd）的污染比重增加趋势最为显著，点位超标比重从1.32%增至17.39%，二十多年间增加了16.07%。镍（Ni）、铜（Cu）、锌（Zn）和汞（Hg）的点位超标比重分别增加了4.56%，3.68%，2.24%和1.96%。

2014年4月17日，环保部与国土资源部曾联合发布过一份《全国土壤污染状况调查公报》（以下简称《公报》）。[1]《公报》没有公布具体的调查数据和污染分布图。但《公报》明确指出，全国土壤环境状况总体不容乐观，部分地区土壤污染较重，耕地土壤环境质量堪忧，工矿业废弃地土壤环境问题突出。工矿业、农业等人为活动以及土壤环境背景值高是造成土壤污染或超标的主要原因。全国土壤总的超标率为16.1%，其中轻微、轻度、中度和重度污染点位比例分别为11.2%，2.3%，1.5%和1.1%。从污染分布情况看，南方土壤污染重于北方；长江三角洲、珠江三角洲、东北老工业基地等部分区域土壤污染问题较为突出，西南、中南地区土壤重金属超标范围较大；镉、汞、砷、铅四种无机污染物含量分布呈现从西北到东南、从东北到西南方向逐渐升高的态势。

全国土壤调查点位中，耕地部分的污染比例达19.4%，即受污染耕地约占全部采样耕地的1／5。

土壤污染最直接的危害就是食品的安全，同时也危害到人体健康，引发癌症和其他疾病，不仅无法达到宜居，更大的危害在于食品的安全。现代城镇市民更偏爱没有农药、化肥的绿色有机蔬菜，但事实上，土壤污染很大程度上是城市化过程中的伴生物。

2. 水环境质量堪忧

据《2018年全国生态环境质量简况》，1940个国家地表水考核断面中，Ⅰ—Ⅲ类水质断面比例为71.0%，同比上升3.1个百分点；劣Ⅴ类断面比例为6.7%，同比下降1.6个百分点。长江、黄河、珠江、松花江、淮河、海河、辽河七大流域和浙闽片河流、西北诸河、西南诸河的1613个水质断面中，Ⅰ—Ⅲ类水质断面比例为74.3%，同比上升2.5个百分点；劣Ⅴ类断面比例为6.9%，同比下降1.5个百分点。监测的111个重要湖泊（水库）中，Ⅰ—Ⅲ类水质湖泊（水库）比例为66.7%，劣Ⅴ类比例为8.1%，主要污染指标为总磷、化学需氧量和高锰酸盐指数。107个监测营养状态的湖泊（水库）中，贫营养占9.3%，中营养占61.7%，轻度富营养占23.4%，重度富营养占5.6%。太湖为轻度污染、轻度富营养状态，主要污染指标为

---

1 《全国土壤污染状况公报》（2014年4月17日），http://www.gov.cn/foot/site1/20140417/782bcb88840814ba158d01.pdf。

总磷。巢湖为中度污染、轻度富营养状态，主要污染指标为总磷。滇池为轻度污染、轻度富营养状态，主要污染指标为化学需氧量和总磷。

尽管我国水污染防治初步取得积极进展，但面临的形势依然十分严峻。一些地方还没有牢固树立"绿水青山就是金山银山"的绿色发展理念，发展方式粗放的问题还没有根本解决，城镇和园区环境基础设施建设欠账较多、面源污染控制尚未实现有效突破，流域水生态破坏比较普遍，水环境风险隐患突出。

3.大气环境形势依然严峻

2017年，全国地级及以上城市PM10平均浓度比2013年下降22.7%；京津冀、长三角、珠三角等重点区域PM2.5平均浓度分别比2013年下降39.6%，34.3%，27.7%；北京市PM2.5年均浓度降至58微克/立方米。SO_2、NO_x、烟粉尘、VOCs（挥发性有机物）等大气污染物排放量仍然处于千万吨级高位，远超环境容量。2017年全国338个地级及以上城市中空气质量达标城市仅占29.3%。

全国338个城市中，有121个城市环境空气质量达标，占全部城市数的35.8%，同比上升6.5个百分点；338个城市平均优良天数比例为79.3%，同比上升1.3个百分点；PM2.5浓度为39微克/立方米，同比下降9.3%；PM10年平均浓度为71微克/立方米，同比下降5.3%。

但是，当前大气环境形势依然严峻，空气质量还远未达到人民对美好生活的需求。

在蓝天、碧水、净土三大攻坚战中，土壤污染仍是目前最严重的问题。我们到发达国家去蓝天非常好，但是要记住发达国家的土地问题也没有解决，土地是人类的母亲。我们母亲有病，我们能够活得很好吗？所以农业问题、乡村问题是什么问题？不是简单给农民提高收入。是需要提高收入，真正背后是搞生态文明建设。未来的主战场是从城市走向乡村走向大地，大地不解决，生态文明建设不能够说成功。

土地是生命之源，因而中华文明是农耕文明。按照中国母性思维考量，你会发现东方文明是土的文明。未来时代从水的文明转向土的文明时代，这不是一个秘密，也不是迷信的东西，未来人类面临最大的障碍：最大问题是土地出了问题。

大地不仅仅是我们赖以生存的载体，是中华民族信仰之地，是圣贤生活的地方，也是耕读传家的地方，是享受天伦之乐、颐养天年的地方，是归隐田园的诗意生活，以财养身的福喜地方。中国古代土地文化是中国古代生态文化的重要组成部分，古代土地文化具有坚实的生态哲学基础，"天人合一"和"五行说"是古人认识土地重要性的世界观；土地文化是中国古代社会的立国之本、理民之道和国之财富的重要基础。同时，古代的土地保护实践在土地文化中具有重要的生态文化特征。费孝通先生在《土地里长出来的文化》中说："知足常乐是在克制一己的欲望来迁就外在的有限资源。"因为土地是有限的，单位土地的产量也是有限的，只有克制欲望，才能跟这有限的资源相适应。从某种意义讲，中国文化就是从土地中长出来的文化。所以，土地情结是中国文化的重点原点。要理解中国文化，必须要理解土地。

失去了土地，就失去了中国文化的根。从土地崇拜的发源，到土地庙坛以及相关祭祀仪式等，地根在中国文化中已形成了特殊的意义——图腾。

人既然作为大地共同体中普通的一员，就不再是大自然的征服者，而应转换角色，应该对他的同伴包括土壤、水、植物、动物给予尊重。在尊重同伴的前提下，人类更有责任、有义务地去充当大自然的保护者，有责任、有义务地去维护大自然的健康和大地共同体的和谐。

第二节　美丽乡村建设从保护大地开始

早在 2005 年 8 月 15 日，时任浙江省委书记的习近平就在安吉县天荒坪镇余村首次提出"绿水青山就是金山银山"，这一高瞻远瞩的判断具有科学的哲学思辨力，体现了指导现实的历史穿透力，构成了习近平生态文明思想的主基调。十多年来，"绿水青山就是金山银山"的理念不断完善，并在祖国大地生根发芽，枝繁叶茂，不仅获得了丰富而生动的实践，也为建设美丽中国做了厚实铺垫。

良好生态环境是最公平的公共产品，是最普惠的民生福祉，自然要把生态环境保护放在更加突出位置。

生态环境保护已上升到乡村振兴的战略高度。美丽乡村建设的主抓手，就是保护土地。

一、保护大地被提升到乡村振兴的战略高度

自 2012 年党的十八大上提出建设"美丽中国"的重大论断以来，以生态文明为核心的美丽乡村建设，无论从实践推进层面，还是理论研究层面都得到了广泛重视。2013 年至 2017 年连续五年的中央一号文件都强调了美丽乡村建设的问题。如2013 年的中央一号文件提出"加强农村生态建设、环境保护和综合整治，努力建设美丽乡村"；2017 年的中央一号文件又进一步强调"深入开展农村人居环境治理和美丽宜居乡村建设"。

1.从战略高度来认识保护大地在乡村振兴中的重要意义

生态环境在"三农"中的作用和地位，有一个认识过程。

2005年10月，十六届五中全会提出了社会主义新农村建设的"20字"方针：生产发展、生活富裕、乡风文明、村容整洁、管理民主。当时对"村容整洁"的理解仅仅局限于人居环境，社会主义新农村呈现在人们眼前的，应该是脏乱差状况从根本上得到治理，人居环境明显改善，农民安居乐业的景象。这是新农村建设最直观的体现。

2017年10月召开的党的十九大上，提出了要以"产业兴旺、生态宜居、乡风文明、治理有效、生活富裕的总要求"来"实施乡村振兴战略"；同时要"加快生态文明体制改革，建设美丽中国"。

"生态宜居"是乡村振兴的一个重要标志，也是以绿色发展引领生态振兴的关键所在。

2018年中央一号文件指出，乡村振兴、生态家居是关键。生态宜居中的生态，指的是要保护生态环境，坚持绿色导向、生态导向。良好生态环境是提高人民生活水平、改善人民生活质量、提升人民安全感和幸福感的基础和保障，是重要的民生福祉。生态宜居，是"绿水青山就是金山银山"理念在乡村振兴中的具体体现。建设生态宜居的美丽乡村，就是要全面提升农村环境、产业、文化、管理、服务，实现净化、绿化、美化、亮化、文化，将农村打造成为人与自然、人与人和谐共生的美丽家园，让城乡居民能"看得见山，望得见水，留得住乡愁"。

2. 保护大地是修复自然环境、实现青山绿水的重要途径

保护环境，就是保护我们的青山绿水。

农村相较于城市而言，生态资源就是一大优势。要实现乡村振兴，就一定要把农村的优势资源挖掘并发挥出来，只有把农村的生态资源保护好，才会将其变成金山银山。2019年中央一号文件指出要统筹推进山水林田湖草系统治理，推动农业农村绿色发展。一要加大农业面源污染治理力度，开展农业节肥节药行动，实现化肥农药使用量负增长；二要发展生态循环农业，推进畜禽粪污、秸秆、农膜等农业废弃物资源化利用，实现畜牧养殖大县粪污资源化利用整县治理全覆盖，下大力气治理白色污染；三要扩大轮作休耕制度试点。创建农业绿色发展先行区；四要实施乡村绿化美化行动，建设一批森林乡村，保护古树名木，开展湿地生态效益补偿和退耕还湿；五要全面保护天然林，加强"三北"地区退化防护林修复；六要扩大退耕还林还草，稳步实施退牧还草；七要实施新一轮草原生态保护补助奖励政策；八要落实河长制、湖长制，推进农村水环境治理，严格乡村河湖水域岸线等水生态空间管理。

典型案例：土壤污染防治的"台州样本"[1]

土壤环境质量是关系老百姓"吃""住"安全的大事。然而，与大气和水污染相比，土壤污染具有隐蔽性，防治工作起步较晚、基础薄弱。"治土"攻坚战怎么打？浙江省台州市给出了铿锵有力的答案。近年来，台州市高度重视土壤污染综合防治工作，积极探索土壤污染治理技术和管理流程的"台州模式"，取得了明显的成效。

2016年，国务院确定台州市为土壤污染综合防治先行区。

一、台州土壤污染防治的举措

1.摸底：数据翔实有底，污染防治心中有数

对症下药。在2016年国务院发布的《土壤污染防治行动计划》（简称"土十条"）中，排在第一位的是开展土壤污染调查，掌握土壤环境质量状况。为此，台州成立了土壤污染状况详查工作协调小组和技术组，先后编制技术方案和实施方案。结合台州实际，自主增加了土壤布点密度以及其他农产品协同调查，增加土壤点位1167个，增加茄果类、叶菜类、根茎类、豆类和西蓝花等特色农产品协同调查样品318个。

2.修复：腾笼换鸟，一切为了消减存量

台州先后出台了《台州市受污染耕地治理修复规划》《农用地分类管控方案》和《受污染耕地安全利用方案》，这些文件都有针对性地提出分类管控措施。根据"修复规划"，这几年来，台州重点推进医化、电镀、拆解等重点行业企业退役场地治理修复工程。如路桥区完成峰江再生园区企业污染场地风险评估，黄岩区永宁江王西段遗留固废堆场、江口江心屿区块治理修复方案和黄岩区农药厂管控方案完成专家评审，玉环市三合潭工业区原电镀厂退役地块采用"异位稳定化"工艺进行修复。

在温岭市泽国镇实施全镇域农用地分类管控和受污染耕地安全利用试点示范，建立农用地污染治理修复的工作机制、禁产区划定与划出机制、土地流转和生态补偿机制以及超标粮收储、秸秆处置制度。眼下，台州市已初步形成"轻中度污染农田以品种替代和农艺控制为主，重污染农田以禁种区划定、种植结构调整和风险管控为主"的受污染耕地安全利用模式。

1 叶晨阳：《我市土壤污染防治"年考"优秀》，《台州日报》，2019年6月24日，第2版。

3.预防：从源头预防，目标是控制增量

台州市目前共划分自然生态红线区、生态功能保障区、农产品安全保障区、人居环境保障区、环境优化准入区和环境重点准入区等六大类，同时还划分了264个环境功能小区。近年来，台州市深入推进医化、电镀、拆解等重点行业整治提升，加快"绿色药都"建设，陆续完成路桥、临海、温岭、玉环等电镀园区建设。最引人注目的，是对进口固废拆解实行"圈区管理"，到目前已完成再生利用行业清理整顿，排查集散地6个，关停取缔非法企业231家，完成整治提升53家。

2018年，台州市完成5个污染地块治理修复工程，治理修复面积13371平方米，黄岩江口江心屿、三门善岙蒋等5个污染地块正在实施治理修复。同时，台州市深入推进重点行业企业整治提升，强化落实企业土壤污染防治主体责任，从源头防控土壤污染。

二、土壤污染防治取得的成效

台州市坚持"防控治"三位一体，强化土壤污染源头预防、分类管控和治理修复，做到立体化"防污"，系统化"控污"，科学化"治污"，统筹推进土壤污染综合防治先行区建设，全面建立起有台州特色的土壤污染防治体系，在2018年浙江省土壤污染防治考核中获得优秀等级。

2018年度，台州市污染地块安全利用率为100%，没有发生因土壤污染引发的食用农产品超标事件。尤其是在农业面源污染防治上，有三个"百分百"让人值得欣慰，即规模化畜禽养殖场（小区）整治达标率达100%，粪污贮存设施配套率达100%，农药废弃包装物回收体系覆盖率达100%。

自先行区试点建设以来，全市已完成5个污染地块治理修复工程，治理修复面积13371平方米。

二、美丽乡村建设的浙江样本

"暖暖远人村，依依墟里烟"，是多少人魂牵梦萦的乡村情境。

让农村人居环境"留得住青山绿水，记得住乡愁"，关系到广大农民的切身福祉、农村社会的文明和谐。

从2003年开始，浙江省委、省政府决定实施"千村示范万村整治"工程，着力改善农村人居环境。16年来，浙江久久为功，一任接着一任干，一锤接着一锤敲，扎实推进"千村示范万村整治"工程，造就万千美丽乡村。

1. 浙江美丽乡村发展史

2002年10月，习近平同志调任浙江之后，开启了马不停蹄的调研行程。当时的浙江，广大农村正面临"成长的烦恼"，农村建设和社会发展明显滞后；经济高增长背后是不蓝的天、不清的水、不绿的山，是不平衡、不协调、不可持续的发展模式。浙江的决策者清醒地看到，在生产发展、生活富裕的同时，为百姓提供一个山清水秀、空气清洁的生态环境，为子孙后代留下可持续发展的空间、资源，同样十分重要。

突破从乡村开始。2003年6月，在习近平同志亲自调研、亲自部署、亲自推动下，浙江开展了波澜壮阔的"千村示范万村整治"工程：花5年时间，从全省4万个村庄中选择1万个左右的行政村进行全面整治，把其中1000个左右的中心村建成全面小康示范村。

2003年，浙江省委、省政府做出了实施"千村示范万村整治"工程的决策。

2010年，浙江制订实施《浙江省美丽乡村建设行动计划》，提出了"四美三宜两园"的目标要求，打造"千村示范万村整治"工程2.0版。

2012年，围绕"两美浙江"建设新目标，进一步深化美丽乡村建设，致力于打造美丽乡村升级版，打造"千村示范万村整治"工程3.0版。

2017年，浙江省第十四次党代会提出，要继续深入推进美丽乡村建设，并做出推进万村景区化建设的新决策，成为"千村示范万村整治"工程4.0版。

2018年，浙江省政府做出了关于实施全域土地综合整治与生态修复工程的意见。

从2003年以来，浙江美丽乡村建设经历了四个阶段：

第一阶段为示范引领阶段（2003—2007年）。选择村经济实力和村班子战斗力较强的1万多个行政村，全面推进村内道路硬化、垃圾收集、卫生改厕、河沟清淤、村庄绿化，并带动城市基础设施、公共服务向农村延伸覆盖。

第二阶段为整体推进阶段（2008—2010年）。把整治内容拓展到生活污水、畜禽粪便、化肥农药等面源污染整治和农房改造建设，形成了农村人居条件和生态环境同步建设的格局。

第三阶段为深化提升阶段（2011—2015年）。把生态文明建设贯穿到新农村建设各个方面，全面实施美丽乡村建设行动计划，系统推进"四美三宜两园"的美丽乡村建设，并启动历史文化村落保护工作。

第四阶段为转型升级阶段（2016年至今）。重点推进物的新农村和人的新农村齐头并进，以"产村人"融合、"内外魂"并重、"居业游"共进为基本要求，打造美丽乡村升级版。

浙江省用16年打造出了美丽乡村建设的全国样本。

2. 开展全域土地综合整治

浙江美丽乡村建设得益于全域土地环境综合治理的开展。早在2001年，浙江省开始探索以农村建设用地复垦为主要内容的城乡建设用地增减挂钩试点工作，开启了农村土地综合整治工作的序幕。2009年，原国土资源部与浙江省人民政府通过部省合作方式，进一步深入推进全省农村土地综合整治工作。2013年，浙江省利用农村土地综合整治和城乡建设用地增减挂钩平台推进美丽乡村建设。2018年，为合理配置农村土地资源要素，加强农村建设用地盘活利用，促进乡村振兴战略实施和生态文明建设，浙江省政府出台了《关于实施全域土地综合整治与生态修复工程的意见》。[1]

浙江省全域土地综合整治是按照全域规划、设计、整治的要求，整合力量，集中资金，对农村生产、生活、生态空间进行全域优化布局，对"田水路林村"等进行全要素综合整治，对高标准农田进行连片提质建设，对存量建设用地进行集中盘活，对美丽乡村和产业融合发展用地进行集约精准保障，对农村人居环境进行统一修复治理，逐步构建农田集中连片、建设用地集中集聚、空间形态高效节约的土地利用格局。

在《意见》中明确提出，统筹推进村庄建设用地整治、各类违法建筑违法用地整治、废弃矿山整治、人居环境整治和美丽清洁田园建设，加快农村治危拆违和基础设施提档升级，推动生产、生活、生态空间优化，促进生态文明建设。开展生态环境整治修复工程，保护水源涵养地，维护生物多样性，改善农村生态宜居环境。

浙江省全域土地综合整治，从过去单一的垦造耕地、完成耕地保护目标任务，获取补充耕地指标，向"山水林田湖草"生命共同体共同治理转变，向"路河村产矿"综合整治转变，向推进农村土地数量、质量、生态、文化、景观等"多位一体"保护和利用转变，实现了耕地得保护、生态得改善、用地得集约、发展得空间、百姓得实惠的综合效益。在全域土地综合整治与生态修复工程中，浙江省注重做加法，即"土地整治+生态空间修复、清洁田园、矿山复绿、治水剿劣、都市现代农业建设、美丽乡村建设、高标准农田建设"，把农业农村优先发展落到实处。各地涌现出一批农村土地综合整治典型工程，为实施全域土地综合整治与生态修复工程提供实践样本，发挥示范效应。

截至2018年底，浙江省全域土地综合整治与生态修复工程已开工建设123个，

---

1 浙江省人民政府办公厅：《关于实施全域土地综合整治与生态修复工程的意见》，浙政办发〔2018〕80号。

其中高标准农田建设项目107个，面积13.8万亩；耕地质量提升项目265个，面积2.27万亩；旱地改水田项目104个，面积1.41万亩；垦造耕地项目228个，面积3.97万亩；农村建设用地复垦项目148个，面积9800亩；生态环境整治修复项目21个，面积1600亩。

典型案例：长兴县首创"河长制"

地处太湖流域的湖州长兴县，境内河网密布，水系发达，有547条河流、35座水库、386座山塘。得天独厚的水资源禀赋，造就了长兴因水而生、因水而美、因水而兴的文化特质。但在20世纪末，这个山水县在经济快速发展的同时，也给生态环境带来了"不可承受之重"，污水横流、黑河遍布成为长兴人的"心病"。2003年，长兴为创建国家卫生城市，在卫生责任片区、道路、街道推出了片长、路长、里弄长，责任包干制的管理让城区面貌焕然一新。借鉴"路长保洁道路"的经验，当年10月8日，长兴县委办下发文件，在全国率先对城区河流试行河长制，由时任水利局、环卫处负责人担任河长，对水系开展清淤、保洁等整治行动。这是全国最早的"河长制"任命文件。[1]

包漾河是长兴的饮用水源地，当时周边散落着喷水织机厂家，污水直排河里，威胁着饮用水的安全。为改善饮用水源水质，2005年3月，时任水口乡乡长被任命为包漾河的河长，负责喷水织机整治、河岸绿化、水面保洁和清淤疏浚等任务。这是全国第一个镇级河长。

通过实施河长制责任管理之后，包漾河水源地保护工作取得了良好的实效。于是，2005年7月，对包漾河周边渚山港、夹山港、七百亩港等支流实行河长制管理，由行政村干部担任河长，开展河道清淤保洁、农业面源污染治理、水土保持治理修复等工作。这是全国第一批村级河长。

2007年受太湖蓝藻暴发影响，长兴4条河道受到污染。2008年8月，长兴县对4条河道开展"清水入湖"专项行动，由4位副县长分别担任4条河道的河长，负责协调开展工业污染治理、农业面源污染治理、河道综合整治等治理工作，全面改善入湖河道水质。这是全国第一批县级河长。

由此县、镇、村三级河长制管理体系初步形成。

---

1 中共长兴县委办公室长兴县人民政府办公室：《关于调整城区环境卫生责任区和路长地段、建立里弄长制和河长制并进一步明确工作职责的通知》，县委办〔2003〕34号。

河长制长兴模式的经验：

第一，分级管理，健全责任体系。一是县级河长统筹管理。县四套班子成员担任辖区内主要河道河长，牵头制订"一河一策"工作方案及年度工作目标任务，带头推动河长制工作落实，统筹管理河长制工作。二是镇级河长重点牵头。乡镇班子成员担任辖区内主要河道河长，具体承担责任河道治理工作的指导、协调和监督职能，及时协调解决各类难点问题。三是村级河长包干落实。村干部担任行政村内河道及小微水体河长，定期巡查辖区内生活污水的收集、处置、排放，河道滩涂违规乱垦殖、违章搭建占用河道、工矿企业、养殖业污水排放及环保设施运行情况，并做好劝导、宣传工作。

第二，建章立制，强化制度保障。对照河长制各项工作要求，制定出台河长定期巡查、投诉举报受理、河长培训等十项工作制度，为河长制工作的顺利开展提供坚实的制度保障。召开河长述职大会，按照"一级抓一级"的原则，由下级河长向上级河长就河长履职情况等进行述职，从而强化各级河长履职担当。将河长制落实情况纳入对乡镇"五水共治"、生态建设和综合考评体系中。对工作不力、考核不合格的，给予行政约谈或通报批评。

第三，因势利导，创新工作模式。一是信息化管理。通过开发建设长兴县河长制管理信息化系统、长兴县河长制智慧平台，启用无人机航拍监管等手段，不断提升河长制信息化管理水平。二是社会化参与。实行河道企业认领，实现企业角色由旁观者到守护者的转变；创建巾帼护水岗，发动妇女同志投身河道管护工作；发布河长制微信公众号，构建社会各界参与河长制工作的平台；建设河长制展示馆，为河长制的社会宣教提供专门场所。三是民主化监督。发挥人大、政协、纪委监督职能，组织人大代表和政协委员积极参与水环境治理工作的监督。

2008年，浙江省在长兴河长制试点的基础上，在嘉兴、温州、金华、绍兴等地陆续推行。2013年，浙江出台了《关于全面实施"河长制"进一步加强水环境治理工作的意见》，明确了各级河长是包干河道的第一责任人，承担河道的"管、治、保"职责。从此，肇始于长兴的河长制，走出湖州，走向浙江全境，逐渐形成了省、市、县、乡、村五级河长架构。2016年底，中央下发《关于全面推行河长制的意见》，在全国推广浙江等地的河长制经验。

第三节　保护大地从全域有机农业开始

张孝德教授在《新时代有机与健康》的主旨演讲中提出，"有机农业是拯救地球生命的善业，是对大地之母的感恩和忏悔，是修复和复兴中国五千年乡村文明的基础工程"。有机农业是世界发展的新趋势。

常规现代农业采用高产作物品种大量使用化肥、农药、大规模机械化作业等方式在为人类提供大量农产品的同时，也给生态环境和食品安全造成了危害和隐患。如大量不合理地施用化肥、农药，成为水体污染和大气污染的主要来源，过度开垦和频繁耕作土壤导致土壤荒漠化、土壤风蚀和水蚀加剧，大量生长调节剂和人工合成抗生素药物的使用，导致动植物产品食品安全性下降等。作为生态文明大厦的建设基础，农业将以人类社会可持续建设的第一领域出现在新时代，人们将在可持续农业的基础上完成城乡和谐统一的人类命运共同体与地球生命共同体建设。

未来保护大地，必须要从有机农业出发。

一、世界有机农业发展概况

根据我国《有机产品国家标准》（GB/T 19630.1—2011），有机农业的定义是：遵照特定的农业生产原则，在生产中不采用基因工程获得的生物及其产物，不使用化学合成的农药、化肥、生长调节剂、饲料添加剂等物质，遵循自然规律和生态学原理，协调种植业和养殖业的平衡，采用一系列可持续发展的农业技术以维持持续稳定的农业生产体系的一种农业生产方式。

早在20世纪初，欧美一些先驱者就开展了对有机农业的探索与实践。1935年英国阿尔伯特·霍华德出版了《农业圣典》（*An Agricultural Testament*）一书。这部有机农业的开山之作论述了土壤健康与植物、动物健康的关系，奠定了堆肥的科学基础，提出了维持土壤肥力才是作物健康和抵御病害的真实基础，只有土壤的健康才有人类的健康等有机农业的基本原则。霍华德也因此被称为有机农业之父。受其理论影响，美国著名的有机农业研究机构——罗代尔研究中心，于20世纪40年代在美国宾夕法尼亚州建立了"罗代尔农场"，后来发展成为罗代尔有机农业研究院。"有机农业"一词真正出现，始于1940年英国作家兼奥林匹克运动员诺斯伯纳勋爵的巨著*Look to the Land*中。"从长远来看，用化学农业替代有机农业的尝试可能远比现在已知的要有害得多。值得指出的是，化肥工业十分庞大且组织良好，宣传方式巧妙，人造肥料很难消失。但是我们可能必须在能够完全不依靠化肥和有毒喷雾剂之前重新学习如何对待土地……投入的化学品无法弥补生物自给自足的缺失。"然而事实上，有机农业就是最古老的农业形式。

1972年11月5日，国际有机运动联盟（IFOAM）在法国正式成立。IFOAM的成立是国际有机农业运动走向有组织发展的里程碑，是有机1.0时代的基本标志。IFOAM为各成员之间的关系协调及农业发展做出了不可估量的贡献，它是世界有机农业的保护伞。

那么什么是有机农业呢？有机农业绝不只包括无污染、没有农药化肥，这远远不是有机农业的全部。它还包括以下几个方面：

第一，对于拥有数千年农耕文明的中国来说，有机农业不仅要有传统耕作方式的回归，还要加上新技术的应用。

第二，"有机农业的初衷和本质就是环保"。有机农业还包括对土壤健康的维持、生态系统的保护等。坚持以"生态保护"为前提的各种有机种植、养殖，是整个生态系统的一个有机循环，所追求的，除健康的有机产品外，还有生态平衡的实现。

第三，发展有机农业，还包括广大民众对有机的态度，对大自然尊重、公正的观念。因为数千年来，我们一直遵循着天地人和谐共生的文化传统，讲求的是人与人之间，人与其他生物、动物之间的平等与公正。

二、世界有机农业的四大模式

目前，国际上比较成熟的有机农业主要是德国生物动力农业、日本自然农法、中国台湾地区朴门农业和中国大陆地区传统农业。

1.德国生物动力农业

生物动力农业也称生物动力平衡农业，是由澳大利亚科学家鲁道夫·斯坦纳（Ruder Steiner）于1924年首先提出的，认为土壤是人类健康之本，必须保持其平衡，人类、地球、宇宙原本是一体的，所以，必须借助三者的力量来维护和滋养土壤，生产出健康的农产品。斯坦纳创建的生物动力农业的显著特征是，通过对土壤和作物使用或喷洒微量制剂——这些制剂是由自然发酵的有机物质制成，从而重建土壤到植物之间的自然动力。目标是为了收获既有质量又有生命力的作物。生物动力配制剂的使用使枯竭的土壤展现出切实的恢复力，使植物体现出更好的抵抗力。

生物动力农业，是有机农业中的更高层次，追求的是种植业与饲养业结合的自给自足的体系。生物动力农业在欧洲，经过近一个世纪的发展，已经发展成为以农场为依托，与森林自然教育、亲子教育、华德福教育基地、田园旅游、假日休闲及养生养老相互结合，而形成的一个未来乡村发展的综合体模式，其典型代表就是德国多腾菲尔德尔（Dotten felderhof）生物动力社区。

2.日本自然农法

自然农法是由日本农学家福冈正信提出的，他从20世纪60年代起便探索"自然农法"。自然农法，即让作物按照自己本来的样子生长，不给予任何人为的干扰，追求无为。按照福冈正信自己的说法，就是"这也不必做，那也不必做"。他一个接一个地否定了人们通常使用的那些农业技术，一个接一个地删去，弄清真正必不可少的是哪种技术，朝着乐农、惰农的目标走去，最终得到的结论是不必耕田、不用堆肥、不用化肥、不用农药。他认为想要种植高品质的健全水稻，培养健全的、不需要肥料的肥沃土壤，只要采取不必犁田、能使土壤自然肥沃的方法，那些劳作便没有了必要。按照福冈正信的说法，"作物是长出来的，而不是种出来的"。

3.中国台湾地区朴门农业

朴门（Permaculture的中文翻译之一）是一套设计人类聚落与多年生农业系统的方法，它从自然界中找寻各种可仿效的生态关系。朴门农业也被称为永久性农业或永续农业，包含农艺、建筑、园艺、生态，甚至财务管理和社区规划。基本的做法是建立可持续的系统，让该系统能自行供应所需，并不断循环利用自身的废弃物。朴门农业的基本理念就是不耕地、无化肥、不锄草、不杀虫、杂乱种、整体性、自循环、无污染。在史前时代，地球上的原始植被，就是按照朴门农业的模式自然生长的。或者反过来说，朴门农业正是对原始植物生态系统的一种返璞归真。

4.大陆地区中国传统农业

中国大陆地区传统农业体现和贯彻中国传统的天时、地利、人和以及自然界各种物质与事物之间相生相克关系的阴阳五行思想，精耕细作，轮种套种，用地与养地结合，农、林、牧相结合的一类典型的有机农业。

浙江湖州的桑基鱼塘本质上就是一种有机农业、循环农业，是种桑养蚕同池塘养鱼相结合的生产经营模式。在池埂上或池塘附近种植桑树，以桑叶养蚕，以蚕沙、蚕蛹等做鱼饵料，以塘泥作为桑树肥料，形成池埂种桑、桑叶养蚕、蚕蛹喂鱼、塘泥肥桑的生产结构或生产链条，二者互相利用，互相促进，达到鱼蚕兼取的效果。浙江湖州桑基鱼塘系统，被联合国教科文组织誉为"世间少有美景，良性循环典范"，2018年4月入选全球重要农业文化遗产。

三、建设全域有机农业

为什么我们要提出全域有机农业这一概念？

系统论是研究系统的结构、特点、行为、动态、原则、规律以及系统间的联系，并对其功能进行数学描述的新兴学科。系统论的基本思想是把研究和处理的对象看作一个整体系统来对待。系统论的主要任务就是以系统为对象，从整体出发来研究系统整体和组成系统整体各要素的相互关系，从本质上说明其结构、功能、行为和动态，以把握系统整体，达到最优的目标。[1]

从系统论角度看，全域有机农业可以定义为：由从事农事活动的人、农事资料、农事过程与其承载自然地理系统共同构成的可持续发展的有机统一体。这一概念有六项内容：[2]

第一，从事农事活动的人：包括农牧民群众（土地承包户、家庭农场主、合作社员、新农民），农业管理工作者（农业与农村部长到村长的管理工作者、农产品市场管理工作者、乡村NGO组织管理工作者），农业科技工作者（农业科学家、农技推广人员、农业院校教师），农业企业人员（农业生产、加工、贸易、金融、信息、科技服务企业及乡村文化企业人员）。

第二，农事资料：指种子、肥料、农业机械、相关基础服务设施与器物等。

第三，农事过程：包括农产品生产—加工—市场的过程；农业生产者—农产品消费者，从田间到舌尖的过程；自然态水土气—农业态水土气—自然态水土气的过程以及农业的昨天—今天—明天的全过程。

第四，自然地理系统：指地理系统中除去社会系统以外的部分，包括大气圈及其运动、土壤圈及其运动、水圈及其运动、生物圈及其运动、岩石圈及其运动、地球表层场及其运动（地球生态圈及其运动）。

第五，可持续发展：指经济可持续发展、社会可持续发展、地理资源环境可持续发展，三者合而为地理系统可持续发展。

第六，有机统一体：指生产者—经营者—消费者的统一性，人类—产业—地理系统的统一性，地理系统局部—国家—全球的统一性，时间—空间的统一性以及历史—现在—未来的统一性。

全域有机农业从国家高度，直面食品安全问题、粮食安全问题、乡村社会安全问题、生态环境安全问题和国际农业安全问题。

全域有机农业：一是地域上，即整体推进，而不是局限于某一农场，真正实现县域大循环、园区小循环；二是全产业链的，从土地养护、种植、植物病虫害防护、加工、销售等，实现全产业链的有机；三是农业系统内外的循环。

与现行有机农业仅仅强调有机生产任务相区别，全域有机农业有三项明确的建设任务，即有机生产、有机社区、有机社会。要求三位一体，同步建设。唯有如

---

1 萧浩辉：《决策科学词典》，北京：人民出版社，1995年。

2 胡跃高：《论全域有机农业建设战略》，《行政管理改革》，2018年第8期，第45—50页。

此，才能圆满完成建设任务。以此为标准观察目前我国农业建设实践，长期以来多为单打一方式，如单纯经营农业生产成功的农场、家庭农场、合作社、合作联社等；单纯经营乡村休闲旅游（社区）取得成功的村庄、山庄、合作社、酒庄、公司等；单纯进行乡村社会建设的村庄、合作社、合作联社等。这表明我国有机农业建设尚处在初期状态，为"匹马单车"阶段，未来必然走向"双架马车"及"三套马车"的阶段。

真正的有机农业不应该仅仅是一种生产方式，更是一种生命态度，同时还应包含一种深层的历史、文化和社会价值，即除了收获农副产品以外，还包括人们如何对待土壤、水及其他植物和动物。展望生态文明时代，必将呈现乡村板块有机农业生产、有机乡村社会、有机乡村社区的"三套马车"与城市板块有机工业生产、有机城市社会、有机城市社区"三套马车"并驾齐驱的美景。这是一条优先开拓乡村有机化，带动城市有机化，实现国家有机化，推动全球有机化建设的光明大道。

最后，我们还要强调一下：人人参与，才能共建美丽中国。良好的生态环境，需要我们每个人从我做起，共同呵护。只有全社会的环境保护意识都提升了，让绿色消费、低碳生活融入我们的日常生活，每个人自觉做生态文明的建设者、维护者，美丽中国才能尽早实现。

捷克著名剧作家哈维尔曾说："我们坚持一件事情，并不是因为这样做了会有效果，而是坚信，这样做是对的。"守护大地，不仅仅是守护大地及大地上的生命，更是守护我们的心，守护华夏大地上的文明。

乡土文化：
引领未来的新文化

钱克金　滕　琳

改革开放以来，随着市场化的深入和向经济全球化的迈进，我国工商业获得了巨大发展，城镇化亦出现了前所未有的飞跃。在国人感到喜悦，憧憬美好未来的同时，生态环境恶化，食物、粮食安全的直接和潜在问题接踵而来。我们不得不对改革开放以来的发展认真反思，尤其是农业和农村，因为没有获得应有重视，已呈现衰落和萧条景象。发展工业无可非议，没有强大工业难以强国，但绝不能以损害立国之本的农业为代价，否则不仅工业发展无以为继，甚至会危及国家的前途和命运。考察世界历史，这样例子不在少数。所以在二战以后，日本人对自己热衷于工业立国所付的代价认真反思，在20世纪80年发起了保护传统稻米文化运动。振兴农业、振兴乡村，无疑是智慧之举。更何况在中国传统农业发展历程中，不仅创造积累了丰富的人与自然和谐共生的科技知识，还孕育了和平友爱的精神品格。这些遗产的发掘，对当今工业化、市场化所带来问题的解决，无疑具有推陈出新的作用。

第一节　道法自然的聚落营建

谈论我国乡土文化，其赖以形成的两个根基是绕不过去的，一是农业聚落，一是农业生产。中国农业聚落不论在时间上还是在空间上，皆有很大的变化和差异。这些发展性的变化和差异，充分体现了我国先农认识自然和道法自然的智慧，其中优秀遗产的挖掘，对于当下振兴乡村的伟大事业，无疑具有一定的借鉴价值和启迪意义。

"道法自然"这一命题出于《道德经》第二十五章："人法地，地法天，天法道，道法自然。"老子"道法自然"思想，能够为现代人正确处理人与自然的关系提供新的哲学根据，引导人类把尊重、爱护自然转化为自律、自觉地顺应自然，师法自然，亲近自然，真正达到人与自然的和谐统一。

一、聚落与地理环境及农业的关系

我国的传统民居大致经历了洞穴居、巢居—穴居、半穴居—地面居的进化过程。

北京周口店的山顶洞人，是洞穴居的代表。他们利用天然的山洞，用大石块挡住洞口，又在洞口燃火御寒驱兽。山顶洞人所居的天然岩洞分为上室和下室，洞口的上室为群居之处，深处的下室为公共墓地。

南方湿热，不宜洞穴居。《太平御览》所引项峻《始学篇》曰："上古皆穴处，有圣人教之巢居，号大巢氏。今南方人巢居，北方人穴处，古之遗俗也。"原始人"构木为巢"，白天采集野果，晚上巢居，倒也方便。

西安半坡遗址上仰韶文化时期的民居，开始从半穴居向地面居过渡。半坡有一处40多座房子的大聚落，中心有一所氏族成员集体活动的长方形大房子，是氏族议事和老人、孩子居住的地方。建造这种半窖穴式房子，先在地上挖半穴，在窖穴四周用泥草在木柱上涂草泥成墙，屋面用木椽和木板搭建，上抹草泥。门向南开，中央有灶坑。

在古代"庐"的基础上，逐渐演化为坚固的窝棚建筑和地面住房。在北方"逐草而居"的游牧民族，发展为帐幕式住房。江南多雨，浙江余姚河姆渡遗址发现了六七千年前的干栏式建筑遗存。不过在黄土高坡，仍然有从穴居演化而来的窑洞。

聚落的起源、发展与农业生产息息相关，前者是为了更好地进行农业生产，而后者是围绕前者展开，所以我国耕地基本上是围绕村落开发而成。它们都离不开地理环境的适应性选择，亦可谓是择优选择。聚落生活虽依赖农业，但它是永恒性的，而农业生产则是季节性的。聚落按避害就利原则选址，尽管亦离不开农业生产环境，但侧重于地势的选择；而农业生产则是按生物季节性规律进行，偏重于水土条件和气候规律。《汉书·食货志》称："辟土植谷曰农"，换句话说，种植五谷方为农业，这亦是我国传统社会的一贯主张，并按地理环境和农业生产特点，又细分为山农、泽农、平原农。由此，聚落亦基本上分为山地丘陵型、水乡型及平原型。

二、聚落的类型及适应环境的选择

不论是聚落还是农业，它们都离不开水，择水而居，缘水而垦，是不二的选择。由于我国位于欧亚大陆东南部，东临太平洋，亦即全球最大陆地与最大海洋之间，受地球自转和公转的影响，决定了我国绝大部分地区季风气候显著，四季分明。春夏，南风或偏南风渐次加强和盛行；秋冬，北风或偏北风日渐增强和盛行。鉴于以上条件的要求和制约，农业聚落的选址和发展必须有地可垦，有水可用，还得有地势可以护卫。

就山地和丘陵地区而言，村落几乎是围绕山麓或山脚，抑或是坡地的下缘逐渐发展而起，方位大致以坐北朝南为准绳，同时达到背山面水的避害趋利优势。这样的建筑和村落，北面可以借助大山或山坡抵御冬季寒风，南边临近溪河池塘，便于生活用水，且有相对开阔的空间，亦利于夏季凉风习习，不仅可以获得夏凉冬暖的宜人生活环境，而且可以有效节约耕地。因为山地丘陵本身平地相对较少，平地几乎是溪河冲积而成的河谷原，农田主要以此开发而成，耕地有限，且十分珍贵；加以大水时节，这些地势低平地带相对易受洪灾。所以村落极少建在这样的低平地带，罕有聚落建筑与农业争地的现象发生。这一合理利用土地资源的方式，尤其值得当今城乡规划建设学习和借鉴。

至于平原地区，其村落同样是坐北朝南而建。虽然没有山脉丘陵作为抵御冬季寒风的屏障，但其亦非铁板一块，往往借助相对较高的土坡，或陇状地势，包括人工河堤，作为聚落建筑的北面屏障；甚至因势制宜，于聚落北面栽种白杨树作为屏障，抑或借助建筑本身作为屏障。所以其聚落相对整齐划一，不似山地丘陵村落，错落分散。

低洼水乡，原本是河湖棋布、沼泽遍野的荒地，后经人类有效治理和开发，逐渐发展成为人文与自然交融的水乡景观，通常称为圩区或垸子，最为典型的是太湖流域的圩田和洞庭湖流域的垸子。其村落的营建，同样因地制宜地遵循避害趋利的原则。所谓围田（亦谓圩田），即于低洼易涝区筑堤成四方形，外以御水，内以卫田。这些圩田是由人工开发而成，其生产者的聚落自然不能离田太远，否则难以保障耕作的正常进行。诸如太湖下游的"塘浦圩田"，即是晚唐五代以排洪泄涝的吴淞江、娄江等大河为纲，在其左右开筑五里或七里相间的纵浦，再以七里或十里相间的横塘以贯纵浦，横塘纵浦内为井字形圩田。五里或七里一纵浦，七里或十里一横塘，是按照当时人们从住地到生产的田间正常行程来规划的，纵浦与横塘相隔的每一个井字形的圩田，即为一个村落区（包括田产），村落即是建在地势较高的大河或塘浦堤岸上。无论从文献记载，抑或是实际考察，我们都可发现，每一圩都有自己的村名。其村落建筑，虽没有可借助的天然屏障以抵御北来的寒风，但亦基本上取坐北朝南的方向。最为关键的是建在相对较高的堤上，以防常有的水害。

三、聚落建筑的地域差异及自然表征

以上主要从聚落与气候及耕作的关系，阐明了我国农业村落起源和发展是以适应环境为前提的。甚至连建筑本身的结构，不仅与气候密切相关，往往还以自然为象征。诚如竺可桢所言：我国北方风沙大，北平一带屋顶上的瓦沟和屋檐的封固，要比南方紧密；北方雨雪少的地方，民房以平顶为多，主要是为了较好地接收阳光。[1] 而在雨水较多的南方以及多雪的东北，屋顶几乎是陡峭的人字形，以便有效排泄雨水以及防止冰雪堆积屋顶，否则会造成屋漏或塌陷。再如传统两进八间头的大瓦房，中间为天井，天井上方分布四条滤水瓦沟，即以自然象征为主题，被喻为"四水归堂"。可惜我们的导游对此进行解说时，仅以"聚财"为题侃侃而谈，却未能道出其真谛。其实这"四水"是喻指中华"四渎"，我国农业即起源于这四大流域，亦即黄河、长江、淮河、古济水。古济水早已无存，但山东济南即是起源于古济水的南边。

我国农业聚落，不仅具有道法自然的特点，而且还具有生产与生活的社会性特质。单从生产方面而言，每家门前不远处皆建有一块灰堆场，以供倾倒垃圾之用，既有生活垃圾，亦有家畜家禽的粪便。这些垃圾会定期焚烧清理，作为园圃、田地的肥料。从现代生活要求来看，虽不够卫生，但却具有生活、生产循环利用的功效。就聚落本身而言，亦有其社会性的特点。中国的村落基本上是聚族而居，所以其建筑几乎是抱团似的分布。

第二节　天人合一的农耕文化

我国农业历史悠久，享誉世界。早在先秦时期，就有关于农业生产的"天时""地利""人功"的"三才"理论。所谓"天时"，即指庄稼生长的气候规律；"地

---

1 竺可桢：《天道与人文》，北京：北京出版社，2005年，第41—42页。

利"，乃是水土条件；"人功"，是指生产者按规律和条件要求，适时、尽力地进行耕作。尽管"人功"是主要的，但"天时"不可逆、"地力"不可违，否则人类付出再多，亦难得所愿。

一、对"天时"的认知和遵循

上古时期的农民，若不知一年中春、夏、秋、冬的循环以及春生、夏长、秋收、冬藏的规律，五谷种植将难以有效进行，人们的衣食就无以接济。所以在农业发展的早期，人们通过仰望天象，俯瞰生物变化，就已获得农业种植的"天时"知识。相传约成书于传说时代的《尚书》，即有"平秩东作"的记载。"平"通"辨"；"秩"为秩序，或顺序；"东作"意指春天到了，开始耕作。所以直到今天，我们都把具体的物品叫"东西"（西方人泛称"thing"），却不叫"南北"。大概是只有"东作"才有"西成"的缘故，亦即只有春耕才有秋收的果实，所以叫"东西"。那么古人是怎么知道春耕、秋收的时节？或者为什么将"春耕"叫"东作"、"秋收"叫"西成"？他们是凭肉眼在长期的观察中，发现勺形的北斗七星，一年按顺时针方向绕转一周。当斗柄指向东方，天下皆春，所以古人谓"东作"；指向南方皆夏；指向西方皆秋，所以叫"西成"；指向北方皆冬。后来在长期的农业生产实践中，人们发现春、夏、秋、冬还不能较好地反映万物生长枯荣的循环规律，于是总结出更为具体的"二十四节气"，乃至更为精细灵活的"七十二候"，用来作为农业生产的气候或物候指标。由于气候亦有反常，加以我国南北气候存在一定的差异，以致"二十四节气"未能准确反映实际的物候，所以古代农民往往以物候来指导农事。明代农学家袁黄就五谷种植，对此有较好的说明："古今气候有推迁，南北寒温有先后，不可执一。如《吕氏春秋》曰：'冬至后五旬七日，昌生。'昌即菖蒲，百草之先也，于是始耕。今北方地寒，有冬至六七旬，而菖蒲未生者矣。但俟菖生而耕，则南北皆宜，不必拘日数也。故种稷者，不拘二月上旬，但视杨柳生，为上时；不拘三月上旬，但视桃始花，为中时；不拘四月上旬，但视枣叶生、桑叶落，为下时。则气候无不齐矣。"[1]以上农耕的"天时"知识，对于今天农业生产的指导，仍不失为优良遗产。

二、对水土环境的适应和改造

我国幅员辽阔，不仅气候丰富多样，而且地貌水土等环境亦复杂多样，在历史

1　（明）袁黄：《宝坻劝农书》，北京：中国农业出版社，2000年，第4页。

的长河中，历代人民因地制宜地创造了辉煌多样的农业文明，积累了渊博的农业知识。人类繁衍生息所需的物质资料，有赖农业生产的直接提供，由此农业发展必须遵循其社会功能的要求。然而农业生产的发展不是任人类随心所欲进行，因为它具有自己的特点和固有规律，李根蟠将之称作"农业生态系统"，并认为它与自然生态系统具有本质的统一性。[1]尽管两者在本质上是统一的，但并非等同。因为"农业生态系统"是由人类在适应和改造自然的基础上形成的，其生态平衡的保持，既要求农业生产活动遵循其平衡的法则，同时还有赖人工的实时修护，否则农业生产难以持续健康发展，甚至会遭到自然的报复，造成无法预料的恶果。世传由西周周公旦所著之《周礼》，其中就有关于农业生产事宜的记载，诸如遂人"掌邦之野……凡治野，夫间有遂，遂上有径；十夫有沟，沟上有畛；百夫有洫，洫上有涂；千夫有浍，浍上有道；万夫有川，川上有路，以达于畿"，这就是上古时期关中平原地区的沟洫之制；而稻人"掌稼下地，以潴蓄水，以防止水，以沟荡水，以遂均水，以列舍水，以浍写水，以涉扬其芟，作田"，此为地势相对低洼的水乡水利。[2]由此清楚说明，农业起源与发展，自始至终与水利建设密不可分，不论是旱地耕作还是水田种植，皆有赖农田水利的保障。纵观中国农业发展的大历史，勤劳而富有智慧的先民，根据不同的地貌和水文环境，因势制宜地创造了与其农耕相宜的水利。平原有沟洫，丘陵山地有陂塘堰坝，低洼水乡有圩岸。诸如关中盆地，南临秦岭，西北为黄土高原，东为北折的黄河。起初高原森林葱郁，流经的渭、泾河流水源丰富，盆地内计有渭、浐、泾、灞、沣、滈、涝、潏八支河流分布，亦即西汉司马相如《上林赋》所谓"八水分流"之地。该盆地实由这些河流冲积而成，可谓水土肥美，经过上古先民营建沟洫，开渠引河，垦辟耕种，至迟在西周就已奠定了良好的农业基础。下至战国末年，在渭河下游北面，兴建了大型引泾淤灌水利工程郑国渠，由此下游大片沮洳泽卤之地得以开发，关中亦随之号称"天府之国"，成为兵家必争之地；西汉武帝时，白渠水利工程的兴建，其农业越发兴旺。时人歌道："田于何所，池阳谷口。郑国在前，白渠起后。举锸为云，决渠为雨。泾水一石，其泥数斗。且溉且粪，长我禾黍，衣食京师，亿万之口。"（《汉书》卷二十九《河渠志》）关中作为"天府之国"的农业经济地位，一直延续到唐代；可自此以后，因生态环境的不断恶化，其农业日渐式微。[3]关中农业兴衰的历史清楚地告诉我们，农业生态系统是以自然生态系统为基础的，一旦自然生态系统遭到破坏，其农业生

1 参见：李根蟠：《从生命逻辑看农业生产和生态所衍生的功能——农业生命逻辑丛谈之二》，《中国农史》2017年第3期。
2 《周礼·仪礼·礼记》，长沙：岳麓书社，1989年，第41—45页。
3 参见：王双怀：《"天府之国"的演变》，《中国经济史研究》2009年第1期；史念海：《历史时期森林变迁研究》，《中国历史地理论丛》1988年第1期；谭其骧：《何以黄河在东汉以后会出现一个长期安流的局面》，《学术月刊》1962年第2期。

态的平衡是难以维持的，农业的衰败乃是必然。另一典型事例则是太湖流域，它与关中平原地理环境有所不同，中间低四周高，犹如碟形，最低的底盘为太湖。该区原本是"厥土惟涂泥，厥田唯下下"，农业生产的自然条件可谓很差。然而历经晚唐五代的有效治理和开发，其农业经济迅速崛起，并在相当长的时期担当天下粮仓的重任。其"塘浦圩田"是于低洼沼泽区依托主要河流开发而成，在主河两侧以五到七里的距离挖筑纵浦，再横贯纵浦以七到十里的间隔挖筑横塘，塘浦内是开垦的圩田。塘浦实为纵横交错的人工河渠的别称，亦是河道与河堤的合称，其功用不仅在于河道引水灌溉和排水泄涝，更为重要的是河堤要高厚，方可有效护卫堤外的良田。"塘浦圩田"可谓是创造性地开发低洼沼泽区的典范，其布局基本上遵循了水系灌排平衡的地学原理。然而这一平衡并非自然经久，而是有赖于人工适时的有效修护。由于晚唐五代能够积极地修建水利，所以其水旱灾害较少，其后因水利建设日渐懈怠，加以盲目围垦，水旱灾害亦渐多，给农业生产造成了不应有的损失和影响。时至明清时期，尽管太湖地区农业经济的综合实力仍名列全国前茅，但其主粮水稻生产却出现了衰退的现象，不仅造成了前所未有的粮食不能自给的恶果，同时耕地亦有一定程度的退化。[1] 以上事例较好地说明了农业开发和持续健康发展，不仅要遵循大自然的法则，同时还要遵循农业自身的生态系统规律。

典型案例：太湖·港文化世人瞩目

太湖溇港位于湖州市北部、太湖南岸，面积76平方千米，是湖州水生态文明建设的示范样板区。据《太湖水利技术史》记载，"塘浦圩田是古代太湖劳动人民变涂泥为沃土的一项独特创造，在我国水利史上的地位可与四川都江堰、关中郑国渠媲美。"以七十二塘浦（溇港）为代表的圩田系统，催生了吴越文化和"鱼米之乡""丝绸之府""财赋之区"。2016年11月，太湖溇港水利工程成功入选"世界灌溉工程遗产"名录，2017年9月获评国家级水利风景区。

太湖溇港是太湖流域古代先民的伟大创举，独具千年农耕文明、溇港圩田特色。风景区作为溇港文化遗存保留最完好的核心片区，历史积淀悠久、文化价值深厚。为保护和传承好太湖溇港文化，湖州市成立了太湖溇港水利风景区管委会，负责风景区规划、建设、保护及管理工作。湖州市将国家级水利风景区建设与南太湖现代农旅综合园区开发相结合，编制了

---

1 参见：拙作《明清太湖流域植棉业的时空分布——基于环境"应对"之分析》，《中国经济史研究》2018年第3期。

《吴兴区太湖溇港水利风景区规划纲要》；大力整治沿湖溇港，将27条溇港、两片溇港圩田和一大批桥梁、古宅、牌坊等列为市级文保单位，并实施抢救性修复；投入2亿元对区域内纵溇横塘全面开展治理，并对溇港原有水系进行了全面恢复；建成了百年一遇防洪标准的环太湖堤防工程（即滨湖大道）；投资500万元建成"义皋溇港文化展示馆"，通过"太湖之滨蒹葭弥望""千载存续水利巨构""因溇而兴利运活流"和"天堂中央亲水乐活"四个单元，系统介绍溇港及其衍生文化，游客可以零距离接触溇港这部千年水利巨作，品味溇港文化独有的魅力；出版了《吴兴溇港文化史》一书，摄制了时长1小时的纪录片《溇港》并在央视纪录片频道播出，在学术界和全社会引起了较大反响。

三、对地力的保持

中国农业最为突出的成就则是地力的保持，其地力能在两千多年的耕作历程中仍能保持长盛不衰，可谓是世界绝无仅有。据梁家勉先生研究，最初我国先农采取的原始耕作方式是"畅耕"和"爰田"。所谓"畅耕"，是指在同一块田地不加施肥地连续耕种，直到地力耗尽，耕作得不偿失时，另辟荒地耕种；"爰田"即是"休耕"。大约到战国时期，才开始了用养结合的"连耕"制，亦即在同一块土地上年复一年地连续不断耕种，一直延续到当今仍无变更。这种耕作方式之所以能保持地力长盛不衰，主要在于三个方面：精耕细作，有机肥料的合理利用，科学的轮作。[1]尤其是合理轮作，不仅可以减少对地力的消耗，还可以增加复种指数，提高亩产量。中国传统农业，豆科作物种植较为普及，并以此与其他作物轮作为多，这对地力的保持尤为重要。一方面，是因为豆科植物能吸收空气中的氮来生长，所以消耗地力较少；另一方面，广泛种植的大豆，榨油后的豆饼肥力很高，可以直接用作肥料，还可以用来饲养家畜家禽，后者粪便又是很好的肥料，可谓是循环利用。

中国传统农业，在与西方高度机械化的单一栽培农业及石化农业比较中，虽有诸多不足，尤其是生产率，但无论在地力保持还是环保等方面，仍不失为优良。今天石化农业以及反季节农业所带来的一系列问题，进一步证明了中国传统农业优秀遗产的宝贵。

---

1 参见：梁家勉：《"地力"与人功——用养结合的优良传统》，《中国农史》1982年第1期。

第三节　互助友善的社会

"乡而不俗，土而不粗。"美丽乡村的热土之上，传统农耕习俗活起来，美丽生活过起来。在人口流动频繁、生活节奏加快的现代社会，那一方青天，那一处山水，那一点绿意，呼唤着远离乡村的人们淳朴而本真的精神回归，折射出对温暖、厚重、质朴、友善的乡土文明的向往。

一、耕读文化的滋养

作为有着悠久农耕文明历史的国家，"耕读传家"一直是中国文化的优良传统。"耕读文化"，就是耕与读的结合，既耕且读或半耕半读。"耕"就是拥有一定的田地而进行农业劳作或象征性的劳作，是衣食生存之本；"读"就是读书识字明理，是立身进取之本，即所谓"耕可致富，读可荣身"。[1]

农耕是乡民生存之本。土地是农民的命根子，在乡村中，绿水青山构筑了乡民重要的生产空间、生活空间与陶冶性情的空间，承载着乡民最多的希望，是乡民的"根"。在中国的神话传说中，"土地神"是数量上最多也最接近于人性的神。"喜看稻菽千重浪，遍地英雄下夕烟"，每值稻麦成熟，庄稼丰收的时节，乡民们齐聚一堂，杀猪宰羊以祭祀土地神。乡民们以独特的传统习俗与特有的欢庆仪式，表达了自身对于土地的感恩，对于美好生活的向往。"耕为本务"的价值观念涵养了乡民们对土地的敬畏及对自然的热爱。

读书是乡民进身之阶。"学而优则仕"在中国古代很长时间内都是极重要的价值追求。"出仕"既意味着光宗耀祖的希望，更蕴含着高远深沉的家国情怀。学成文武艺，货与帝王家，在个人价值与国家价值合二为一的理想追求中，既培养了一代又一代灿若星辰的有识之士、治世能臣，也同样涵养了乡民们生机勃勃、崇文重教的精神理念。

传统的半耕半读、耕读相兼的文化正随着农耕时代的远去、生活方式的改变，影响力逐渐在弱化，但其蕴含的崇学向善、家国情怀已经内化为乡土共同的价值观。"半为儒者半为农"的悠久传承涵养了乡民的质朴而友善、勤奋而坚韧的气质，形成了乡村独特的文化基因传承，在新时代以全新的姿态展示出了生命力。

---

[1] 伍玲金：《客家培田的传统耕读文化解析》，《福建文博》2019年第1期，第48—52页。

二、乡贤文化的引领

乡贤一般是本土成长的精英阶层，凭借自身出众的学识涵养、道德人品，或在庙堂之上，或在江湖之远担负教化乡民的使命。传统的乡贤文化向来是沟通庙堂文化与民间文化的重要桥梁，在促进淳化风俗、伦理维系、和睦乡邻、价值观塑造等方面起着重要的作用，是中华文化传承的主要精神动力。

乡贤文化在中国有着深厚的历史根源，又有高度的文化担当。在新时代的中国，乡村生态发生了巨大变化，乡贤被赋予了更加丰富多元的内涵。随着农村"大众创业，万众创新"促进机制的推行，乡村精英回流热潮日益涌现，他们或在家乡投资反哺乡邻，或返乡创业，在家乡施展才华。这些新乡贤有眼界，有胆识，对故土更有一份难舍的乡愁。他们根植乡土、贴近性强，热心乡村公共事务发展，起到榜样示范与价值引领的作用，在乡间形成浓厚的互助友善的氛围，潜移默化地促使乡民形成道德自觉。

三、乡约族规的约束

传统的耕读文化与乡贤文化的引领带来了丰富的文化滋养，构筑了崇学亲善、友善互助的社会氛围，是乡村始终保持强大凝聚力与旺盛生命力的重要文化纽带。另一方面，作为对政府法律的补充，乡约族规起到了一定的制度约束作用，成为完善乡村治理机制的重要推手。

乡约族规的作用体现在四个方面：首先，一般乡约族规中，往往崇尚仁、义、礼、智、信、忠、孝、勤、谨、睦、孝、和、美等价值理念。为强化这些价值，乡村往往将主要价值提炼成警句挂在乡村共有的活动空间中，供人品味学习，起到教化人心，传承家族文化的作用；其次，建宗祠、建学堂、聘名师，在乡校、家塾、舍馆、书会之中形成崇学向善、互助友爱的风气，形成良好的社会风尚；再次，通过节庆活动中上演娱神娱人的地方戏，以寓教于乐的方式来教化乡民；最后，约束恶的思想与行为的产生发展，动用族规来加以制止和惩罚。在新时代下，乡约族规家训的存在仍有其教化向善的重要价值。

习近平总书记在会见第一届全国文明家庭代表时表示：家风是社会风气的重要组成部分。家庭不只是人们身体的住处，更是人们心灵的归宿。家风好，就能家道兴盛、和顺美满；家风差，难免殃及子孙、贻害社会，正所谓"积善之家，必有余庆；积不善之家，必有余殃"。绿水青山之间，白墙黑瓦之下，浙江省先后建成三千余家文化礼堂，村史、民俗史、文化史的展览，唤醒乡民尘封已久的文化血脉，融合传统文化和时代精神的文艺节目表演，激励乡民树立乡土文化自信，弘扬时代精神。美丽乡村的先行者、"两山"理念的发源地余村便对乡风家训的培育十分重视。12年来，余村相继建立村级消防安全教育馆、法治文化长廊、法律图书角、墙壁宣传画等文化宣传阵地，有效增强村民的法治意识，积极修订完善村规民约，引导各家各户将自家家训钉在大门前，让老百姓用自己制定的价值规范来约束自己的行为，形成自觉的道德守则，物质财富与精神财富同步积累。

四、熟人社会文化的互助

青山绿水中，乡土聚落与自然风光交融一体，乡民们在那山那水中世代生息，山水田野构成了乡民们日常生活交往的重要场域。相对城市而言，乡村是一个相对封闭的自足系统，乡民们在传统的自给自足生活中形成以血缘关系为主体的熟人社会，大大加深了乡民们对于家乡的认同感与归属感。

费孝通在《乡土中国》中，曾对中国乡村的社会秩序进行了深入的考察，认为中国乡土封闭而稳定的社会逐渐形成了依赖人口自然更替和年龄增长进行排序的传统，即乡村人际关系的"差序格局"。在儒家教化与传统经验的累世积累熏陶下，对血缘身份、亲疏贵贱等传统等级秩序的遵从，确立了人与人交往中的基本格局。在此格局下，传统乡村成为稳定的、互助的整体，其成员们对于自己的家乡、对于家乡内的成员亦有深刻的眷恋依赖之情。自古以来，"他乡遇故知"与"久旱逢甘雨""洞房花烛夜""金榜题名时"并列为人生四大幸事。"老乡见老乡，两眼泪汪汪"也可见传统中出自同一乡里成员之间深刻的情感依恋。这种基于血缘和地域的社会关系与家园精神在现代社会仍有重要体现，构成了当今乡民日常政治、经济、文化与生活和谐稳定的重要基础。同时，在赶往城市谋求生计的乡民中，乡土关系网络仍旧是乡民走出乡村最重要的渠道。家乡仍是客居他乡的乡民们内心中最重要的依靠和保障，标识着乡民们的归属感与心理边界。

在家乡的熟人网络中，大多数乡村居民生于此，长于此。在小规模的地域上，人际关系与信息交互都是高度透明的。"没有陌生人"的社会，往往在相对封闭场域下长期高频地互相接触，彼此之间知根知底，从而产生了特殊的亲密与信任，造就了乡村友善互助，敦亲睦邻的特质。与城市的快节奏生活不同，总体来说，乡村生活是舒缓安静的。乡民们在平淡的生活中发挥自己的聪明才智，创造了各具地域特色的集会庆典活动，如舞龙舞狮、北方的秧歌、南方的庙会集会等，乡民们在这种社会群体性的活动中客串演戏，一展歌喉，用热情和创造性的方式表达自身对于生活的理解，丰富了闲暇生活，同时在"凑个热闹"的习惯中自然形成了各种交往活动。熟人文化圈彼此交错发展，进一步加强了彼此的亲密性。在个体的日常交往中，农闲串门、下棋休闲、喝茶聊天形成了乡村的特色风俗。在共同生活的场域下，熟人社会互动频繁，整体的交往活动强度较大，乡民们一代代传承了这种敦亲睦邻、合作互助的关系，形成了良好的互助友善文化的土壤，不仅在生产劳作中提升了生产效率，更增加了人与人之间的情感亲密程度，加深了彼此之间的情感依恋，也激发了乡村内在的凝聚力，滋养着这片土地上的乡民们。

在社会与文化变迁中，乡村独特的历史传承与资源禀赋，造就了乡村特殊的人情社会网络。耕读文化血脉的传承，新乡贤文化的榜样引领，乡风家训的潜移默化，在公共服务与传统礼俗间找到了重要的平衡点。乡土文化进一步延续，与新时代的公序良俗有机结合，赋予了乡土文化新的精神内涵，形成了乡村互助友爱的浓厚社会氛围。

第四节　安适自足的生活

在乡村的众多浪漫想象中，"采菊东篱下，悠然见南山"无疑是最为安闲自在的写照。走入水乡，有青山隐隐，有绿水逶迤，有古道蜿蜒，有文脉浩荡，更有人与自然共生互融的和谐。乡村绿水青山的自然之美与穿越千百年时光的人文之美所呈现出的，正是人与土地、乡村与自然的和谐共生关系。

一、物质文化遗产的修复带来乡土记忆的复活

中国历史悠久，遗留下来的古村落、古建筑都含有丰富的历史文化因素，都是珍贵的历史文化遗迹遗存。千百年来，蓝天、碧水、青山孕育了一个又一个古村落的灵魂，涵养了一代又一代乡民的情怀，古宗祠、古书院、古桥、古井、古树、古街、古水圳、古水塘、古道、古圣旨牌坊、古戏台等传统建筑与历史遗迹，所显现的艺术价值与形式，折射着华夏优秀文明之光。这些遗产正是我们业已失落的乡土文明之根，充分挖掘古村落的生态和文化价值，不仅仅复活了乡土的记忆，且进一步丰富了旅游业态，实现文化旅游的深度融合。

"七山一水两分田"的浙江省以水为名、因水而美，具有极其丰厚的绿水青山的自然禀赋：竹海苍翠的莫干山、飞瀑流泉的雁荡山、峰峦竞秀的穿岩十九峰、碧波浩瀚的千岛湖、浓妆淡抹总相宜的西湖……浙江山水秀美、青山迤逦之地多不胜数，美不胜收，处处皆可入诗入画。"西塞山前白鹭飞，桃花流水鳜鱼肥"。在帆影波光中，湖光山色与粉墙黛瓦交相辉映，枕河人家的南浔古镇、小桥流水的新叶古村、弄堂幽深的河坊老街等古村落、古建筑在保护和修复中得以重现。随着乡村旅游与乡村振兴的全面开展，历史文化村落保护作为抢救性工程正日益得到重视，古

建筑、古道得以修复与改造，历史村落文物遗产、历史风貌、街巷格局等组合优势资源均得以保护，这些古物质文化遗产复活了先民安闲自在的生活与生活情趣。

二、非物质文化遗产彰显特色旅游风情

千百年来，乡民在土地上劳作、休憩、娱乐，创造出了各具特色的传统民俗与节日庆典，体现了乡民们丰富多彩的想象与和而不同的审美旨趣。寻找这些珍贵的非物质文化遗产，以现代社会的文化传播方式和表现方式重塑一幕幕乡土的风貌，展现一处处乡土的传承，让人们看得见山，望得见水，找得到乡土味道，记得住乡愁。

浙江历史文化积淀深厚，拥有悠久传统的桑蚕文化、瓷源文化、茶竹文化、湖笔文化、溇港文化、古镇文化等农耕文化精华在复兴中得以传承。这些非物质文化遗产的传承保护和挖掘利用，进一步丰富了旅游特色生态品牌。在弘扬丝文化、茶文化、竹文化等村域特色文化的过程中，浙江不仅成功打造了一批独具韵味的风情小镇、特色小镇和美丽城镇，同时催生了善琏湖笔、龙泉青瓷、绍兴黄酒、长兴百叶龙等特色创意品牌，既展示了底蕴深厚的地域传统文化，也改善了群众的生产生活条件，又让沉睡的历史文化资源焕发新的生机，产生新的效益。

传统节日的庆典、喜闻乐见的活动同样彰显着延续多年的传统乡土民俗。经党中央批准、国务院批复，自2018年起，每年秋分日为"中国农民丰收节"。这是农业嘉年华，也是农民庆丰收的欢乐节。各省各地纷纷开展传统的庆丰收活动。浙江省的丰收集会历来是农民传统的大事件，首届中国农民丰收节显得尤为热闹，1100余场红红火火的丰收节庆祝活动在省内开展，青田稻鱼之恋开镰节、东阳秋季乡村旅游节、天台雷峰柿文化节、德清丰收大典、衢江区农民丰收节、畲乡农民丰收节等活动成为展示乡土文化的大舞台。乡村马拉松、割稻抓鱼比拼、荷田斗牛、负重挑担接力赛、踩高跷、打莲湘、蝶采花等传统民俗表演各具特色，不一而足，充分展示了千百年来乡民勤劳质朴的生活情趣。此外，载歌载舞的丰收节又是农民丰收的成果展，各种当地特色的农副产品、传统小吃依次展示，充满乡土风情的文艺表演目不暇接，充分展示各地独特的农耕文化及风土人情。此外，海宁皮影戏、嘉善田歌、南浔鱼汤饭等一系列独具韵味的乡村节庆民俗在欢庆中得以生动展现；孝德情怀、善行义举、勤劳质朴的民风在发展中得以弘扬。这些彰显特色的庆典与文化吸引着一批又一批的人群开启"寻根"之旅，农民安闲自在自足的生活如生动的画卷展现在世人的面前。

三、"美丽经济"开启安适自足生活的大门

2005 年，时任浙江省委书记的习近平同志在浙江提出了"绿水青山就是金山银山"的科学论断。在"两山"理念指引下，各地积极实践着"美丽乡村"的建设工作；在农村美、农业强、农民富的目标下，坚持生活、生产、生态"三生"一体，实现美丽生活、美丽经济、美丽生态"三美融合"，走出一条人与自然和谐共生的绿色发展之路，也走出了一种安适自足的乡村生活态度。

守得一片绿，能换金山来。浙江率先提出打造宜居宜业宜游的美丽乡村，正是以"美丽资源"换来"美丽经济"，以"美丽经济"反哺"美丽乡村"，从而在绿水青山与金山银山间找到了一条持久、循环、低碳、绿色发展的转化通道。近年来，浙江以"宜居"为标准，整治村容村貌，改善农村人居环境，推动乡村生产方式绿色化，生活方式文明化，治理方式法治化，走低碳、绿色生态文明之路；以"宜业"为目标，用蓝天、绿水、青山、净土招引创新人才、高科技公司和研究机构入驻，蓄足创新绿色经济发展动力；以"宜游"为目标，挖掘乡村特色文化，积极彰显"一乡一品·一村一韵"，全力构建乡村文化符号和乡村旅游品牌，因地制宜大力推进休闲观光农业、创意农业、养生农业等新型农业业态，加大第一产业与第三产业的融合，产生叠加效益，促进农业增效，农民增收。"青瓦白墙雕花窗，群山苍翠竹海香"，依托绿水青山与环保低碳，浙江美丽乡村相继发生精彩蝶变。2014年，安吉鲁家村以"公司+村+家庭农场"的模式，启动了全国首个家庭农场集聚区和示范区建设，形成"有农有牧，有景有致，有山有水，各具特色"的集现代农业、休闲旅游、田园社区于一体的乡村综合发展模式，带动村民增收致富，从此成为"开门就是花园、全村都是景区"的中国美丽乡村新样板。2017年，湖州"德清洋家乐"成为国内首个获生态原产地保护的旅游服务产品品牌，在竹林山水间，以崇尚环保、亲近自然的绿色理念回归淳朴乡村生活，尽显低碳休闲的乡村旅游魅力，大大增强了农民的收入与获得感，走出人与自然和谐共生的特色振兴之路。

2018 年 5 月全国生态环境保护大会上，习近平总书记再次强调："绿水青山就是金山银山，贯彻创新、协调、绿色、开放、共享的发展理念，加快形成节约资源和保护环境的空间格局、产业结构、生产方式、生活方式，给自然生态留下休养生息的时间和空间。"[1]生态环境没有替代品，用之不觉，失之难存。在良好的自然禀赋之上，浙江省抓住机遇，围绕打造全域大景区、大花园的目标，大力推进美丽乡村

---

1 习近平：《推动我国生态文明建设迈上新台阶》，《求是》2019 年第 3 期。

从"一处美"向"一片美"转型，不要"盆景"要"风景"。从"绿色浙江"到"生态浙江"，再到"美丽浙江"，浙江省用十余年的生态战略描绘了山水、人文、民俗、经济自然交融、和谐共生的美景，牢牢护住了人民幸福生活的底色。

四、"慢生活"的兴起是对乡村安适自足生活的回归

工业文明给世界带来了前所未有的重大变革，带来方便、高效、便捷生活的同时，也带来了多元多变、浮华喧嚣的都市痼疾。在快节奏的城市步调下，对于诗意生活、复归宁静的追求日益成为一种时尚和潮流。乡村青山绿水的生活环境，与自然和谐相处的生活方式，自给自足低能耗的消费模式，开始成为人们追求的稀缺资源。慢生活与极简主义的兴起，正是对质朴自然、和谐宁静的乡土生活的回归。

"慢生活"这一概念首发于意大利，其后迅速风靡世界。这里的"慢"不是指拖延时间，也不是精神上的懒惰和享乐，而是在纷纷扰扰的快节奏生活中，放慢脚步，回归一种平衡的、自然写意的人生速度。中国接触"慢生活"的概念稍晚，但是接受和传播速度让人瞠目。究其原因，正是"慢生活"的生活追求和态度与中国传统的安适自足的乡土生活不谋而合。在经历了改革开放穷追猛赶的经济发展后，人们开始放慢脚步，摒弃对名利金钱的过度追求，更加注重生活品质的提升与精神世界的丰富。林语堂曾经在《生活的艺术》一书中这样表达对闲适自在的生活的向往："让我和草木为友，和土壤相亲，我便已觉得心满意足。我的灵魂很舒服地在泥土里蠕动，觉得很快乐。当一个人悠闲陶醉于土地上时，他的心灵似乎那么轻松，好像是在天堂一般。事实上，他那六尺之躯，何尝离开土壤一寸一分呢？"

静谧安宁的乡土之上，有春天的山花，有夏天的麦浪，有秋天的碧空万里，有冬天的旭日暖阳。那一方水土，那一座青山，让人身心舒缓，放飞心情。在诗情画意的乡土生活中，拥抱宁静，安抚躁动，以豁达和包容的心态面对人事，重新认识中国乡土生活的价值。

环境就是民生，青山就是美丽，蓝天就是幸福，良好的生态环境是最普惠的民生福祉。正如习近平总书记所指出的：要像保护眼睛一样保护生态环境，像对待生命一样对待生态环境。在青山绿水中，守护文化传承，守望乡土家园，坚持人与自然和谐发展；在互助友善的社会中，安适自足地生活。让青山常在，让绿水长流，让空气常新，让人们在宁静、和谐、安适、美丽的生态美景中诗意地栖居。

典型案例：国际慢城：高淳

高淳，位于中国文化名城南京的最南端，东临苏锡常，西接安徽，是"日出斗金、日落斗银"的江南鱼米之乡，清乾隆皇帝下江南时钦赐"江南圣地"的美誉。高淳区域总面积802平方千米，总人口约44万，辖1个省级经济开发区、6个街道、2个镇，2013年3月撤县设区。近年来，当地紧紧围绕"现代产业集聚区、生态文明标杆区、城乡统筹示范区、幸福和谐先导区"的发展定位，形成了"四个富一个引领"的特色和优势。

高淳是生态环境的富足区。东部为丘陵山区，西部是水网圩区，全境被固城湖、石臼湖和水阳江所环抱，拥有"三山两水五分田"的生态黄金比例，境内游子山、花山森林葱郁，鸟语花香，固城湖、石臼湖碧波荡漾，水质清新，具有山清水秀、山水相融的生态特色。获得了国家卫生县城、国家园林县城、首批国家级生态示范区等称号。

高淳是历史文化的富矿区。历史悠久、文化灿烂，境内有6300多年前新石器时代的古村落——薛城遗址，2500多年前的古固城遗址，有伍子胥率部开凿的胥河，是我国乃至世界上最古老并仍在发挥航运作用的人工运河。拥有"跳五猖""目连戏""大马灯"等一批国家和省市级非物质文化遗产，是江苏省历史文化名城。

高淳是特色经济的富民区。拥有建筑、造船水运、水产养殖三大富民产业。高淳是中国建筑之乡，拥有一级资质企业31家，建筑业从业人员达到5.3万多人，同时高淳还是中华民间造船第一县，全区在运船舶2000多艘。是中国螃蟹之乡，全区拥有20多万亩螃蟹养殖面积，国家地理标志产品"固城湖"螃蟹具有全国第一个水产类中国驰名商标等"五个全国第一"的美誉，拥有全国最大的螃蟹交易市场。

高淳是旅游资源的富集区。拥有中国首个国际慢城——桠溪生态之旅（省级旅游度假区），1个国家级森林公园——游子山国家森林公园（中国最具潜力森林旅游景区），5个国家级旅游景区——高淳老街中国历史文化名街（AAAA）、桠溪国际慢城（AAAA）、游子山国家森林公园（AAAA）、迎湖桃源休闲度假中心（AA）、银林生态园（AA），3个全国工（农）业旅游示范点——高淳陶瓷公司、迎湖桃源生态科技区、桠溪生态之旅风光带，1

个全国休闲农业与乡村旅游示范点——银林生态园，全国休闲农业与乡村旅游五星级园区、省四星级乡村旅游区——武家嘴热带风情谷。拥有武家嘴国际大酒店、枕松酒店、瑶池山庄、游子休闲山庄、固城湖快乐垂钓酒店、得半庄园、瑞轩精品客栈等一批高中档度假酒店；农家客栈床位1300余张；全区旅游接待住宿床位近10000张；拥有国际国内旅行社（含营业部）24家。

高淳旅游节庆活动异彩纷呈。围绕春季油菜花、夏季荷花、秋季螃蟹、冬季年货文化四大主题精心策划旅游节庆活动，借助活动集聚人气，活跃旅游市场，拉动社会消费。固城湖螃蟹节成为"全国十大节庆"之一，高淳"国际慢城"以四季为特色的系列旅游活动荣获"长三角最具影响力会展节庆品牌"，"慢城金花节"成为长三角地区的重要品牌节庆之一。

高淳是中国慢城理念的引领者。2010年，桠溪生态之旅被国际慢城组织授予"国际慢城"称号。作为中国第一国际慢城，被授予国际慢城联盟中国总部，承担在中国传播慢文化、发展慢城盟员的职责。如今慢城理念逐渐被国人接受，高淳国际慢城正如一颗璀璨的明珠在中国大地上散发着夺目的光彩。[1]

---

1 资料来自中国·高淳国际慢城官方网站http://www.chinacittaslow.com/。

第八讲

绿色能源：
美丽中国新优势

程兆麟

能源是人类赖以生存和发展的自然资源，是国家国民经济运行和社会发展的重要战略资源。绿色能源一般指清洁能源（不排放污染物的能源）。党的十九大报告指出，为有效解决新时代面临的人民日益增长的美好生活需要和不平衡、不充分的发展之间的矛盾，必须树立社会主义生态文明观，坚持绿色发展理念，推进能源生产和消费革命，构建清洁低碳、安全高效的能源体系。习近平总书记指出，发展清洁能源是改善能源结构、保障能源安全、推进生态文明建设的重要任务。绿色清洁能源的供给侧改革也将成为未来美丽中国发展的新优势。

第一节　城乡能源的各自优势

　　传统能源供给以集中式生产和供给方式为主，城市人口密集，容易形成使用的规模经济和效应，能够充分发挥传统能源生产与供给的优势。城市是传统能源生产与供给的主要区域。

　　相比较而言，分布式能源优势在乡村。近年来，乡村能源产业总体表现出良好的发展态势，生物质发电和成型燃料产业技术有较大的进步，沼气产业步入转型升级新阶段，太阳能热利用产业继续保持稳步发展，小型电源产业方兴未艾。

一、传统能源优势在城市

　　在城市生态学中，能源是城市作为社会—经济—自然复合生态系统的重要组成部分，是城市内部生产、生活、活动的动力来源，关系着城市命脉，被称为"城市的血液"。城市对能源的高度依赖性也决定了能源在城市化进程中的重要地位。我国进入21世纪以来，随着城市化进程的推进，城市对能源的需求急剧增加，而能源供应能力远不及需求的增长速度，能源供需矛盾日益凸显。同时，能源的过量消费给城市带来碳排放、空气污染等一系列生态环境问题。

　　随着城市化水平的提升，往往认为一个城市的能源生产量随着其技术水平的提高而提高，能源消费量随着其发展需求的升高而升高，即城市能源的高供应、高需求与其城市化的高水平一致。

　　传统能源的供给大多倾向于集中生产、集中供应、集中消费。以传统火电为例，由于电力储存较为困难，目前世界上大部分的传统火电厂都建设在城市周边，集中供给城市用电。电能的远距离输送，会出现大的线路损失。虽然目前有特高压输电技术，但是仍然难以解决电力存储、及时消纳的问题。基于传统能源供给生产、消费模式，传统能源的优势在城市，因为城市具有足够大的能源消费市场，不便存储的传统能源供应可以在城市找到市场。同时，由于城市人口相对密集，能源集中生产和使用能形成很好的规模效应。以中国北方地区的集中采暖为例，首先，集中采暖可提高能源利用率，节约能源。大型凝汽式机组的发电热效率一般不超过40%，而供热机组的热电联产综合热效率可达85%左右。分散的小型烧煤锅炉热效率只有50%—60%，而区域锅炉房的大型供热锅炉热效率可达80%—90%。其次，采用热电站和区域锅炉房供热，就有条件安装高烟囱和高效率的烟气净化装置，从而减轻大气污染，还容易实现当地低质燃料和垃圾的利用。再次，采用集中供热可以腾出城市中大批分散的小锅炉房的占地，减少司炉人员，免除城市中分运燃料和灰渣的运输量，消除这些运输过程中灰尘颗粒的散落，并大大地节约用地、降低运行费用、减少劳动力、改善市容和环境卫生。此外，由于集中供热方式容易实行科学管理，还可以提高集中供热系统，包括热源、热网和用户三个部分。

二、分布式能源优势在乡村

中国乡村分布式能源生产主要包括生物质能开发（沼气、直燃发电、成型燃料、液体燃料等）、太阳能热利用（太阳能热水器、热泵、太阳房、太阳灶等）、小型电源（包括离网型太阳能光伏发电、离网型小型风力发电、微水电）等。

具有高度分散性、相对均衡分布的太阳能、风能、地热能、生物能等新能源，越是人口分布密度低的地方，人均可利用的新能源量越大。新能源这种特性使乡村获得了城市不具备的新优势。从供给端来看，乡村空间分布较广，乡村建筑相对独立，对于太阳能、风能等可再生能源的接收度较大，可以布置的接收装置也比城市较为容易。乡村还具有生物质能原料来源，对于沼气等能源的生产和使用也主要集中在乡村。从消费端来看，乡村对于能源的消费也相对独立，而且乡村的生产、生活方式对于能源的消耗较少，电瓶车、电动车在乡村的推广比城市要容易，普及度也高。因此，通过乡村分布式能源供给，可以实现自身的自给自足。如果占中国国土面积超过90%的乡村实现能源自治，对于中国这样的一个人口大国如何走向生态文明，将是一个划时代的突破。

分布式能源系统是相对传统的集中式供能的能源系统而言的。传统的集中式供能系统采用大容量设备，集中生产，然后通过专门的输送设施（大电网、大热网等）将各种能量输送给较大范围内的众多用户；而分布式能源系统则是直接面向用户，按用户的需求就地生产并供应能量，具有多种功能，可满足多重目标的中小型能量转换利用系统。分布式供能是世界能源工业发展的重要趋势，是人类可持续发展的一个重要组成部分。一般而言，分布式能源系统包含源—网—储等环节和冷、热、电、气等形式，其组成结构复杂，分布式能源系统涵盖面广泛，风能、太阳能、水能、生物质能、地热能、海洋能等非化石能源均属此范畴。

三、分布式能源的种类和特性

乡村人口众多、能源资源开发潜力巨大，乡村能源已成为能源发展变革中的重要问题。显然，对于中国乡村来说，使用分布式新能源供给更具有优势。仅秸秆一项，我国每年产量达到7.2亿吨，占世界秸秆资源的30%，充分利用将带来巨大的能源资源财富。合理建设和优化分布式能源系统组合和配置，形成可复制、可推广的乡村分布式能源系统典型应用模式，不仅能获得较好的商业价值，还能有效提高综合能效，实现乡村生态、经济和环保效益的最大化。从我国乡村用能情况来看，新能源已得到大范围的使用。

目前，我国乡村分布式能源的主要种类如下：

1. 太阳能。截至2015年底，全国乡村累计推广太阳能热水器4571.24万台，集热面积达到8232.98万平方米；累计推广太阳灶232.71万台；太阳房29.04万处，集热面积达到2549.37万平方米。随着技术进展和乡村经济发展，近年来太阳能光热利用在乡村地区发展迅速。

2. 小型风力发电。2010年以来，我国风电累计装机容量呈上升趋势。自国家"十三五"规划以来，我国风电有序平稳发展，技术持续进步，成本逐步降低。2019年一季度末，全国风电累计并网装机容量达到1.89亿千瓦，已达到"十三五"规划目标的90%。全国乡村小型风力发电（1—50千瓦）装机主要分布在风能资源较丰富的区域，其中装机容量较大的省级行政区有内蒙古、新疆、黑龙江和山东等。内蒙古最为集中，占全国乡村小风电装机容量的70.8%。

3. 微型水力发电。中国微水电资源主要分布在长江流域、西南地区和西藏地区，微水电装机（≤500千瓦）也主要分布在这些区域。其中装机容量较大的行政区包括广东、广西、云南等，其装机容量分别达到20859.2千瓦，18177.7千瓦，10851.0千瓦，三地装机容量占全国乡村微水电装机容量的一半以上。

4. 光伏发电。2010年以来，我国太阳能光伏发电累计装机容量呈上升趋势。2018年底光伏发电装机规模达到1.74亿千瓦，年发电量1775亿千瓦时，均居世界首位，在推动能源转型中发挥了重要作用。据预测，到2023年，我国光伏累计装机容量将超过2.3亿千瓦。

分布式能源的特点：

第一，快速、灵活。与集中式供能相比，分布式供能系统的设备数量少，没有凝汽器等大型辅助设备及大量管道，设备规模、体积较小，用地较省，操作简单且具智能化，机组的起停快速、灵活。

第二，靠近用户。不需要建设大电网进行远距离高电压或超高电压的输电，可大大减少线损，节省电网建设投资和运行费用。

第三，能源综合利用率高。分布式供能能够实现能源的梯级利用，使能源综合利用率进一步提高，可达到80%以上。而采用超临界甚至超超临界参数的火电厂的效率也仅45%左右。

第四，排放降低。分布式供能使用的能源多为绿色和可再生能源，污染物的排放减少近1/4。因其能源综合利用效率高，同集中供能相比，产生额定的热量只需较少的燃料，在降低燃料燃烧排放的污染物方面具有很大的潜力。据估算，如果将现有建筑采用分布式供能系统的比例从4%提高到8%，到2020年二氧化碳的排放量将减少30%。

但同时，乡村分布式能源系统也面临诸多问题和挑战。首先，我国乡村地理分布广、人口密度低，村与村之间人口、资源、基础设施等差异性较大，统筹建设难度大，难以采取统一的技术标准和建设模式。其次，由于乡村能源资源利用同时涉及能源、农业、环保等多个行业部门，需要解决资源收集、土地性质、技术融合、企业融资等多个难题。如何因地制宜开展乡村分布式能源系统的设计和建设成为一项重要课题。

第二节 乡村生物质能源潜力巨大

传统化石能源作为我国长期以来消耗的主要能源，在过去很长一段时期内支持了中国经济的快速发展。然而由于"资源节约型、环境友好型"社会概念出现以后，围绕可再生、清洁等为核心的新型能源开始被人们所了解。其中，生物质能源因其绿色环保、燃烧充分、灰分低等特点，在我国能源经济规划中的重要地位日益凸显。党中央在十八大高度强调生态文明建设，并把它融汇到经济、政治、文化和社会建设整个过程，计划到2020年保证我国七千万乡村贫困人口成功脱贫。通过产业扶贫方式扶贫是摆脱贫困的主要方法之一，其中，生物质能源产业在所有扶贫产业中堪称典范。

一、生物质能源的含义与种类

乡村生物质能源具有资源储量大，种类丰富等特征，开发潜力巨大，然而大量的生物质能源却没有被有效开发和利用，反而被随意填埋、焚烧、堆弃，变成影响环境的废弃物，已经成为我国乡村环境污染的又一个不可忽视的因素。因此，应该针对不同地区的资源状况和经济发展水平，制定生物质能源可持续开发利用对策，从而缓解能源供需矛盾，促进环境可持续发展，推动乡村地区经济开发和基础设施建设。

生物质能源主要来源是太阳能，表现为通过化学能形式，把能量保存于生物体中，很多时候都可以看作是来源于植物在生长过程中的光合作用。作为一种蕴藏在生物质中的能量，具有易燃烧、灰分低、环境友好等特性，是一种广泛分布的可再生能源。光能主要存储在碳水化合物，在光能循环转换中，生物质能源和光能密切关联。在碳源中，生物质能一直是仅有的一种可再生能源，在转换以后变为气态、液态或固态能源形式为人们提供便利。生物质能源种类较多，从原料来源的角度看，生物质能源可分为农业生产废弃物和加工剩余物、薪柴和林业加工剩余物、人畜粪便和能源植物等几类。可制成沼气、生物质燃气、生物发酵制取的氢气等气体燃料，生物柴油、燃料乙醇、生物质裂解液化等液体燃料以及炭棒、颗粒燃料等固体燃料。与其他可再生能源相比，生物质能源具有地区性限制小、可控性强、转化形式多样等优势，且生产成本相对较低，在一定程度上减少对矿物燃料的依赖，保障国家的能源安全、减轻环境污染，是解决未来能源危机的最具潜力的途径之一。

生物质产业通常指的是通过使用可循环或可再生有机物质，以种植农作物、禽兽粪便、有机废弃物或动植物残体为原材料进行加工而成的生物基产品，作为一种新型能源，可以在生物燃料和生物能源加工生产中产生。

我国是仅次于美国的世界第二大能源生产和消费国，国民经济的发展和全面建设小康社会步伐的加快对能源生产和消费提出了更高的要求。《可再生能源发展"十二五"规划》明确提出要将可再生能源作为国家能源发展的重要战略组成部分，推动其"全方位、多元化、规模化和产业化发展"，以保障我国国民经济和社会的可持续发展。国家能源局印发《生物质能发展"十三五"规划》，指出开发利用生物质能对发展循环经济、促进乡村发展和农民增收、培育和发展战略性新兴产业具有重要意义，并提出到2020年，生物质能基本实现商业化和规模化利用。

二、乡村生物质能源生产和利用模式

乡村生物质能生产和利用模式非常丰富，如生物质热电联供、生物制氢、生物天然气制取等，并且还与农业生态系统有密切的关联，有时甚至是一个不可分割的整体。常见的包括以下几种模式：

①以生物天然气+有机肥模式

生物天然气是以畜禽粪便、农作物秸秆、城镇生活垃圾、工业有机废弃物等为原料，经厌氧发酵和净化提纯后与常规天然气成分、热值等基本一致的绿色低碳清洁环保可再生燃气。生物天然气+有机肥的发展模式，其定位是以农业为主、能源为辅，需要解决秸秆收集、沼渣还原、沼气利用等关键问题。沼气发酵方式是直燃发电（供热）、露天焚烧、生物制氢等诸多生物质能转换技术的一种，与直接填埋、露天堆置等农业废弃物处理方式相比，兼具能源和农业利用价值。沼气发酵优点是废弃物排放少，产气率高，通常达到1.5倍容积率；氮、磷等元素基本保留在沼渣之中。缺点是单纯利用秸秆发酵的技术难度较大，国内相关技术发展起

步较晚，很多关键技术和设备对进口依赖性较高。综合比较，目前受到推崇的秸秆还田方式由于未经过发酵工艺处理，存在细菌和作物病害的潜在问题，加大了农药的用量；直燃发电（供热）的方式则仅利用了秸秆的能源价值，造成农业资源的浪费。从农业生态系统平衡的角度，生产生物天然气的沼气发酵技术只有17%的碳转化率，氮和磷基本保留在剩余物制作的有机肥中，能更好地实现农业资源的循环利用。

在有机肥利用方面，该模式的有机肥利用方式与禽畜粪便直接浇灌和施用化肥等方式相比，在生态环境和食品安全方面的优势也较为明显。有机肥的优点是不改变当地土壤结构，长期对保持当地环境和生态系统平衡极为有利；有机肥制作过程中经过发酵和堆埋，温度可达到70摄氏度以上，可实现较好的消毒杀菌效果；能够获得农业部门的政府性补贴。缺点是见效慢，一般3年才能看到成效，3年后减少化肥使用量30%。综合比较，有机肥虽然不能立竿见影，但对农业生产和生态环保的长期价值显著。

②生物质热电联产模式

利用生物质能源方面的科技优势，开发生物质成型燃料，开发和利用电厂余热、热电联产以及多种技术、多种形式热源，为城镇居民采暖及工业企业供热提供综合能源服务。与单一的生物质发电技术相比，生物质热电联产通过能源梯级利用，具有更高的能源效率，是我国生物质发电技术转型的方向，是未来发展的主流。乡村生物质热电联产优选以树皮等林业废弃物为原料，与焚烧秸秆进行生物质热电联供的方式相比，能够更好地兼顾经济效益和环境效益。一方面，利用当地的农林废弃物，具有好的经济效益；另一方面，与农作物秸秆不同，一些农林资源无法还田还林，和热电联产结合能更好地发挥其剩余价值。

三、生物质能源利用现状

近年来，我国加大乡村生物质能源的发展力度，生物质能源的开发利用取得了一定的进展。据估计，当前我国生物质能源总量约为7亿吨标准煤，预计2020年将达9亿—10亿吨标准煤。生物质能源主要包括生物电能和生物燃料两大类。生物电能主要是通过种植快速生长的能源作物（例如快速生长的树和草类），并燃烧这些作物来提供。生物燃料主要包括乙醇（以酒精形式存在的运输燃料）以及各种植物油和生物质液化燃料。

生物质发电。截至2015年底，中国生物质发电总装机容量约1030万千瓦时。其中，农林生物质直燃发电约530万千瓦时，垃圾焚烧发电约470万千瓦时，沼气发电约30万千瓦时。生物质年发电量约520亿千瓦时。生物质发电装机主要分布在东部沿海地区，华东地区最为密集，装机总量为200.7万千瓦，占全国装机总量的40.0%。其他装机规模较大的区域分别为华中和东北地区，分别占全国装机总量的26.2%和18.4%。西南地区受资源禀赋、地形和气候条件限制，生物质直燃发电项目数量较少，仅占全国总装机总量的3.1%。西北地区因生物质资源量少，建成的农林生物质直燃发电项目极少。

生物质成型燃料。截至2015年底，生物质成型燃料年利用量约800万吨，主要用于城镇供暖和工业供热等领域。生物质成型燃料生产规模总体很小，目前，成型燃料生产与锅炉供热在长三角、珠三角等地区产业化示范效果最好。生物质成型燃料供热是防治大气污染、减少煤炭消耗的重要措施，尤其是应用于北方乡村地区供暖关乎民生，是近期生物质能开发利用的重要方向之一。

生物质液体燃料。截至2015年底，燃料乙醇年产量约210万吨，生物柴油年产量约80万吨。生物柴油处于产业发展初期，纤维素燃料乙醇仍存在需要突破的技术难题。目前，生物质液体燃料产业规模总体较小，但生物质液体燃料因其能量密度大、运输与使用方便，是中国生物质能源开发的中长期战略重点。

①沼气利用规模不断扩大

2003年农业部《乡村沼气建设国债项目管理办法》确定了对乡村沼气项目建设每年10亿元国债的补助标准，大力推动乡村沼气的发展利用。在乡村户用沼气技术方面，我国达到国际领先水平，南方"猪—沼—果"、北方"四位一体"以及西北的"五配套"等多种利用模式，有效推动了户用沼气的发展。近十年来，乡村户用沼气池规模不断扩大，年均利用率基本达到90%，2016年末累计乡村户用沼气池已超过5000万户，为广大农户提供了生活燃料。生活污水净化沼气池逐年增加，2012年已建成208551处，总池容达到970万立方米。沼气工程建设以农业废弃物处理工程为主，乡村沼气受益人口超过1.5亿人。沼气工程已实现零部件的标准化生产，建立起较为完善的技术服务体系。

截至2015年底，全国沼气理论年产量约190亿立方米，其中户用沼气4193万户，年产量约132.5亿立方米，各类沼气工程10.3万处，总池容达到1892.6万立方米，年产沼气量约20.1亿立方米。中国沼气正处于转型升级关键阶段，全国沼气工程总池容较大的省份依次是广东、四川、湖南、江西、浙江、河南、山东等，主要分布在中国的南方地区；户用沼气产气量主要分布在四川、广西、云南、河南、湖南、湖北等。目前，以北京市等为代表的多个省市户用沼气利用率较低，但在东南和西南的部分地区户用（联户）沼气利用率依然很高，达到90%以上，表现出较强的生命力。近年来，受畜禽养殖模式、农民生活方式改变以及乡村年轻劳动力转移等方面的影响，全国用户沼气停止运行或低效运行现象较为普遍，其运行维护的社会化服务体系建设不容忽视。

②秸秆能源化利用起步并快速发展

我国秸秆资源量丰富。据农业部《全国农作物秸秆资源调查与评价报告》测算，我国农作物秸秆理论资源量为8.2亿吨，以稻草、麦秸和玉米秸为主，也包括棉秆、油料作物秸秆、豆类秸秆和薯类秸秆，主要分布在华北和长江中下游地区。除去作为造纸原料和畜牧饲料利用的部分，约3亿吨可作为燃料使用，折合标准煤约1.5亿吨。《可再生能源中长期发展规划》提出要在粮食主产区建设以秸秆为燃料的生物质发电厂，加快生物质固体成型燃料示范建设，到2020年，实现生物质固体成型优质燃料的普遍使用。当前，我国秸秆能源化利用方式主要有秸秆沼气、热解气化、秸秆炭化和固化成型。

典型案例：南浔神牛生态农庄实现资源循环利用

浙江省湖州市南浔区神牛生态农业发展有限公司位于练市镇，是一家集生态种养殖于一体的农业循环经济产业园。该农庄采用新型三沼综合利用循环模式，利用沼气、沼液和沼渣为种植提供清洁能源和优质有机肥料，全程实现了农业生产绿色化。该农庄的生猪养殖通过雨污分离和干湿分离，将生猪养殖的粪便集中收集，将污水通过沼气池进行厌氧发酵，将发酵后的沼液通过氧化塘曝氧分解，用于浇灌芦笋和苗木，还可作为鱼虾的饵料和浇灌用水。该农庄将收集的猪粪混合沼渣、石灰、稻草、砻糠等搅拌后作为种植蘑菇的基质。沼气通过储气柜收集后给场内蘑菇大棚加热，还提供给周边农户用作清洁能源，实现了废弃物的资源化循环利用。通过"生猪—污水—沼化—沼液—芦笋、苗木、鱼虾""干粪、沼渣—混合秸秆、砻糠—蘑菇—有机肥—芦笋、苗木"和"沼气—管道输送—农场供热、周边农户"三种模式，达到了生态农业的内循环，实现了养殖业排泄物的资源化利用。

该农庄还注册了"神芦菇"商标，实行品牌化经营，年产值达1100多万元，形成了基础设施完备、产业优势突出、科技应用领先、服务体系健全、生态环境良好、产品优质安全的现代循环农业产业园，并于2016年被授予浙江省"美丽生态牧场"称号。该农庄的生态循环发展之路不仅取得了良好的经济效益，还获得了社会高度评价。

四、乡村生物质能源利用的必要性

我国是农业大国，既具有生产农产品的能力，又具有生产生物质资源的潜力。首先我国具有丰富的生物质能源。据测算，我国理论上生物质能源相当于50亿吨标准煤左右，是目前国内总能耗的2.5倍左右。目前，可作为能源利用的生物质能约折合5亿吨标准煤，主要是能源作物、农作物秸秆、薪柴、禽畜粪便、生活垃圾等。农作物秸秆年产量约6亿吨，除去用于饲料、肥料和其他工业原料外，至少有一半以上可用于生物质能开发和利用。

第一，生物能源对环境的积极影响。生物能源作为太阳能的一种表现形式，在整个自然环境大系统中，其生产和消费过程可形成无污染和干净的闭路循环系统，因此，生物能源的推广使用，能够改善乡村环境。这主要表现在以下几个方面：①能源作物在生长过程中要吸收大量的二氧化碳，从而降低空气中二氧化碳的浓度；②生物燃料能够干净地燃烧，可以生物降解；③种植能源作物可以阻止荒漠化和沙尘暴发生；④种植能源作物还对野生动物、生态系统、农田、水土保持和水质有着积极的影响。

第二，生物能源对促进乡村经济发展具有重要作用。乡村生物能源开发利用的投入更少、收益更多，所能带来的机耕效益更明显。促进经济发展的背景下，首先要让人民群众看到收益，所以在乡村生物能源的开发工作中一个重要任务是增加农民的收入，这也是中央提出的以人为本的科学发展观的前提。利用生物能源是提高人民群众收入的主要途径：一是出售农作物秸秆，用于造纸、生产胶合板等建筑材料以及发电等；二是种植能源植物，如不少地区种植木薯用于生产乙醇，形成了产业链，增加了乡村的财政收入。调动起人民群众的开发积极性，将会进一步推动经济的发展。

五、乡村生物质能源发展现存问题

尽管我国乡村生物质能源具有良好前景，在开发过程中，依然存在诸多难题，一定程度上影响着乡村生物质能源发展。

①宣传和认知力度不足

发展乡村生物质能源是推动乡村地区经济发展以及实现精准扶贫的重要手段之一，但许多乡村的民众仍保持着自给自足、攀比等"小农心态"，缺乏农作物能源化利用的主观意愿。政府宣传和普及相关知识的力度不够，大部分农民对乡村生物质能源综合建设的重要性认识不足，公众对于开发利用乡村生物质能的意义认知不够，认为开发利用乡村生物质能与己无关，导致乡村地区生物质能源开发进程较为

缓慢。目前，在农业生产生活中煤炭薪柴作为燃料所占比重依然较大。随着经济的快速发展，外出务工农民增多，乡村劳动力减少，大部分农民对农作物秸秆进行野外就地焚烧，从而导致大量秸秆作为燃料难以还田。对于林业生物质，大部分乡村地区还是传统的薪柴燃烧利用，能源利用效率较低，并且存在乱砍滥伐现象，植被破坏导致水土流失，使乡村生态环境恶化加剧。

②机械装备及技术体系标准化有待加强

一般机械化水平和技术水平较低的话，都会对生物质能源利用产生不利影响。在我们国家机组最大一般为1.5万千瓦，看似非常庞大的数据，但是和国外生物质发电技术最大装机容量相比相差甚远。一直以来，生物质利用机械化水平长时间处于较低水平，被认为是乡村生物质能源不能很好利用的原因，特别表现在森林抚育、林间集材和打捆方面，机械化程度较低，不利于提高生产效率。

③原料和产品市场不成熟

生物质能资源与传统燃料相比虽然更加环保，但由于原料难以大规模收集、就近转化程度低、分布式商业化开发利用严重不足等重要问题，严重制约着生物质能源的区域发展，原料的集装、运输、储存体系不完善，交易价格难以控制，使得生物质能源利用成本较高，造成生产者和消费者对生物质能源的接受程度普遍较低，更倾向于选择成本较低的化石燃料。以秸秆发电为例，秸秆发电厂从电厂的建立、秸秆的收集与运输到能源的输出都需要大量的人力、物力、财力，由此使得秸秆能源的生产成本居高不下，生物质能源价格受到能源成本的影响依然偏高。一些农民有收售秸秆的愿望，但当得知"收储运"过程需要诸多的配套设备，都望而却步，资金匮乏无力投入。同时，对于生物质所提供能源的稳定性和实用性缺乏确切的保证，许多消费者对此仍持观望态度，不利于生物质能源大规模产业化应用。

由于生物质能源供应成本高、供给量跟不上需求量、供应的稳定性和实用性不足等问题，生物质能消费市场的拓展速度缓慢，市场空间狭小，没有形成连续稳定的生物质能市场需求，使得生物质能源距离市场化竞争以及运行还存在着较大的差距。

④支持政策和配套措施不足

生物质能源产业快速发展，将能够不断提高环境保护意识，让环境效益发展成为一个新产业。借助国内外发展经验可发现，政府政策支持是生物质能源在市场上迅速发展的不竭动力。但在我国生物质能源利用方面，政府以完成本职工作为主。往往将工作重点放在法律政策所禁止的方面，而相关投资和融资机制较为缺乏、支持政策之间缺乏统一的协调配合，未能形成长期支持生物质能源产业发展的有效体系，制约了乡村地区生物质能技术的实施和推广。比如，在市场上如果建立规模化的畜禽养殖场大中型沼气工程项目，在最开始所需要投资成本比较高，但是投资回报率依然很低，所以很难出现规模效益，此外，由于市场风险高，很难对社会资金进行吸纳。由于对乡村生物质可获取量相关数据不能实时掌握，不能对各个地区生物质能利用技术适应性做出合理分析，同时在经济、技术和环境等方面，不能对乡村生物质能每种使用方式进行分析。对各个地区、不同使用者、资源分布不同以及经济发展水平不一致情况下技术适应性信息掌握不全面。同时政府与生物质能源的生产者和消费者之间经济联系不够，使得政府对市场的调控和协调能力不强。与此同时，行业监督力度不够、销售渠道开发程度较低、扶持价格及财税政策缺失以及产品推广环境复杂等问题出现，使得乡村生物燃料产业发展缓慢、竞争力和抗风险能力差，没有发挥出产业应有的影响和作用。

六、乡村生物质能源开发利用的对策

针对现存问题，需要探讨建立科学的乡村生物质能源开发利用方式，根据分类开发的利用原则，因地制宜，通过政府组织规划，企业合作开发，农民相配合的开发模式，促进生物质资源的科学利用。

1.制定规划纲要，鼓励农民参与

通过制定发展强制性目标，合理细分短期计划和长期计划，以应对生物质能源需求的变化，从而达到持续发展的目的。同时，政府的相关部门应该响应能源部门的号召，通过集中的社会宣传和鼓励教育，改变乡村居民的传统观念，加深人们对生物质能源的了解。通过县、乡、镇、村扶贫办了解乡村贫困人口的情况，优先聘用有劳动能力的贫困人口，通过统一的专业化培训，使其成为掌握作业标准和管理标准的现代企业员工，使其参与到生物质能源产业的原料收购、运输、加工及管护工作中。通过发展生物质产业带动农林牧业的发展，提高农民收入，从而进一步鼓励农民参与积极性，增加乡村贫困人口的收入。

2.提高科技水平，鼓励人才培育

为管理好生物质原料和产品质量，必须构建完善的生物质原料和产品质量监测体系。加快研发、引进、转化适应实际需要的机械设备。继续扩大生物质开发利用领域，展开国际交流合作，投资购买国外先进设备，吸纳国外生物能源方面有关人才并不断学习经验。与国内外高校资源对接，设置相关专业，进行实践培训，从而培育专业化人才，以适应产业发展的需要。

3.因地制宜，科学划分原料供给和市场区域

　　开展可利用土地资源和植物资源的调查评估，加强规划引导，结合不同乡村地区生物质能源的实际情况，与生态环境治理相结合发展能源林业，与调整农业结构相结合发展能源农业，与养殖场结合推行沼气规模化生产，合理布局项目。广泛布局收购点，与农户签订长期的收购合同，促进形成对接农户的高效收集渠道，建立生物质原料配送专业化体系，通过降低收集成本实现项目绩效的提升。以"就近收集、就近转化、就近消费"为核心，不断完善生物质能源商业化开发利用模式，让开发利用处于合理区间。

　　4.制定和完善扶持政策和配套措施

　　政府作为生物质能源开发利用环节的管理者和监督者，应积极协调整个环节中所涉及的参与者之间的关系，完善经济激励政策和市场政策，使得生物质能源的开发利用得到良性循环。对生物质相关产业实行税收优惠、贷款担保、财政支持，完善资金补助政策。在符合相关规定的前提下降低外资和民营资本投入门槛，引导生物质能企业上市进行融资，关注国有企业发展，并鼓励它们加入到生物质能源产业开发研究中。同时完善服务体系，建立政府与企业的联动机制，使政府资源管护体系与企业资源开发有机结合。

第三节　城乡一体的电能替代

　　当前，我国大气污染形势严峻，大量散烧煤、燃油消费是造成严重雾霾的主要因素之一。我国每年散烧煤消费7亿—8亿吨，主要用于采暖小锅炉、工业小锅炉（窑炉）、农村生产生活等领域，约占煤炭消费总量20%，远高于欧盟、美国不到5%的水平。大量散烧煤未经洁净处理就直接用于燃烧，致使大量大气污染物排放。此外，汽车、飞机辅助动力装置（APU）、靠港船舶使用燃油也是大气污染排放的重要源头。电能具有清洁、安全、便捷等优势，实施电能替代对于推动能源消费革命、落实国家能源战略、促进能源清洁化发展意义重大。

　　2016年，国家发展改革委、国家能源局、财政部、环保部、住房城乡建设部、工业和信息化部、交通运输部、民航局联合印发了《关于推进电能替代的指导意见》（发改能源〔2016〕1054号），从推进电能替代的重要意义、总体要求、重点任务和保障措施四个方面提出了指导性意见，为全面推进电能替代提供了政策依据。

　　随着城乡一体化进程的发展，农村与城市需要从各自优势出发，形成城乡一体的电能替代体系。

一、供给侧加快清洁能源、再生能源的接入，降低煤电比例

受我国"富煤、贫油、少气"的资源禀赋的影响，煤炭价格低廉，其较天然气、风电、光伏有非常显著的经济性优势。但是煤炭燃烧会产生大量的二氧化硫、氮氧化物、悬浮物、PM10、一氧化碳等污染物，对大气环境产生严重污染。针对这个问题，需要采用多种手段加快清洁能源、再生能源的接入，降低煤电比例，具体包括：

第一，加快多种清洁能、可再生能源接入。加快发展光伏发电、风力发电等清洁能源，因地制宜开展"农光互补""渔光互补""林光互补"等项目。形成一条集光伏发电、农业种植、渔业养殖、林业休闲、旅游观光于一体的生态旅游农业光伏产业链。在我国，西北地区已成为全国风电、光伏装机最大区域。2018年西北五省（区）统调口径新增风电并网容量335.3万千瓦，累计并网容量4905万千瓦，占全网总装机的19.43%；风电发电量870.16亿千瓦时，占全网总发电量的11.33%；新增光伏发电并网容量546.3万千瓦，累计并网容量4046万千瓦，占全网总装机的16.0%；光伏发电量481.85亿千瓦时，占全网总发电量的6.27%。新能源已成为西北电网的主力电源，在促进节能减排、带动经济社会发展和满足电网供需平衡等方面起着不可替代的重要作用，西北地区用户每用10度电就有1度是新能源发电量。与此同时，新能源发电在西北地区高占比运行已经成为常态，在西北五省（区）中，青海、甘肃、宁夏新能源最大电力占日用电负荷分别达到56%，56%，49%，已经赶上或超过丹麦、西班牙等发达国家的水平。在长三角地区，我国第一个地级"生态文明示范区"湖州市也在积极开展电能替代生产。为推广清洁能源持续健康应用，湖州电力公司提供了光伏项目全过程免费服务，减免系统备用容量费和电价附加费；优化并网流程，加快光伏项目接入系统外部工程的改造和建设，加快光伏项目的竣工检验和并网调试时间。为不断推动能源发展清洁化，湖州电力公司按照"最短停电时间、最有利作业方式、最优质供电服务"的要求，加强太阳能、风能等新能源发电项目的配套电网送出工程建设，确保项目有序投产。建立厂网协同、市县一体的新能源发电调度工作机制，确保新能源顺利并网发电。同时加强调度监控，确保"稳运行"，探索建立多种新能源电网安全运行管理体系。

第二，提高新能源产业集聚。在区域政策和资源影响下，我国新能源产业集聚特征显现，初步形成了以环渤海、长三角、西南、西北等为核心的新能源产业集聚区。依托区域产业政策、资源禀赋和产业基础，各集聚区新能源产业发展迅速，特色明显。其中长三角区域是我国新能源产业发展的高地，聚集了全国约1/3的新能源产能；环渤海区域是我国新能源产业重要的研发和装备制造基地；西北区域是我

国重要的新能源项目建设基地；西南区域是我国重要的硅材料基地和核电装备制造基地。

目前，国内规模化应用的新能源产业包括太阳能、风能、核能和生物质能等，这些细分领域具有不同的集聚特征。

太阳能光伏产业：形成了以长三角为制造基地、中西部为原材料供应基地的产业分布格局。长三角地区是国内最早的光伏产业基地，随着产业链延伸，江西新余、河南洛阳和四川乐山等地成为国内硅片制造和原料多晶硅基地。

风电产业：环渤海区域是国内外知名风电装备制造企业的聚集地，长三角区域也培育了一批风电装备制造企业，而西北区域是风电场建设的集中区。

核电产业：核电站主要分布在沿海，装备制造主要分布在西南和东北地区。中国已建成的4座核电站与在建的13座核电站均分布在沿海地区，而主要核电常规岛、核岛供应商及其制造基地则主要分布在四川、黑龙江。

生物质能产业：我国2/3以上的生物质资源集中在内蒙古、四川、河南、山东、安徽、河北、江苏等12个省区，约70%的生物质发电、生物质液体和气体燃料产业分布在这些省区，其他省区相对较少。长三角地区集中了我国60%的光伏企业，20%以上的风电装备制造企业；环渤海地区集聚了我国30%左右的风电装备制造企业；西北地区集聚了我国90%以上的风电项目和太阳能光伏发电项目；西南地区则是我国重要的硅材料基地、核电装备制造基地。

第三，多渠道降低煤电比例。积极实施煤电机组节能减排升级和改造行动计划，强化热电联产管理，严格热电项目建设管理，加快老旧低效机组淘汰关停，全面推行烟气超低排放。以湖州市为例，到2017年底，所有地方热电厂烟气达到国家烟气超低排放标准，地方自备燃煤热电机组须按期完成天然气改造，或通过改造达到烟气超低排放限值要求。2017年，湖州市太阳能、风能和生物质等新能源装机容量新增76万千瓦，达133万千瓦；人均新增容量256.3瓦，居全省第一。新能源发电量14.51亿千瓦时，其中太阳能发电7.62亿千瓦时，共减少标准煤燃烧约25.93万吨，减少二氧化碳排放67.95万吨。

二、消费侧加快电能替代，不断提高清洁能源在终端能源消费中的比例

随着我国人口与经济水平的发展，能源消耗与日俱增，电力需求与一次化石能源短缺的矛盾也日益突出。由于电能具有清洁、安全、便捷、高效等特点和优势，与生态文明建设具有内在的契合性，国家开展了"以电代煤、以电代油、电从远方来"为核心内容的电能替代工作。统计显示，电能占终端能源消费比重每提高1个

百分点，能源强度就下降3.7个百分点。因此，应该着力提高电能在终端能源消费中的比重，尽最大限度减少终端石化能源的燃烧排放，以缓解污染物排放对环境造成的压力。

一是加快绿色岸电建设，有效降低水上船舶的废气污染和噪音扰民。烧煤和燃油的水上船舶被称为"流动的烟囱"。船舶使用岸电可减少氮氧化物、硫氧化物、可吸入颗粒污染物等大气污染物的排放，同时可减少内燃机的扰民噪音，具有显著改善生态环境的效果。

在宁夏银川，岸电入湖（河）"蓝"色行动正积极实施。沙湖5A级旅游景区自1990年开发以来，每年接待旅客50万人次左右，已成为西北地区颇负盛名的旅游热点，因其独特优美的自然景观而被选为全国35个王牌景点之一，景区内有各类游船游艇300余艘，用于游客运送及游乐项目使用。沙湖船只主要用于水上娱乐、水上浏览观光及游客转运等，单只船只最大航行里程约85千米，均有固定的码头停靠，这与电动汽车的特点非常相似，电动车的驱动技术完全可以应用在游船上，电动船和电动汽车就是一对"姊妹花"。电动船比电动汽车载重量更大，对噪声污染、废气污染和燃油对水面的污染的治理有极大好处，可实现污染"零排放"，特别能够体现沙湖的"绿色"旅游概念，是其他驱动方式无法比拟的。通过对电动旅游船应用的优势、技术可行性的分析后，最终宁夏沙湖旅游公司接受了景区使用电动船的建议。如今，行走在沙湖景区，抬头不见烟，低头听不到马达声，让人真切感受到电能替代带来的新气象。宁夏沙湖旅游公司已对190多艘大中型渡船和游艇进行了以电代油改造，全部使用铅酸蓄电池组替代了柴油发动机和汽油发动机，大大减少了环境污染，保护了沙湖天然的生态环境。

浙江省湖州市在该市城东、南浔、和孚、吕山服务区和南浔危险品锚泊区等5个水上服务区投运智能共享岸电装置，京杭大运河湖州段实现了公共水上服务区岸电全覆盖。所有岸电装置均采用标准化接口，可以实现人机交互、刷卡接电、实时结算。9月25日，京杭运河岸电全覆盖启动会在该市举行，交通运输部、国家能源局、国家电网公司签署战略合作协议，共同推进靠港船舶使用岸电，进一步减少船舶污染排放。该市绿色岸电建设的示范带动作用已辐射至全国。该市境内1179.52千米的航道，通过"以电代油"实施岸电上船，全年可减少燃油消耗约520吨，减排硫氧化物25吨、氮氧化物14.7吨、颗粒污染物4.8吨，减少烟气总量624万立方米。该市还大力推进绿色航道建设，水上巡逻船已改用纯电动船，正在研发纯电动的大型货船和集装箱船。

二是加快中小锅炉改造，有效改善工业园区的生态环境。华北工业重镇唐山市开展了"清洁取暖·蔚蓝凤城"行动，强力推进冬季清洁取暖"电代煤"及大气污染防治、减少散煤燃烧工作。截至2018年，唐山市共有燃煤锅炉8750台，现已全部实施清洁替代，其中共有1325台燃煤锅炉实施电能替代。预计年减少燃煤23600吨，减少污染排放16048吨碳粉尘、58823吨二氧化碳、1770吨二氧化硫、885吨氮氧化合物。

华东童装名镇织里镇里，作坊式的童装企业，原先烧燃煤蒸汽小锅炉，煤渣随处堆放，浓烟污染环境。自2012年开始，该市供电公司积极推进"煤改电"工程，至今已完成1400户童装企业的"煤改电"工程，共淘汰5200多个煤锅炉，年替代电量3500万千瓦时，年可节约标准煤10955吨，减排烟尘424吨、二氧化碳4.42万吨、二氧化硫263吨。以电代煤，改善环境，当地居民都得益。改用电蒸汽熨烫衣服，节省了烧锅炉的用工成本，消除了安全隐患，服装企业普遍受益。

三是加快充电桩建设，努力构建城乡电动交通体系。珠三角的江门市正推动"绿色出行"，向新能源汽车车主提供更加方便快捷的充电服务。江门供电局正在不断加快大型充电站点的建设，三区四市内已经建成电动汽车充电站点19座，一共安装充电桩190个，主要分布在景点公共停车场、核心城区（镇、街）供电营业厅以及部分居民区等。四川达州市则从公共交通入手，科学规划城乡充电桩建设的合理布点，对公交车进行快速充电或快速更换电瓶，确保正常运行。市内公交车已改换成纯电动车。城乡公交加快淘汰用油车和用汽车，计划今年基本改造完成。旅游大巴也已开始改换纯电动车。与此同时，在高速公路服务区、城市公共停车场、重点单位内部停车场等，设置为新能源汽车提供服务的充电桩。

四是创新建设"全电物流"，实现运输环节零排放、零污染、零噪音。早在2015年，国网电力浙江公司长兴分公司就参与当地政府全面实施"以电代油"计划。长兴公司积极推动矿山等企业采用封闭输送带代替汽车运输，1.5千米长兴博力矿业有限公司输送带、0.72千米李家巷湖州南方水泥输送带先后建成。试点项目运营稳定、可靠，且节约成本，又彻底解决了大货车装运造成周边尘土飞扬的局面。2018年4月17日，国网长兴县供电公司与湖州南方物流有限公司签订了《"全电物流"项目战略合作协议》，共同推进"全电物流"项目。该项目分两大部分，即中转仓储及输送工程和码头区工程。码头区工程已于2017年建成投运，吞吐量为1292万吨/年，码头总长664米，变压器容量5000千伏安，预测年耗电量1300万千瓦时。中转仓储及输送工程于2018年8月10日正式运行，总装机容量10280千瓦，预测年耗电量3150万千瓦时。全封闭、全架空的带式机廊全长22千米。各生产区的熟料通过带式机廊运输到中转站，由中转站通过带式机廊运输到码头，再由码头通过水路运往各地。这是全国首个实现全电运输、全电仓储、全电装卸、全电泊船的"全电物流"电能替代项目，同时也是全球距离最长、速度最快、吞吐量最大的电力输送带。这条输运带，每年能运1050万吨熟料，每天最大运输量可达4.5万吨。该输运带投入运行后，301省道煤山至小浦段，每天减少运输车辆往返约2400车次，全年可节约燃油2026吨，减少尾气排放14278吨。

三、加快农网扩容改造，助推大花园、大景区建设

农村是分布式新能源的主战场，在电能替代中需要发挥出更重要的作用。浙江省湖州市，是"两山"理念诞生地，美丽乡村也从此发源。为践行"两山"理念，促进"两山"转化，该市大力发展乡村旅游。德清县的"洋家乐"、长兴县的"上海村"和安吉的亲子游，风生水起。随着用电需求量的迅速增加，原有农网供电不足，有些农家乐经营户只能自备小型燃油发电机。用电高峰时，发电机污染环境，绿水青山就打了折扣；发电机的噪音还会影响顾客休息，进而影响农家乐的美誉度。更何况，春茶上市时，改用电炉炒茶，用电量猛增。针对上述情况，该市电力公司积极采取应对措施。一是加快农网扩容改造，满足乡村用电需求。该市供电公司结合湖州美丽乡村建设工作，实施新一轮农网改造升级工程，积极采用非晶合金变压器、调容变压器等节能新技术、新装备，建成结构合理、技术实用、供电质量高、电能损耗低的现代乡村电网。经过多年扩容改造，全市农网用户供电可靠性达到99.841%，全市农网综合电压合格率达到99.978%，与城市电网电压合格率相当。二是配合大花园、大景区建设，美化电力设施。乡村和小城镇变电所、电杆，注重与环境的和谐。除了必要的警示标识，努力做到环境友好，"线杆融景、变台为景"，优化电力线路布局和规范装置标准，美化台区环境，推动美丽乡村和特色小城镇变身宜居宜业宜游的大花园、大景区。为了彻底消除弱电线缆乱搭挂现象，该市电力公司还积极配合有条件的乡村和小城镇做好"五线入地"工程，进一步美化环境。三是建设好示范性"全电景区"，提高景区电气化水平。"全电景区"指通过实施"电能替代"，将传统景区中的燃煤锅炉、农家柴灶、燃油公交、燃油摆渡车、传统码头等改造为电加热（制冷）、电炊具、电动汽车、低压岸电，实现电能在终端能源深度覆盖的各类旅游景区。长兴仙山湖景区是今年全省首个完成全电化改造的景区，建成了"零排放、无污染、无噪音"的绿色景区。2017年浙江已有海宁盐官、东阳横店等8个国家级景区建成"全电景区"。2018年全省建成70个"全电景区"，湖州市将1年内建成包括仙山湖景区在内的5个"全电景区"。

典型案例：长兴仙山湖国家湿地公园建成"生态+电力"全电景区

仙山湖国家湿地公园位于苏、浙、皖三省交界处的长兴县泗安镇，由"仙山"和"仙湖"两个自然的山水组成，总面积2269.2公顷。仙山海拔162米，建有古刹显圣寺，距今已有1000多年历史，素有"先有仙山、后有九华"之说；仙湖湖区分布着上千亩的森林沼泽和草本湿地，水质清澈，是长三角地区最具生物多样性和生态原始性的湿地生态系统，也是自然湿地与人工湖泊湿地生态系统的典型代表。为了保护景区生态环境、实现可持续发展，长兴县坚持"生态+电力"理念，于2017年实施"保卫蓝天电能替代工程"，大力推广电能替代煤、油和木材等传统能源，实行电气化改造，建设"全电景区"。在建设全电景区工作中，长兴县对湿地公园内的游艇、锅炉、热泵等用能设施全部进行电能替代改造，实现电能在全景区终端能源深度覆盖。改造后，仙山湖国家湿地公园的专用变压器从1台增至4台，新增容量965千伏安，年用电量超过70万千瓦时，每年可节约标准煤86吨，减少排放二氧化碳225吨、二氧化硫0.73吨、氮氧化物0.64吨，有效提升了仙山湖国家湿地公园的生态建设水平，不仅营造了良好的绿色低碳环境，而且为全市其他湿地公园乃至景区景点的建设做出了示范。

四、城乡一体化"生态＋电力"的对策建议

1.重点领域推广电能替代优化能源消费结构，提升能源使用效率

（1）中小企业领域

在我国，中小企业数量大、活力充沛，创造巨大产值，其通常有着生产分散、环境污染大、效率不高、能耗高、安全可控性不高等特点，是高污染、高能耗、高危险生产的重点领域，整治难度大，成本高，对这类企业实施能源淘汰政策将引起巨大负面影响。通过电能替代手段将符合产业发展的小企业和作坊改变为清洁、规范、安全、效率提升的新型现代化小型企业，具有较大潜力。能在提升经济发展动力、活力的同时实现整体的能源结构优化和综合能源使用效率，并且整体环境也得到大大改善。

（2）厂内运输生产领域

厂内运输生产占整体物流领域能耗较大部分，具有较大改善空间。一是物流规模以上生产型企业，厂内运输是其生产过程重要组成部分，总体能耗占比较高，由

于厂内物理空间范围有限，通过以电代油将大大改善其生产排放，同时实现生产效率与安全的高度统一。二是景区内运输生产，景区运营安全与绿色运输是两个重要内容，实施全电建设能够更好地提升安全的高度可控性与环境友好性。三是内河航运生产，千吨级以下船舶运输是重要的污染与碳排放来源，对全省千吨级以下运输船实施电力化改造与岸电配套建设将大幅降低内河航运领域能耗与污染水平。

2.推进综合能耗导向的考核指标与政策体系改革

在以综合能耗考核为主要目标的前提下，重新设计生产能耗考核中电力指标的权重和性质，将更有利于推动综合能耗结构与总量双优化。在我国当前能耗考核指标体系中，电能消耗是一项权重较大的总量考核性指标，这一指标的考核定位与权重设计大大限制了电能替代在优化综合能源消费结构和综合能耗使用效率中的重大作用。主要措施包括：（1）包括单位能耗在内，重新设计相关能耗指标中电力权重与定位；（2）针对新能源汽车、气改电地热等新情况，优化居民阶梯电价结构；（3）增加电能替代相关科研项目的财政补贴，提高社会实施电能替代的积极性；（4）在重点生产领域增加电能替代相关扶持政策；（5）加快城镇电力管网规划与建设。

能源不仅是现代社会中人们生活的必需产品，也是乡村振兴发展的重要依靠。乡村振兴不仅要高速度，更要高质量。新能源、绿色能源的开发与利用将成为美丽乡村建设的关键环节和必然要求。

第九讲

城乡融合：
乡村振兴新途径

曹永峰

习近平总书记指出，在我们这样一个拥有13亿多人口的大国，实现乡村振兴是前无古人、后无来者的伟大创举，没有现成的、可照抄照搬的经验。实施乡村振兴，唯有走符合国情的道路。从国情来看，我国农耕文明源远流长，是中华优秀传统文化的根。留住根的生机活力，乡村振兴，不能忽视懈怠；实现现代化强国，实现城乡协调发展，离开农村发展，不现实也不可能。从历史，从现在的人口分布来看，振兴乡村是不可回避的历史使命。乡村振兴了，能吸引城市的消费者，甚至成为城里人的"后花园"。美丽乡村，对于城镇有"溢出效应"；富裕的城镇，也能带动美村乡村建设。因此，城乡融合，二者相得益彰，实乃乡村振兴的新途径。

第一节 乡村是中国最大的国情

中国目前仍拥有近6亿的农村常住人口，城乡二元结构的矛盾依然存在。即使到2035年，基本现代化的目标实现，农村预计还有4亿左右的人口，这个数字比现在美国的全部人口还要多。农业强不强、农村美不美、农民富不富，决定着亿万农民的获得感和幸福感，决定着我国全面建成小康社会的成色和社会主义现代化的质量。作为世界上最大的发展中国家，农业农村农民问题是关系国计民生的根本性问题，是影响中国未来发展的关键性议题。

一、乡村人口变迁

"中国的农村市场化建设必须探索走出一条不同于西方发达国家的、从城市和农村共同吸纳农村剩余劳动力的发展路子"，中国有近9亿农村人口，如果照搬西方发达国家的模式，城市不可能容纳吸收这么多农村人口。习总书记非常明确地指出："中国是一个社会主义国家，社会主义基本制度不允许在农村市场化建设中出现大量农村剩余劳动力涌入城市沦为城市贫民和贫富两极分化问题的发生。"[1]

从全球范围看，任何一个国家和地区在发展过程中，都需要不断处理好工农城乡关系。在一个国家城镇化和现代化进程中，乡村地区呈现空心化乃至衰退，是一个国际上的普遍现象。一般意义上说，城镇化就是乡村人口逐步向城镇转移，同时城镇边界不断扩展和乡村不断缩小的过程。如图9-1所示，我国城镇人口和农村人口变迁也呈现出农村人口向城镇转移的过程。2006年，我国城镇人口数为58288万人，占我国人口总数的44.34%，农村人口数为73160万人，占我国人口总数的55.66%。到2017年，我国城镇人口数上升到81347万人，占我国人口总数的58.52%，农村人口数为57661万人，占我国人口总数的41.48%。

城镇化是国家实现现代化的必由之路和强大动力，这是已被各国实践证明了的规律。我国的发展战略也明确，要积极稳妥扎实推进城镇化，到2020年，要解决约1亿进城常住的农业转移人口落户城镇、约1亿人口的城镇棚户区和城中村改造、约1亿人口在中西部地区的城镇化，推动新型城镇化要与农业现代化相辅相成，突出特色推进新农村建设，努力让广大农民群众过上更好的日子。

但是，我国有着幅员辽阔、人口众多、农村面积大等特点，人口城乡分布的格局和变化与别国有很大差别，即使我国乡村人口的比重降到30%以下，总量也仍将

---

[1] 习近平：《中国农村市场化研究》，博士学位论文，清华大学，2001年。

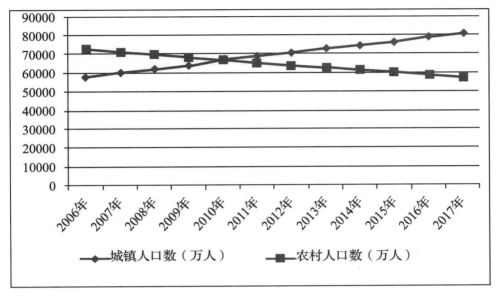

图9-1　2006—2017年我国城镇人口数与农村人口数（万人）

达到4亿多人。随着城镇化的推进，农村人口必然逐步减少，有些村庄也会因各种原因而逐步消失，但这是一个渐进的历史过程，我国的基本国情决定了不管城镇化发展到什么程度，乡村都不可能完全被消灭。

　　另一方面，我国目前还有大量的流动人口，2014年以前，全国流动人口呈现持续增长态势。从2015年开始，流动人口规模发展出现新的变化。全国流动人口规模从此前的持续上升转为缓慢下降。2015年国家统计局公布全国流动人口总量为2.47亿人，比2014年下降了约600万人；2016年全国流动人口规模比2015年减少了171万人，2017年继续减少了82万人。见图9-2。

二、农业产业发展与劳动力流动

　　早在2013年的中央农村工作会议就已经明确，我国是个人口众多的大国，解决好吃饭问题始终是治国理政的头等大事。要坚持以我为主，立足国内、确保产能、适度进口、科技支撑的国家粮食安全战略。中国人的饭碗任何时候都要牢牢端在自己手上。图9-3所示，我国粮食产量近年来保持持续增长后，进入相对稳定期，从2012年的61222.6万吨上升到2016年的66060.3万吨，2016年、2017年保持相对稳定，实现了我们的饭碗装中国粮，粮食基本自给。

　　但我国的农业增加值增长速度不快，第一产业占比总体下降。改革开放以来，我国三次产业在GDP中的比例关系发生较大变化，产业结构总体呈现由"二一三"

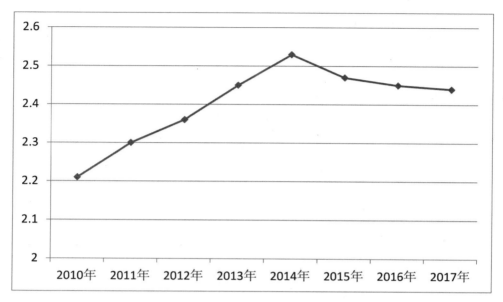

图9-2　2010—2017年我国流动人口（亿人）

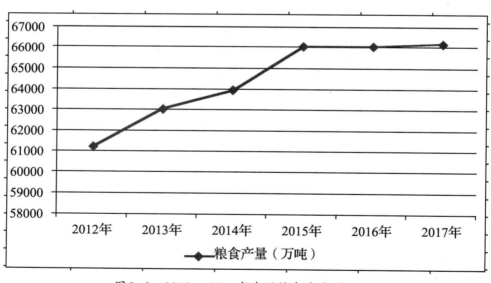

图9-3　2012—2017年我国粮食产量（万吨）

向"二三一"，再向"三二一"的演变趋势，第一产业与第三产业呈现"剪刀式"对称消长态势，第三产业逐渐取代了第二产业在国民经济中的主导地位。图9-4所示，2012年我国第一产业增加值为33583.8亿元，占生产总值的比重为9.6%；到2018年，我国第一产业增加值增长到64734.0亿元，占生产总值的比重下降到7.2%。

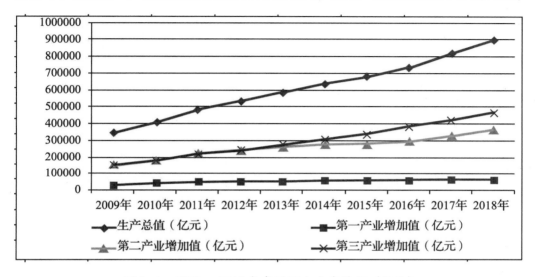

图9-4　2009—2018年我国国内生产总值（亿元）

与产业结构变迁相对应，我国劳动人口逐渐由第一产业向二、三产业尤其是第三产业转移，一、二、三产业就业人员在全体就业人员中的占比变化趋势与产出占比变化趋势在方向上有较强相似性，也从侧面反映了我国产业结构由资源和劳动密集型向资本和技术密集型演进的过程。第一产业就业人员占比持续较快下降，从1978年的79.5%降至2016年的27.7%；第二产业就业人员占比小幅波动上升，由1978年的17.3%升至2016年的28.8%；第三产业就业人员占比上升速度较快，由1978年的12.2%升至2016年的43.5%。

三、逐渐消失的古村落

2012年中国文联副主席、中国民协主席冯骥才在"中国北方村落文化遗产保护工作论坛"时指出：古村落消失的速度相当惊人，据国家统计数据显示，2000年时中国有360万个自然村，到2010年，自然村减少到270万个，10年里有90万个村子消失了。

据《中国统计摘要2010》的统计数字显示，全国的村民委员会数目从2005年至2009年逐年减少，分别为62.9万、62.4万、61.3万、60.4万、60万。平均计算，全国每年减少7000多个村民委员会。

据国家统计数据显示，2000年时中国有360万个自然村，到2010年自然村减少到270万个，10年里有90万个村子消失，平均每天有将近250个自然村落消失。目前，行政村也从原来的七十几万个减少到了现在的不到六十几万个。

2012年，中国城镇人口首次超过农村人口，城镇化率达到了51.3%。这标志着当代中国已经从乡村社会转型为城市社会。处在这个历史性拐点的国人，一方面对中国百年之久追赶西方现代化的期盼给予了极大鼓舞；另一方面，面对快速消亡的乡村文明，却感到阵痛和担忧。

在大量乡村消亡的情况下，历史悠久、成为乡村代表的古村镇受到了政府和民间的高度重视。但是，如何平衡保护与活化，是目前不少古村镇发展时遇到的困境。在一些开发中，乡村变成了吃喝玩乐的天堂，开发商以功利的思维盘算投资的回报，在改造乡村建筑时没有和它们"沟通、对话"，这些都使乡村遭受到了二次破坏。

在中国的城镇化水平不断提高的同时，不少乡村凋敝的现象已是让人不得不接受的现实。面对村落的消失，主要有经济、民生和文化三个方面的顾虑。经济方面主要表现为大量农用地的撂荒或用途转变，这将不利于农业经济的发展和农业现代化的进程，并威胁到粮食安全。高速的土地城镇化也会使城市缺乏健康产业结构支撑，因而也不利于城镇经济的可持续发展。民生方面表现为如果城镇化是"摊大饼"式地盲目占用自然村，既不能实现城镇化的健康发展，又使农民失去了赖以生存和发展的环境，目前，失地农民往往得不到公平的社会资源和生活保障，会产生一系列难以解决的民生问题。从文化的角度考虑，具有历史特色的建筑和非物质文化遗产的村落，由于政治或经济因素而消亡，会使得宝贵的历史或非常有价值的传统文化得不到传承和发扬。[1]

第二节　乡村是根，城市是树冠

2013年，习近平总书记在关于《中共中央关于全面深化改革若干重大问题的决定》的说明中强调："城乡发展不平衡不协调，是我国经济社会发展存在的突出矛盾，是全面建成小康社会、加快推进社会主义现代化必须解决的重大问题。改革开放以来，我国农村面貌发生了翻天覆地的变化。但是，城乡二元结构没有根本改变，城乡发展差距不断拉大趋势没有扭转。要从根本上解决这些问题，必须推进城

---

1 孙震：《避免村庄高速消失城镇化与新农村建设必须双轮驱动》，《中国青年报》2015年8月27日，第7版。

乡发展一体化。"2015 年，习近平总书记在《走中国特色社会主义乡村振兴道路》中指出，我们一定要认识到，城镇和乡村是互促互进、共生共存的。能否处理好城乡关系，关乎社会主义现代化建设全局。城镇化是城乡协调发展的过程，不能以农业萎缩、乡村凋敝为代价。近年来，我们在统筹城乡发展方面做出了很大努力，取得了重大进展。但是，城乡要素合理流动机制还存在缺陷，无论是进城还是下乡，渠道还没有完全打通，要素还存在不平等交换。要坚持以工补农、以城带乡，推动形成工农互促、城乡互补、全面融合、共同繁荣的新型工农城乡关系。

一、从"城乡统筹"到"城乡融合"的城乡等值互补思维

从"城乡统筹"到"城乡融合"，是党的十九大报告关于城乡关系的新提法，这不单纯是一个用词的变化，其中包含着党中央对实现城乡融合发展的新思维与新举措。长期以来，在传统的城乡统筹思维框架中，城市与乡村存在着一种不平等的关系，一直是城市高高在上统筹乡村。人们一谈到乡村，就会下意识地认为乡村是愚昧落后、不文明的，只有城市才是文明的载体。在开展新农村建设的过程中，有些农民和干部简单片面地认为新农村建设就是要把房子建得跟城市一样，进而导致许多具有重大文化与历史价值的古村落遭到了毁灭性的破坏与拆迁。以往按照这种城乡不平等的思维，中国的城市化过程基本演化为城市替代乡村的过程。党的十九大报告提出城乡"融合"，包含着党中央对城市与乡村关系的新定位、新认识。所谓"融合"，就是建立在城市与乡村价值等值、功能互补基础上的良性互动关系。

按照党中央提出的城乡融合新思维，首先需要摒弃根深蒂固的城市富大哥、乡村穷小弟，城市代表文明、乡村代表落后的错误成见。从城市与乡村的功能定位来讲，城乡关系更像一棵大树一样，乡村是大树的根，城市是大树的树冠。我们到城市的时候，城市开着花，这个城市为什么这么美？不是城市自己生出来的，是乡村这个大根为城市提供了营养。曾几何时，当人们在赞美城市花美果香时，似乎早已忘记了乡村那看不见的根。长此以往，中国未来的城市发展将是无本之木、无源之水，将存在着严重的后遗症。

回顾中国城乡建设发展的历史，就不难发现没有乡村的中国是无法走到今天的，中国的改革开放最早也是从农村"家庭联产承包责任制"发端的。20 世纪 80 年代的"一包就灵"，解决了中国从农村到城市的吃饭问题。20 世纪 90 年代最早进入市场的企业，是中国农村创造的乡镇企业，中国乡镇企业创造的财富首次占据了我国 GDP 总值的半壁江山。进入 21 世纪，我国的城市逐步具备了发展社会主义市场经济的条件，城镇化在中国经济发展进程中的优势得以充分显示出来。至此，中国经

济增长的重心从乡镇转移到了城市。在这个时期，人们开始逐渐忽略乡村和农民，致使"三农"问题开始凸显。21世纪以来，城市的快速发展与农村、农民的巨大贡献息息相关，为城市化贡献最大的是进城成为城市建设与城市经济发展主力军的2.7亿农民。这2.7亿农民工中有9000万农民工在房地产、城市建筑行业工作，正是广大农民工用自己的血汗哺育建设了城市。

城镇化不是恒定不变的直线运动。反观近代以来西方城镇化的历史，无不是在城镇化与逆城镇化的周期波动中进行。我国随着城市病暴发、空气污染、生活成本提高、城市生活审美疲劳等多种因素，在一些大城市已经开始出现大批艺术家下乡、退休者告老还乡、人们组团到乡村养老等逆城镇化现象。在逆城镇化现象推动下，许多城市人到郊区买房，到农村去办农家乐，到山区去办各种旅游项目。伴随着城市人口向乡村流动，也催生了城市资本下乡搞有机农业、乡村旅游、古村落改造等新趋势。其实，城乡之间的融合发展之路，就是城乡各自发挥其不可替代的功能，推动各种要素资源高质量双向流动的城乡互补共赢、共生发展的新模式。

二、坚定不移实施乡村振兴战略

党的十九大提出实施乡村振兴战略，将它列为决胜全面建成小康社会需要坚定实施的七大战略之一，并写入党章，这是重大战略安排。党的十九大在提出实施乡村振兴战略的同时，提出了实施这一战略的总要求，就是坚持农业农村优先发展，按照产业兴旺、生态宜居、乡风文明、治理有效、生活富裕的总要求，建立健全城乡融合发展的体制机制和政策体系，加快推进农业农村现代化。实施乡村振兴战略20字总要求，是"五位一体"总体布局在"三农"领域的具体体现，是新农村建设的升级版、宏观版，体现了时代的进步，回应了群众的期待。乡村振兴，落脚在实现农业农村现代化，这是一个新的重大提法。乡村振兴不仅农业要现代化，整个农村也要全面发展；不仅工农差别要缩小，城乡差别也要缩小，实现"四化同步"、工农互促、城乡共荣、一体化发展，实现乡村"五位一体"全面振兴。实施乡村振兴战略，是新时代"三农"工作的总抓手。

习近平总书记在中央农村工作会议上对实施乡村振兴战略、走中国特色社会主义乡村振兴道路做了深刻系统阐述：推进乡村振兴，必须重塑城乡关系，走城乡融合发展之路；必须巩固和完善农村基本经营制度，走共同富裕之路；必须深化农业供给侧结构性改革，走质量兴农之路；必须坚持人与自然和谐共生，走乡村绿色发展之路；必须传承发展提升农耕文明，走乡村文化兴盛之路；必须创新乡村治理体系，走乡村善治之路；必须打好精准脱贫攻坚战，走中国特色减贫之路。这"七个之路"揭示了实施乡村振兴战略的重大任务和内在规律，指明了实施乡村振兴战略的目标路径和努力方向。

提出振兴乡村，不是简单对别国的经验照抄照搬，不是不要城镇化，也不是要把城乡发展对立起来，而是要从我国的实际出发，科学引领我国现代化进程中的城乡格局及其变化。由于城乡之间在经济、社会、文化、生态等方面具有不同的功能，城乡之间只有形成不同功能的互补，才能使整个国家的现代化进程健康推进。要解决我国的"三农"问题，绝不是不要城镇化，也不是要把城乡发展对立起来，而是要从我国的实际出发，既要靠城镇化外力来解决，也要激发农村自身内在的动力，让乡村重新焕发活力。[1]

从本质上讲，实施乡村振兴战略就是要解决我国经济社会发展中最大的结构性问题，通过补"短板"、强"底板"，使我国发展能够持续健康、行稳致远、全面进步；就是要解决快速推进现代化进程中的"三农"问题，使农业农村同步现代化，防止出现农业衰落、农村凋敝；就是要贯彻以人民为中心的发展思想，使亿万农民共享现代化建设成果，使中国梦成为每个人的梦。[2] 国情、地情、村情要因情而谋，且遵循乡村建设规律，还要稳步而行从容建设，切忌贪大求快、刮风搞运动，防止走弯路、翻烧饼。唯有一件事情接着一件事情办，一年接着一年干，振兴乡村才能如愿以偿。

2018 年 3 月 8 日，习近平总书记在参加十三届全国人大一次会议山东代表团审议时指出，要深刻认识实施乡村振兴战略的重要性和必要性，扎扎实实把乡村振兴战略实施好。习总书记在讲话中提出"五个振兴"的科学论断：即乡村产业振兴、乡村人才振兴、乡村文化振兴、乡村生态振兴、乡村组织振兴。2018 年 4 月，习近平总书记在湖北视察时再次指出，实施乡村振兴战略是做好"三农"工作的总抓手，关键在于聚焦产业兴旺、生态宜居、乡风文明、治理有效和生活富裕的总要求，着力推进"五个振兴"，即乡村产业振兴、人才振兴、文化振兴、生态振兴和组织振兴。"五个振兴"侧重点不尽相同，但相互耦合并形成了一个互为关联、联系紧密、逻辑清晰的有机整体，是实施乡村振兴战略的行动指南。[3]

产业振兴是重点。习近平指出："要推动乡村产业振兴，紧紧围绕发展现代农业，围绕农村一二三产业融合发展，构建乡村产业体系，实现产业兴旺，把产业发展落到促进农民增收上来，全力以赴消除农村贫困，推动乡村生活富裕。"

人才振兴是关键。习近平总书记指出："乡村振兴，人才是关键。要积极培养

---

1 陈锡文：《我国的基本国情决定乡村不能衰败》，《农村工作通讯》2018 年第 16 期。

2 韩长赋：《用习近平总书记"三农"思想指导乡村振兴》，《学习时报》2018 年 3 月 28 日。

3 习近平要求乡村实现"五个振兴"［EB/OL］。人民网，http://politics.people.com.cn/n1/2018/0716/c1001—30149097.html。

本土人才，鼓励外出能人返乡创业，鼓励大学生村官扎根基层，为乡村振兴提供人才保障。"

文化振兴是灵魂。习近平总书记指出："要推动乡村文化振兴，加强农村思想道德建设和公共文化建设，以社会主义核心价值观为引领，深入挖掘优秀传统农耕文化蕴含的思想观念、人文精神、道德规范，培育挖掘乡土文化人才，弘扬主旋律和社会正气，培育文明乡风、良好家风、淳朴民风，改善农民精神风貌，提高乡村社会文明程度，焕发乡村文明新气象。"

生态振兴是根本。习近平总书记指出："要推动乡村生态振兴，坚持绿色发展，加强农村突出环境问题综合治理，扎实实施农村人居环境整治三年行动计划，推进农村'厕所革命'，完善农村生活设施，打造农民安居乐业的美丽家园，让良好生态成为乡村振兴支撑点。"习近平总书记提出"两山"理念，包含着尊重自然、谋求人与自然和谐发展的价值理念和发展理念。

组织振兴是保障。习近平总书记指出："要推动乡村组织振兴，打造千千万万个坚强的农村基层党组织，培养千千万万名优秀的农村基层党组织书记，深化村民自治实践，发展农民合作经济组织，建立健全党委领导、政府负责、社会协同、公众参与、法治保障的现代乡村社会治理体制，确保乡村社会充满活力、安定有序。"

第三节　双向流动城乡共赢的城镇化

2018年9月21日，习近平总书记在十九届中央政治局第八次集体学习时的讲话中指出，要把乡村振兴战略这篇大文章做好，必须走城乡融合发展之路。我们一开始就没有提城市化，而是提城镇化，目的就是促进城乡融合。要向改革要动力，加快建立健全城乡融合发展体制机制和政策体系。要健全多元投入保障机制，增加对农业农村基础设施建设投入，加快城乡基础设施互联互通，推动人才、土地、资本等要素在城乡间双向流动。要建立健全城乡基本公共服务均等化的体制机制，推动公共服务向农村延伸、社会事业向农村覆盖。要深化户籍制度改革，强化常住人口基本公共服务，维护进城落户农民的土地承包权、宅基地使用权、集体收益分配权，加快农业转移人口市民化。改革开放以来的城镇化，主要表现为农村人口和资源向城市流动。近年来，一个值得社会关注的城乡双向流动、双向驱动的新城镇化模式正在逐步浮出水面。

一、城乡双向流通的城市化

党的十八大提出了新型城镇化战略，这一战略的核心就是农业转移人口市民化，即农民市民化。《新型城镇化规划（2014—2020）》提出要推进以人为核心的城镇化。2016年中央一号文件提出，要推动城乡协调发展，提高新农村建设水平。

从发达国家的发展经验来看，城市化或城镇化是近现代工业化发展进程中，人口大量迁入城市聚集居住、聚集生产、聚集生活的社会现象，城市化过程本身伴随着农民市民化的实现。

城市化是有周期的，文明发展也有周期。未来5年是1978年恢复高考后考上大学的人士的退休高峰；未来5年是城市人老龄化的高峰；未来5年也是6000万华侨同胞回乡寻根的高峰。这个新的一轮高峰将会出现新的规律，其中一个大的规律不是今天大部分人要涌向城市，而是未来将会出现五类人要向乡村流动。这就会改变长期以来从乡村向城镇单向流动的局面。未来中国特色的城市化将是城乡双向流通的城市化、城市与乡村二元共生的城市化。

未来，农村消费城市，城市也将消费农村。城市3亿中产阶级成为消费乡村的主体，乡村成为稀缺资源与要素。这种消费方式既有短期的旅游消费、融入式生活消费，又有长期的栖居式消费、城市中产阶级与农民再度合作的消费等。

乡村文明建设不能仅局限于乡村之中，应该与城市化同步进行。这就涉及一个新的观念，即我们需要中国特色的城市化。这种城市化应该是城乡双向流动的新型城镇化，要从城市和乡村两方面来进行治理，不能简单认为我们所有的乡村问题都能依靠一方单独解决。这种思维显然不符合马克思主义的辩证法，也不符合中国思维，更不符合中国国情。

理想的城镇化应该是乡村与城市二元共生的城镇化，在这种城镇化中可以形成诗意乡村、温馨小镇、田园城市的格局。要实现这种城镇化，首先要推动乡村生活与城市生产、乡村自然资本与城市货币资本的双向交换，形成乡村资源与城市资源配置的新格局。其次，现在的人们可以像候鸟一样根据希望的生活方式改变居住地。可以在儿童时期去乡村接受自然教育，青年时期去城市创业发展，老年时又可以回到乡村养老。在城市化的过程中，要出台政策促使乡村和城市"联姻"，让城市和乡村走得更近，共建互助共享的新生活。

二、"新回乡运动"

乡村是离天地最近的地方。从城市到乡村的"新回乡运动"作为一种新的力量正在悄悄地改变着中国的城镇化发展模式。当我们从长周期看中国乡村发展时，可以预见，当代中国乡村正处于转型时期。在未来5年之内，中国将会出现一个"新回乡运动"。对此，中国古村镇大会主席、北京大学旅游研究与规划中心主任吴必虎表示，新乡绅的形成，可以说是中国未来非常大的社会变化。本地村民，当地返乡的，再加上外地人择居，最后就会形成"新乡居时代"。所谓"乡居"，即到乡村居住的人。过去，农民主要是种地。然而，现在的农村已经不是过去的农村了，已经形成了"三农+N"式的多行业发展局面。从目前来看，未来会有五类人群返乡。这五类仍然只是潜在返乡者，各地应设法促使这些人顺利返乡，为乡村集聚人气和财气。

第一类新告老还乡族、新乡贤归乡族，是20世纪80年代"跳"出农门的成功人士。他们的父母都在农村，从法理上来说，有权继承父母的农房。各地如能出台好的政策，就能吸引这批人顺利返回乡村。他们都是有能量、有智慧的人群。如果这些人真正扎根于乡村，成为新乡贤，将会为乡村发展带来新的契机。根据跟踪调查，许多获得成功的企业家发现，回到乡下成为乡贤，十分受人尊重。在浙江的龙泉，40个企业家要求回乡里边竞选村主任，这个现象值得我们关注。

第二类为第一代农民工。除了小部分在城市成功立足者，大多数年老的农民工会叶落归根。他们在农村有宅基地和承包地，只要身体健康，仍可回到故乡进行"二次创业"，或者成为小农户。

第三类新的"乡创客"。只要能与乡土文化成功对接，各地乡村应大力引进。另一类是有志从事乡村振兴的建设者。乡村振兴上升为国家战略，这是乡建最好的时代。新下乡知识青年，这类人对乡村有着美好的憧憬，会积极主动地投身于乡村建设。每年600万大学生将近一半是乡村大学生，最近几年在全国和农业大学发起爱故乡活动，已经有一大批农村毕业大学生开始返乡。另外，属于"老三届"的这一代陆续进入退休年龄，他们中的很多人选择到乡村去养老，这个现象在国内已经出现了。

第四类崇尚乡村养老的城里人。这种情况上海已经出现了，在乡村过着地主一样的生活。这就可以盘活今天乡村的空房子。如果再租点地，可能是很好的最低成本的养老基地。

第五类国际回乡寻根者。各地侨联应认真牵线搭桥，促使他们顺利寻到根，溶入同宗同族的村庄。当他们回来时，不仅仅会带回异国文化，还会带来大量建设资金。

这几类加起来也是有上亿人。这五类人将回归自足的田园生活、手工的艺术生活、自然的智慧生活、乡村的幸福生活。在乡村文明建设的继承中，这五类人的回乡，会给乡村的建设带来快速发展的机遇。

典型案例：返乡创业，德清创了多个全国第一[1]

3月的莫干山，春意盎然。走入浙江省湖州市德清县莫干山镇仙潭村，流水潺潺，鸟鸣窸窣，竹影深深。经过了一个冬天的寒冷，阳光穿过明窗，均匀地洒在脸庞，让游客们闲适而恬淡的心境更多了几分暖意。

与阳光一般温暖的还有云起琚民宿业主鲍红女带给同行们的消息："今天我参加的活动上，德清县农商银行为民宿经营业主授信10亿元！"

鲍红女坦言，无论是民宿整修升级还是扩大规模，资金方面永远是困扰民宿经营者最大的难题，这10亿元的授信额度给了自己以及众多返乡创业的业主们更多发展的底气。

短短数年间，仙潭村许多年轻人归乡创业，一座座风格迥异、各有特色的精品民宿在这座充满山水诗意的村庄生根开花。

目前，仙潭村共有120多家民宿，其中近一半为返乡青年所创办。2018年2月，仙潭村返乡创业基地成立，为年轻人返乡创业提供帮助，这也是全国首个村级返乡创业协会。

春江水暖鸭先知，返乡创业的民宿业主们对于土地政策的变动尤为关注。鲍红女坦言，以往都是民宿业主跟村民私下签一份租房协议，宅基地、农房的权属问题一直存在隐患。一旦出现纠纷，业主们在法律上难以维护自己的权益。

2018年，德清县在全国33个农村土地制度改革试点地区率先颁发宅基地"三权分置"证，出台了全国首个基于"三权分置"的宅基地管理办法，不少原本租房的民宿业主领到了宅基地不动产权证书。

去年6月28日，德清县出台了全国首个基于"三权分置"的宅基地管理办法，允许通过有条件的转让、出租、抵押，流转一定年限的宅基地和房屋使用权。同时，还可以通过盘活闲置农村宅基地和地上房屋，用于民宿、养老、科研、文化创意等农村新业态。

在两天之后的6月30日，莫干山镇劳岭村村民周玲玲、民宿业主周云云分别领到了宅基地资格权登记卡和不动产权证，而其所涉土地的所有权则属劳岭村，"三权分置"一目了然。这是2018中央一号文件提出"三权分

---

1 姜国乐等：《返乡创业，德清创了多个全国第一》，《大众日报》2019年3月21日。

置"改革后，德清在全国农村土地制度改革试点地区首次颁发农村宅基地"三权分置"不动产权登记证。发证现场，农业银行德清县支行与3名业主、农户签约，以不动产权证作抵押，给予授信贷款700万元。

"房子有了证，就能从银行贷款，这打消了很多业主的后顾之忧。"鲍红女说道，从颁证到如今银行授信10亿元，众多返乡创业的民宿业主吃下了定心丸。

三、就地城镇化与农民就地市民化

中国五千年小农经济不是一无是处，中国的农业是智慧农业，不要看农民不会说话，你交给他一块地一把锄头就可以把粮食生产出来；美国的农业充分现代化，然而，单个的美国农民没法生产粮食。所以我们过度迷信技术忽视了智慧的功能，由于这个原因我们不要忘记乡村携带着中国兴衰的密码，乡村兴则中国兴，乡村衰则中国衰是铁的规律，中国古代的历史更替谁在改变？毛主席说过一句话，只有人民是创造历史的动力，所以毛主席领导的新民主主义革命从农民开始，邓小平领导的改革开放从农民开始，所以在这个背景下我们需要乡村就地文明化，城乡两元共生的新道路。在这个背景下，我们要认识中国的乡村从来没有停下追赶时代的脚步。今天许多学者一直认为农民愚昧，但事实上中国乡村是中华民族的功臣，中国乡村是世界上最具有自主性和主体性最强的乡村。中国乡村是世界上最具有自我调适能力、创新能力的地方。中国农民和乡村从来没有停下过追赶时代的脚步，而且在重大历史变革时期还会肩负起引领时代的使命。所以，乡村是中国最大国情，不认识乡村就不能够认识中国。没有乡村文明的现代化不是中国特色的现代化，是无根的现代化。

在我国，农民与市民是相对存在的两个概念，是相互区别的两大群体。在长期的社会发展过程中，在很大程度上农民与市民生活在不同的地域空间，并逐渐形成了社会身份、社会地位、社会权利、生产方式、生活方式、行为方式以及价值观念等方面的差异。因此，农民市民化概念提出的背后隐含着一个基本认识，即认为农民是居住在农村且拥有农业户口的农村居民，市民是居住在城市且拥有非农业户口的城市居民。在这一基本逻辑认识的主导下，许多学者从城市角度出发，以农民进城变市民为终极目标，将农民市民化视为一个"农民进城"的过程。

但是，从东部发达地区的城镇化实践来看，乡村人口并未大规模向城镇迁移，而是实现了就近就地城镇化。相对于农民进城的"异地城镇化"，就近和就地城镇化已经成为一种具有鲜明中国特色的城镇化现象。[1] 就地城镇化，是指区域经济社会发展到一定程度后，农民在原住地一定空间半径内，依托中心村和小城镇，就地就近实现非农就业和市民化的城镇化模式。农民集聚在一起，达到一定集聚规模，能够投入基础设施，提供公共服务设施的条件，能够实现城市的生活方式，可以认为实现了城镇化。新型城镇化不局限于目前县级以上的城市，而应该是涵盖到所有城乡。

从理论角度来说，就地城镇化和异地城镇化的模式各有其优点。异地城镇化的理论支撑主要来自大城市论，大城市资源集中，效率高。就地城镇化的理论支撑来自小城镇发展理论，早在1984年，费孝通就指出小城镇是城市和农村过渡的中间带，具有拦阻和蓄积人口流动的作用，是防止人口向大城市过度集中的"蓄水池"。[2] 因此，研究就地城镇化并不否定异地城镇化，两者都是我国城镇化的重要模式。我国地域辽阔、人口众多，新型城镇化应该是大中小城市、小城镇以及新型农村社区协调发展的城镇化。不同地区，不同人群，根据不同条件适用不同模式。

就地城镇化和就地市民化具有非常重要的意义。首先，东部发达地区，人多地少，几千人、上万人的人口集聚，本身就具有集约化城市要素。随着工业化的快速发展和现代化服务业的培育，中心村镇完全有可能就地转变为中小城镇。其次，就地城镇化契合中国人故土难离的乡土情怀，"离土不离乡"。再次，就地城镇化和就地市民化有利于克服"半城镇化"的困境。由于农民工的低工资和低收入以及区域间财税体制和转移支付的限制，使得进城农村人口城镇化的制度融入与权利保障衔接难度大大增加。由此导致农村进城人口基本上很难获得城镇户籍和相应的社会保障、子女教育等等公共服务权利，形成"半城镇化"现象。最后，就地市民化有利于城乡一体化和城乡统筹发展。就地城镇化和就地市民化提高促进了农民本地兼业经营和职业经营，提高农民收入和农业收益率，提升了农民职业声望和家乡认同感。就地城镇化将工业和农业、城市和农村紧密地结合在一起，使农民的职业、收入、生活方式、思想观念、文明素质越来越接近城镇市民。

典型案例：龙泉宝剑小镇[3]

●基本情况

龙泉宝剑小镇核心区位于剑池街道，规划区面积3.8平方千米，其中建设区面积1.03平方千米，以宝剑产业为支撑，以"文化旅游休闲、宝剑锻

1 辜胜阻、易善策、李华：《中国特色城镇化道路研究》，《中国人口·资源与环境》，2009年第1期，第47—52页。
2 费孝通：《小城镇大问题（之二）——从小城镇的兴衰看商品经济的作用》，《瞭望周刊》1984年第3期，第22—23页。
3 前瞻产业研究院．龙泉宝剑小镇案例分析》［EB/OL］．搜狐，https://www.sohu.com/a/216800108_473133。

造技艺、刀剑生产基地"为主题，着力构筑"一桥二宝三山四塔五馆六龙七星"剑文化元素格局，总体呈"文化传承区、旅游休闲区、经典产业园"两区一园的功能布局，以布局区域化、发展组团化的思路，打造集"宝剑铸造技艺传承地、宝剑文化创意集散地、宝剑文化体验区、宝剑文化旅游休闲区"于一体的特色小镇。

● 区位交通

龙泉宝剑小镇位于丽水龙泉，东邻温州经济技术开发区，西接武夷山国家级风景旅游区，是浙江省入江西、福建的主要通道，素有"瓯婺八闽通衢""驿马要道，商旅咽喉"之称，历来为浙、闽、赣毗邻地区商贸重镇。地理位置优越，环境得天独厚，距离县城2.9千米、市区88.6千米，距上海420.2千米，距杭州266.5千米，距高速入口1.9千米，距高铁站90.5千米，距机场170.3千米。

● 建设模式

小镇规划提出"一环一带三区"的空间结构。一环：龙泉宝剑文化朝圣环。以宝剑博物馆、欧冶子祠、七星井、剑池湖、欧冶子将军庙、青瓷宝剑苑等为重要节点，打造围绕中心城区核心游览环线。一带：瓯江两岸滨河休闲游览带。沿瓯江两岸打造滨河休闲游览带。提供瓯江水上游览项目。这一游览带也是串联三个区域的重要纽带。三区：文化传承区、旅游休闲区、经典产业区。

● 政　策

浙江省政府出台了《浙江省人民政府办公厅关于推进龙泉青瓷龙泉宝剑产业传承发展的指导意见》，该指导意见是中华人民共和国成立后浙江省政府唯一针对龙泉而下发的政策文件，也是十大历史经典产业中唯一冠以地域的扶持政策。

同时，龙泉宝剑小镇自建设以来，立足龙泉宝剑的唯一性、排他性、不可替代性，委托清华同衡设计研究院高起点、高标准编制《龙泉宝剑小镇总体规划》，并组织相关部门与单位、专家对规划进行评审，并不断进行修改与完善。

● 现有基础

龙泉市共有宝剑生产经营单位500余家，实现工业产值11.5亿元，税收

（含费）总额达到841.6万元。规模以上宝剑企业共有4家，实现工业产值3.84亿元。

●**发展目标**

致力于打造具备集遗产保护、科学研究、文化传承、教育展示、艺术创意、旅游休憩、娱乐休闲等于一体的旅游大平台、大景区。建设目标：力争实现年产值69亿元，旅游人数105万人次。

第四节　诗意乡村与田园城市共生

理想的乡村是诗意的乡村、温馨的乡村。中国要走诗意乡村、温馨小镇、田园城市多元化的中国特色的生态城镇化之路。推动乡村资源与城市资源新配置，推动乡村生活与城市生产、自然资源资本与城市货币资本的双向交换。乡村社区与城市社区交流，推动城乡联姻共建互助共享新格局。

一、诗意乡村

中国拥有世界历史上最悠久、最具有多样性的乡村文明，她不仅属于中国，也属于世界最稀缺的文化遗产。从文化与历史看，有中华民族历史活化石的少数民族的村寨文明，有承担着中国民族兴盛衰微、源远流长、继往开来的农耕乡村文明，还有负载着藏传佛教、伊斯兰教的游牧乡村文明。从产业类型看，有农耕乡村、渔业乡村、游牧乡村、手工业乡村、商贸乡村等。我们还相信，在生态文明新时代，中国乡村还会成为现代新兴产业乡村，如画家乡村、禅修乡村、手艺乡村、太阳能乡村、学者乡村、高校乡村、科学家乡村、养老乡村等。无论我们有怎样的想象力，面对中国高度多元化的乡村，都相形见绌。从自然环境看，美丽乡村更是缤纷多彩的，在丘陵地带的有"诗意乡村"，在濒海、滨江的有"渔歌乡村"，坐落在平原上的有"田园乡村"，位于高原的是"天堂乡村"，隐藏在深山中的是"桃园乡村"。即使人走房空的"废墟乡村"，也魅力十足，因为在这里看到的是立在自然博物馆中的"古老乡村"，因为它的历史一定会比美国悠久，可能与法国同龄。乡村的生活方式最值钱。乡村文明复兴，乡村有乾坤乃关天下事。

回归自足的田园生活。因为工业化时代我们吃的食物之安全性、空气质量等遇到了问题。比如雾霾，2012年以来遍布中国100多个城市的雾霾天气说明什么问题？说明今天在北京这个地方，要健康地活着要得到有机食品，得到好空气。对于今天的北京人来讲这是奢侈品，这个奢侈品不是都能得到的，资产至少在千万元以上，在有良好生态的地方买上别墅才能远离这个状态。但是，我们发现在城市花很高成本能够得到的奢侈品，在乡村至少今天在中国许多乡村却低成本甚至零成本存在着。在发达国家进入21世纪以来已经出现了一种新型农业，这个农业在发达国家叫作"社区农业"。什么叫社区农业？大家发现我们要吃到健康的食品依靠谁？依靠跨国公司、大型企业也不一定能行，最后发现农业食品，最安全可靠的是依靠自己，自个种地，自己形成一个组织在郊区种地就叫社区农业，其实这个社区农业在今天中国许多城市已经出现，所以说这就出现了一个新的概念，按照工业文明自给自足是落后的一种生产形态、消费形态，而今天在世界潮流面前，它代表了一种消费的新潮流，一种中产阶层富人消费的时髦模式，这是不是新消费模式？而且这个问题和绿色消费连在一起。当下的"都市农夫"是有点钱，且有点闲，能租块地来自己种点绿色果蔬。

回归手工的艺术生活。温饱问题解决之后，我们的消费出现了变化趋势，希望产品没有污染低碳化，年轻人希望自己的产品和别人不一样等。从现在开始有一个大趋势，应该说当代人类的消费物质产品的供给严重过剩，但精神消费供给严重短缺，这个精神消费的短缺不是一般的问题。中国疾控中心提供的数据，今天中国精神病人1.4亿，抑郁症病人6800万，这些病人怎么得来的？6800万抑郁症病人很多集中在城市高端高层知识分子群体，为什么抑郁是因为物质消费过度，缺少精神缺少文化？21世纪以来出现了一个新的革命，即"文化的革命"，其实这个文化的背后不是中国，而是整个人类文明的病，欧美国家20世纪70年代以来就已经发现物质增长、人均消费增长上升了，幸福感、与邻居不交往等等问题不是下降是上升的，这个问题今天中国也遇到了，这个问题是新消费趋势。因此，现在需要强化供给侧结构性改革，回归手工的艺术生活就是方向之一。未来时代是手工业替代部分工业品的时代，这个背景下就有一个巨大的自信，要重新认识中国，我们都认为古代的中国是世界上最大农业国，既然中国是古代世界最大的农业国，为什么丝绸之路上交换的产品不是粮食，交换的是丝绸、陶瓷，是中国的手工业产品。中国古代，GDP占到世界GDP的30%，不是农业创造的，而是中国庞大的手工业创造的，古代社会不是没有工业，是没有机械化工业。近代以来我们被西方的机械化大工业打败了手工业，但是三十年河东三十年河西，生态文明时代又需要手工业了，手工业复兴给中国乡村未来的发展带来无限的发展空间，包括"一带一路"沿线国家。

回归自然的智慧生活。我们今天会发现生态文明时代是一个从智能走向智慧的时代，智慧城市、智慧企业，但是未来生活就是智慧生活。真正的智慧在哪里？只能存在人的心灵中。今天没有饿死人，但是每年200万人是患癌症病死的，因环境污染直接间接死亡的人数85万人。这些人是怎么死的？不是饿死的是生气气死的，吃多了吃出来的病、环境污染的病。还说明一个重大的问题，即我们缺少信仰，缺少喂养心灵的需求，这个需求是心灵消费。

我们要寻找的生态消费、文化消费、心灵消费。从经济学来讲，能够以最低成本得到它的是在城市、乡村还是在小城镇？我们要寻找的代表着时代潮流的大消费，成本最低的不是城市，而是乡村。西方人为世界贡献了最美好的城市，中华五千年文明为世界保留了习俗多样化、文明程度最高、文化含量最深的多样化的乡村。欧亚大陆文明中断了，中华文明没有中断过，它恰恰在世界上是最有价值的。我们要意识到中华文明模式和西方不一样，西方文明从古罗马、古希腊开始人家的文明就是城市文明，我们的老祖宗、我们的血液、我们文明的基因在乡村。所以，乡村在今天的中国不仅仅是承担农业文明，是中国五千年文明基因的承载者，是文明之根。从生态文明看乡村低成本、低消费、低能耗的幸福生活恰恰是生态文明需要的。

二、田园城市

田园城市这一概念最早是在1820年由著名的空想社会主义者罗伯特·欧文（Robert Owen，1771—1858）提出。19世纪末英国社会活动家霍华德在他的著作《明日，一条通向真正改革的和平道路》中认为应该建设一种兼有城市和乡村优点的理想城市，他称之为"田园城市"。霍华德设想的田园城市包括城市和乡村两个部分。城市四周为农业用地所围绕；城市居民经常就近得到新鲜农产品的供应；农产品有最近的市场，但市场不只限于当地。田园城市的居民生活于此，工作于此。所有的土地归全体居民集体所有，使用土地必须缴付租金。城市的收入全部来自租金；在土地上进行建设、聚居而获得的增值仍归集体所有。城市的规模必须加以限制，使每户居民都能极为方便地接近乡村自然空间。

霍华德不仅提出了田园城市理论，还倾尽毕生精力致力于田园城市实际建设，先后于1903年和1919年在英国建设世界上第一座和第二座真正意义上的田园城市——莱奇沃思田园城和韦林田园城，开创了现代田园城市建设的先河。此后，随着田园城市理论在世界范围内的广泛传播，涌现出以法国巴黎的卫星城——马恩拉瓦雷新城、德国的海勒瑙、澳大利亚堪培拉、新加坡城、美国的马里薙、以色列的特拉维夫、巴西的马林加等多个以田园城市理论为规划建设蓝本的田园城市。这些拔地而起的田园城市，一方面验证了田园城市理论，使田园城市实现了从规划图纸到建筑实体的飞跃性发展；另一方面，又在实际营造过程中，以问题为导向，不断地丰富和拓展着田园城市理论。

　　回顾历史，农业社会时期，城乡之间泾渭分明，农业分布在城市的周围，城市所需要的食物也主要由农村提供。以蒸汽机发明为标志的工业社会的到来，城市扩张迅速，人口向城市集中，城市成为区域的中心。农业文明逐渐被工业文明和城市文明所取代，农业在城市也逐渐没有立足之地，自然和能源等资源被大量地消耗。工业社会发展到后期，工业化、城市化引致的城市人口膨胀、环境恶化、交通拥挤等"城市病"越发严重。为了缓解或者暂时解决所引发的"城市病"，城市开始"摊大饼"式的扩散，周边原有的农业用地逐渐被城市建设用地取代，城镇化率迅速提高。全球范围内的自然、生态环境恶化，威胁着人类社会、城市的可持续发展。人类社会发展到如今的信息社会，表现出全球一体化、空间由聚集转向发散，管理向高层次汇集、生产向低层次蔓延的特点，信息社会使人类社会亲近大自然，回归农业。

　　农村和城市是互相联系的区域整体，两者互相补充、相互促进。城市的发展得益于农村的促进与支持，农村的进步也离不开城市的辐射与带动。通过城乡一体化实现新型城乡形态，即现代城市与现代农村和谐相融、历史文化与现代文明交相辉映的新型城乡形态，广大的农村地区是"人在园中"，二三圈层是"城在园中"，中心城区是"园在城中"，把城市和农村两者的优点都高度地融合在一起，让广大城乡群众既享受高品质城市的生活，又同时享受惬意的田园风光。

　　我们之所以对中国的乡村文明充满了希望，不仅因为中国的乡村文明接到了时代太阳之阳气而复生，还因为今天中国乡村文明建设是站在西方文明的肩膀上前行。当代中国走向生态文明，一开始就是在"三高一新"的高位上进行。即中国有自有技术的高铁，正在酝酿中的移动多媒体高集中信息技术以及已经遍布中国的高速公路，再加上高度机动性、低排放的新能源。这种集工业文明遗产与生态文明新资源于一体的集成技术，将把中国带入突破空间限制和地域限制的人类文明贡献的地球村时代。这个新时代技术，不仅为诗意乡村建设提供了技术支撑，而且也是在 19 世纪英国的霍华德所追求的在西方没有实现的、也无法实现的田园城市建设将成为可能。

　　在生态文明与中国传统文明构成的新天地时空中，在诗意乡村与田园城市提供的多元世界中，不是让我们与西方比谁飞得更高，而是谁飞得更自由、更幸福，这才是我们的梦，中国梦。

第十讲

乡村未来：
新时代诗意向往之地

王荣德

　　预测未来是件困难的事，因为未来有太多的不确定因素；预测未来又是件重要的事，因为基于对当下发展趋势的分析，能帮助人们了解未来的大致发展方向。正是从这个意义上说，中国未来的乡村，将是新时代的一个诗意向往之地，值得我们去关注和研究。

第一节　生态文明从美丽乡村起航

人类社会经历了几千年的农业文明时代，又经历了三百多年的工业文明时代。那么，未来将向什么新文明时代演进呢？现在，越来越多的人认识到未来生态文明将超越工业文明。当下中国正在努力迈向生态文明新时代，将会开启可持续发展的新时代。未来的美丽乡村将是宜居、宜业、宜游的美丽大花园。

一、未来生态文明将超越工业文明

随着工业文明的发展以及随之而来日益严重的生态问题，生态文明的兴起并将超越工业文明正在成为全球的新共识。关于生态文明建设，国内外学者进行了多方面、多角度、多层次的研究。西方面对工业化出现的"生态危机"，雷切尔·卡逊撰写了《寂静的春天》，罗马俱乐部发表了《增长的极限》，引发了人们对生存环境的思考和研究：生态伦理观、绿色思潮和环境主义、可持续发展理念应运而生，联合国通过了《人类环境宣言》。我国学者王慧敏认为，生态文明的核心内容是"生态平等"，包括人地平等、代际平等、代内平等。生态文明建设是一项系统工程，需要从各个方面、各个环节上努力。郭强提出，要树立生态文明观念，切实增强"环境是最稀缺资源，生态是最宝贵财富"的意识。张俊杰等人提出，发展循环经济是我国目前重要的战略选择。传统经济是由"资源—产品—废物"所构成的单向物质流动，造成自然资源的粗放式高强度开采和生产加工过程污染废物的大量排放。而循环经济则是组成一个"资源—产品—再生资源"的循环流动过程，上游生产的废物成为下游生产的原料，倡导"减量化、再利用、资源化"，使经济系统以及生产和消费的过程基本上不产生或只产生很少的废弃物。利于协调经济发展与资源环境之间的尖锐矛盾，是走新型工业化道路的具体体现和转变经济增长方式的迫切需要。丁开杰等人认为，生态环境治理的范式要转换：一是要从治疗入手到预防入手，二是从局部治理到整体治理，三是从政府管制到多元治理。

党的十七大首次提出生态文明建设的思想，党的十八大提出建设"美丽中国"的愿景，进行了经济建设、政治建设、文化建设、社会建设、生态文明建设"五位一体"的总体布局。2015年4月25日，中共中央、国务院关于加快推进生态文明建设的意见正式下发，同年9月11日，中共中央政治局审议通过了《生态文明体制改革总体方案》。党的十九大进一步强调"建设生态文明是中华民族永续发展的千年大计"。为我国生态文明建设指明了方向，做出了部署。一幅青山绿水、江山如画的生态文明建设美好图景，正在神州大地铺展。一场关乎亿万人民福祉、中华民族永续发展的绿色变革，已经开启征程。

二、中国生态文明将从美丽乡村起航

生态兴则文明兴，生态衰则文明衰。我国是农业大国，农村地域广、人口多，要实现美丽中国的目标，必须建设美丽乡村。纵览历史，我国从未像现在这样既面临着巨大的生态环境压力，又迎来了全面、广泛、深刻的生态文明建设变革，形成了以建成美丽中国为核心的全新治理目标。建设美丽中国，关键在于建设美丽乡村。《中共中央国务院关于实施乡村振兴战略的意见》对实施乡村振兴战略进行了重大部署，要求"把乡村建设成为幸福美丽新家园"。在2013年底召开的中央农村工作会议上习近平总书记强调指出："中国要强，农业必须强；中国要美，农村必须美；中国要富，农民必须富。"[1] 将农村美与农业强、农民富联系起来，充分显示出以习近平同志为核心的党中央对建设美丽乡村的坚定信念，对造福全体农民的坚强决心。因此，我们必须以习近平生态文明思想为指导，注重保护生态环境，发展绿色产业，优化村镇布局，改善安居条件，培育文明乡风，建设产业兴旺、生态宜居、乡风文明、治理有效、生活富裕的社会主义美丽乡村。

保护生态环境。建设美丽农村，必须以保护好自然生态环境为基本前提。习近平总书记指出："我们既要绿水青山，也要金山银山。宁要绿水青山，不要金山银山，而且绿水青山就是金山银山。"[2] 绿水青山和金山银山绝不是对立的，而是有机统一的整体。大自然中的山水林田湖草，作为一个相互依存、联系紧密的生态系统，不仅为人类的生存发展提供了物质基础和条件，而且还共同构成了人类的精神家园。然而，由于各种复杂的历史因素，我国农村在长期的发展过程中，注重环境保护与生态平衡不够，毁林开荒，围湖造田，过度垦殖，结果导致水土流失，旱涝灾害频发，盐碱化、荒漠化和环境污染日趋严重，使生态环境遭到了破坏。因此，建设美丽乡村必须将保护生态环境放在首要位置，实行严格的环境保护制度，科学统筹山水林田湖草系统治理，形成绿色发展方式和生活方式，坚定走生产发展、生态良好的可持续发展道路。

发展绿色经济。绿色产业是美丽乡村建设的重要支撑，是实施可持续发展的必由之路。建设美丽乡村，并不是单纯追求田园风光之美，而是要在保护环境的前提下进一步发展生产，保证农民持续增收，过上幸福美满的生活。要实现这一目标，必须确立绿色发展的理念，积极探索促进生态农业发展的新途径。通过建立以市场

---

1 中国网http：//www.china.com.cn/opinion/theory/2017—12/27/content_50168124.htm。
2 习近平：《之江新语》，杭州：浙江人民出版社，2007年，第153页。

为导向、农民为主体、政府指导和社会参与的联动机制加快美丽乡村建设，鼓励农民根据市场需求和资源条件，选择最适合本地发展的优势和特色产业，重点扶持和培植果蔬业、林茶业、竹木业、中药材业和特色养殖业等，并大力推进专业化生产、规模化经营和品牌化建设。开发、整合乡村旅游资源，将文化展演、健身娱乐、民宿服务、农家餐饮与旅游观光结合起来，加快形成美丽乡村建设与农民增收致富互促共进的良好局面。

改善安居条件。适度发展中小城镇，大力改善安居条件，打造新型农村社区，是建设美丽乡村的一项重要内容。通过实施村组合并、异地搬迁、新建居民点等方式，引导农民从零星分散向环境优美、设施配套、功能齐全的新型社区集中，并提供城乡一体化的基础设施和均等化的公共服务，不断提高农民的生活质量与幸福指数。此外，还要加强对古村落、古民居和古建筑的保护与开发利用，注重保留不同地域、民族、宗教的传统建筑与民居特色，实现历史与文化、传统与现代的有机结合，把农村打造成为"宜居宜业宜游"的幸福家园。

培育文明乡风。文明乡风是维系乡愁的重要纽带，是传承历史文化的载体，也是推进美丽乡村建设的动力。培育文明乡风，有利于提高农村社会的文明程度，形成团结、互助、平等、友爱的人际关系，构建温馨、和谐、美好的农家村镇。发挥文化育人的重要作用，通过开展形式多样、内容丰富的文化活动，引导农民积极践行社会主义核心价值观，大力培育乡村文明新风尚，共同建设生态美好、社会和谐的美丽乡村。

三、浙江全力打造新时代的"富春山居图"

在美丽中国建设的征途上，浙江一直主打"生态牌"。浙江省的生态省建设是习近平生态文明思想在省域的先行先试。2002年底，浙江提出生态省建设战略；2003年，创建生态省成为"八八战略"的重要组成部分；2005年，时任浙江省委书记的习近平在安吉进一步提出"绿水青山就是金山银山"的重要理念。

在"八八战略"和"两山"理念的指引下，浙江不断探索生态省建设推进路径——"千村示范、万村整治"工程、全国首个跨省流域生态补偿机制、"河长制"……这一系列可复制可推广的全国首创，为我国探索绿色发展之路提供了"浙江经验"。

十几年间，绿色正成为浙江发展最动人的色彩。作为浙江绿色发展先行地，安吉于2008年在全国率先开展美丽乡村建设。2019年，安吉实现地区生产总值469.59亿元，比2005年增长了5倍；全县农民年人均纯收入达到33488元，高于全省平均水平。2020年3月30日，习近平总书记再次来到安吉余村，感慨道：余村现在取得的成绩证明，绿色发展的路子是正确的，路子选对了就要坚持走下去。

安吉是浙江绿色发展的美丽缩影。多年来，浙江绘出了两条获得感满满的发展曲线：一条是金线，浙江GDP从2002年的8003.67亿元增长到2018年的56197.2亿元，增长了7倍多；一条是绿线，同期，浙江万元GDP能耗、水耗分别下降61.3%、88.1%。在国家生态省建设的16项指标中，浙江的城镇居民人均可支配收入、农民年人均纯收入、环保产业比重等指标远超标准。浙江省已成功建成全国首个生态省。

浙江省第十四次党代会提出，谋划实施大花园建设行动纲要。这是浙江贯彻中央推进生态文明和美丽中国建设重大战略的实际举措，也是高水平谱写实现"两个一百年"奋斗目标浙江篇章的重大路径选择。2018年，是浙江正式启动大花园建设开局之年。根据此前划定的目标任务，浙江计划在2022年走前列、2035年成样板，届时将形成"一户一处景、一村一幅画、一镇一天地、一城一风光"的全域大美格局，建设现代版的"富春山居图"。在2019年浙江省政府工作报告中，大花园建设已作为浙江"四大"建设活动年的重要内容进行了部署。下一步要推动浙江大花园建设扎实落地，必须进一步提高站位，从人类文明演变的战略高度明晰其重要性，从"八八战略"再深化的要求进一步明确思路，并积极探索以大花园建设践行生态文明推动浙江实现绿色发展的有效路径。

浙江空间区域发展的特点，可以概括为"三个浙江"：以平原和城市群为主的"都市浙江"；以港湾区、海岛为主的"海上浙江"；以山区为主的"山上浙江"。[1]在大花园建设的进程下，首先是"都市浙江"得到了快速发展，接着是"海上浙江"或者说"湾区经济"得到了较快发展。

"都市浙江"，最著名的是西湖景区，是世界文化遗产，又是全国首个免费的5A级景区。平原水乡人气最旺的古镇当数乌镇。这是两个华东片区旅游必到的两个目的地。在这些著名景区的带动下，"都市浙江"产生了世界性的影响。

"海上浙江"，首先就会想到中国最大的群岛舟山群岛。那里有海天佛国普陀山、每年举办国际沙雕节的朱家尖，上海人喜欢自驾前往的嵊泗列岛。浙江又有长长的海岸线，点缀着众多的半岛与海岛。在温州洞头，海岛旅游已全面开花，逐步形成"城在海中、村在花中、岛在景中、人在画中"的海上花园蓝图。

浙江兼具山海之利。以山区为主的"山上浙江"，也在大力建设宜居、宜业、

---

1 王永昌、潘毅刚：《从战略高度思考和推进大花园建设》，《浙江日报》2019年4月4日，第8版。

宜游的山区大花园。在浙西衢州开化县的金星村，从一个不知名的破旧小山村，到如今门前一汪碧水，远眺重重青山。村民依托种植茶树、银杏和无花果，把这"三棵树"发展成生态绿色的大产业。村里先后建成3000平方米的银杏公园、1500平方米的村口公园、7000平方米的生态停车场、5000米的环村江滨绿色休闲长廊、500米香樟大道、300米银杏大道等。良好的生态，也吸引了大量游客的到来。每到秋天银杏黄时，来金星村拍摄、写生、观景的游客挤满整个村子。如今，金星村通过三产融合，人均收入25000元左右。当地干部表示："进一步加强乡村旅游和文化、休闲、体育、养老等融合，把万村景区化作为浙江大花园建设的一个重要抓手，把乡村旅游作为农民致富的一个重要渠道，让更多的农民吃上旅游饭，有更多获得感。"

党的十九大报告提出乡村振兴战略，浙江全省积极响应，与农业农村部共建全国乡村振兴示范区。美丽中国在浙江的生动实践，不断形成了可以在全国推广和复制的成功经验。有专家指出，浙江的今天就是全国的明天。

第二节　乡村是未来的向往之地

古老的乡村在工业文明的冲击下，步步退缩，有的正在消失。然而，随着生态文明时代的到来，乡村将体现出新的价值，绿色是乡村的底色，生态是乡村的优势。美丽乡村建设、乡村振兴战略给乡村赋能，乡村将是未来的诗意向往之地。未来的乡村既是充分现代化的文明先进的地方，又是天蓝山青水绿的留得住乡愁的地方。

一、回归自然的向往

随着中国城市化的迅速发展，城市人口的增多，生活的快节奏化，人们压力也越发大了，压力、浮躁、焦虑这些名词也随之而来。有研究表明，城市人口中有近40%的人希望远离喧嚣，避开拥挤，向往着从城市搬到农村，向往着呼吸自然的空气，寻找内心的声音。人总有一颗返璞归真的心，对于生活在城里的人来说，乡村就是自然的代名词，是纯朴的象征，是绿色和生态的象征。于是，久居在拥挤的城市中的一些中等收入人群，开始选择山清水秀的乡村作为自己的第二居所或休闲度假地，这是当下一些中等收入人群对回归自然的一种新追求，也是一个发展趋势。

自人类有文字记载以来，最早的人类是居住在原始的村落里，人们居住在前有庭后有院、有花有草、有果有蔬的环境里。随着人类文明的发展，逐渐有了集中居住的城市，特别是我国改革开放以来，大量的农村人口涌进城市，一批批高楼大厦平地而起，大量的汽车开始穿梭在城市中间，给人们的生活带来巨大便利的同时，也制造了大量的汽车尾气和噪音。人们又开始越来越向往空气清新、环境优美、没有汽车噪音和污染的生活环境，而乡村无疑是最好去处。生态美丽的乡村似乎就代表着诗和远方。不少人都想回归自然，想在回归自然中返璞归真，重新找到自我，重新认识自我，感悟人生，品味人生，读懂人生，寻找到人生的真谛。

亲近繁华是人的本能，在我们的眼目所及之处，似乎已经被光怪陆离的画面充满。在节奏越来越快的今天，效率、速度、早已取代了最纯真的生活方式。当人们开始意识到这一点后，越来越多的人开始沉静自己的心灵，试着让自己回归到生活的本真。如今已经有越来越多的人意识到回归自然，追本溯源的重要性。越来越多的绿色食品、有机蔬果得到人们的青睐。越来越多的生活在焦灼和人情世故里的人们放下了丰富的物质生活、形形色色的诱惑，去贴近大自然，感受最简单的快乐。

回归自然，是一种高雅的人生品位，常常是一种悟透人生的选择。人在繁华的大都市，可以丰富知识，增长阅历，成为能人、精英。但是要想物我两忘，返璞归真，往往需要走进大自然，在大自然的清幽、恬静中体味人生，才能有一个平和的心态，一个平静的心情。才能悟透人生，看透世界，达到宠辱不惊、闲看花开花落，去留无意悠然云卷云舒的意境，达到淡泊明志，宁静致远的境界。返璞归真，回归自然是把自己的心灵和大自然融合在一起，呼吸大自然的气息，吮吸大自然的风韵，和大自然一起沐浴天地之灵气，日月之精华，让自己的生命成为大自然的一部分。

近年来，一大批通过自己智慧取得事业成功的人，拥有了更多的财富之后，开始追求生活的品质。尤其是对于居住和生活方式，有了很大的改变。他们向往的并不是繁华的都市，也不是鲍翅海参燕窝，更不是灯红酒绿的生活环境，而是回归自然的生活方式，这正是人类自古至今都有的、挥之不去的最原始的情结。

二、休闲生活的向往

城市病催生了乡土游的红火。当下，农家乐成了城里人热衷的休闲方式。带动乡村旅游、乡村手工业、乡村养老、乡村文创、乡村教育的发展。自然是资本、环境是资源，有机农业是根基，生活方式是财富，共同支撑起农家乐。繁忙工作之余，走进田园，回归自然，纵情享受青山绿水和简朴生活带来的精神愉悦。让生活在城里的人们感受到真正的心灵放松。最近几年，人们走向田园的方式又更新了，在农村租一块地，悉心种植，最后收获劳动成果，与亲友分享也好。这种"都市农夫"既享受在大自然中劳作的乐趣，也品尝了用汗水换来的美食，还能时不时感受陶渊明"采菊东篱，悠然见南山"的休闲生活。从走进城市到回归乡土，中国人的乡愁绵延千年，始终未断，今天，随着工作和生活压力的加大，乡村的休闲生活更是成为不少人心中的向往。

长期在鳞次栉比的楼群中生活的人，缺少大自然的新鲜感，吮吸不到泥土的气息、草木的芳香。从而感到发闷，产生枯燥、烦躁之感。向往大自然的清幽、宁静，辽阔、空旷，急欲走进大自然，在大自然的清新中找到属于自己的那片天空，那块芳草地。尽情地享受休闲生活，放飞自己的畅想，怡兴自己的心情，陶冶自己的情操。

对于那些终年在浮躁、喧嚣的滚滚红尘中奔波、劳碌、打拼，特别是在名利场上角逐，觉得累了、乏了、烦了、腻了的人，更想改变一下自己的环境、氛围，冷静地思考一下，想改变自己的生活方式。在走进大自然中停下自己快速的脚步，梳理一下思绪，清醒一下头脑。以便让紧张的神经得到松弛，让迷蒙的心灵得到纯净，让烦躁的情绪得到缓解，脱离红尘中那些恼人的嘈杂、喧闹。于是，人们想到了回归自然，到大自然中去，回到生命的本源。人从大自然走来，又在大自然中离去，在大自然中成长，走完人生。人生离不开大自然，回归大自然是人的本真、本质。人生无论如何度过，是伟大还是渺小，是高贵还是贫贱，是风采照人还是默默无闻，都离不开大自然。

喜欢大自然的人，感到大自然是那么美妙，可以在饱览山林的苍翠中享受不尽的清幽，在吮吸花草芳香中品味人间的甘甜，在聆听鸟歌虫鸣的美妙声音中感受大自然的宁静，可以在那里尽情地悠闲岁月，恬静人生，放飞心中的快乐。在那里韬光养晦，修身养性。

三、优质生态的向往

人类是大自然的产物。但曾经的一段时间，人们却一直都在为自己寻找和营造着一个能与大自然隔离的空间。随着科学和技术的迅猛发展，物质生活水平不断提升的同时，人们对于大自然的羡慕和向往之心也逐日俱增。回归自然怀抱，建造一个符合人性诉求，让人的心理和生理都感受到自然与和谐，日益成为现代生活的主流。喝更干净的水、呼吸更清新的空气、享受更优美的环境，对优质生态产品的向往，是民之所望，也是美丽中国的内在要求。

党的十九大报告指出："我们要建设的现代化是人与自然和谐共生的现代化，既要创造更多物质财富和精神财富以满足人民日益增长的美好生活需要，也要提供更多优质生态产品以满足人民日益增长的优美生态环境需要。"[1]优美的生态环境已经成为人民对美好生活向往的重要内容。中国特色社会主义进入新时代，我国社会主要矛盾已经转化为人民日益增长的美好生活需要和不平衡不充分的发展之间的矛盾。人民对美好生活的向往更加强烈，对干净的水、清新的空气、安全的食品等要求越来越高，对更优美的环境的期盼日益强烈和迫切，优美的生态环境成为人民对美好生活向往的重要内容。

乡土田园之所以寄托着人们对美好生活的向往，在于它有着绿水青山的自然：成片的农田，笔直的绿树，质朴的民居，静谧的乡间小道，属于阳光和泥土的味道。不仅有山水之乐，更承载着几千年来中华民族的生活方式和传统文化，这才是人们寄之以情的根本原因。随着社会的发展，人们对美好生活的向往也在悄然发生变化。过去，可能吃饱穿暖就是美好；后来，人们希望吃得好、穿得美；如今，在物质生活丰富的同时，人们希望在精神生活上更加富足、内心更加平静闲适。在乡村，可以在吮吸大自然的清新空气中舒爽人生，可以在食用绿色的食品中感受到健体养生的惬意。

"阡陌交通，鸡犬相闻""结庐在人境，而无车马喧"，这些名句反映了古人对美好自然环境的追求，也是我们现代人对良好生态环境的向往。田园风光令人向往，也值得期待。相信随着生态文明建设的不断深化，绿色发展理念的长期践行，山清水秀、鸟语花香的田园风光将成为随处可见到的绿色美景，随时可享用的"生态大餐"。

第三节　乡村是中华民族伟大复兴的根

乡村是中华历史传统之根、文化发展之源、文明复兴之基。建设美丽中国，实现伟大复兴，必须保根护源、强基固本、新根活源。

中国有将近五千年的农耕社会历史，有的村落有数百年甚至上千年的历史。在社会转型时期，我们遥远的"根"：大量的历史文化财富大部分散落在这些古村落里。现在，乡村价值还远远没有被揭示出来，有些重要的乡村价值也许只有在丧失之后才能被人们认识到，而有些东西一旦失去就几乎不可能再恢复。

一、乡村是中华民族的生存之根

中国是古代农业文明发展成熟程度最高的国家，也是世界乡村文明发展时间最

---

1 习近平：《决胜全面建成小康社会 夺取新时代中国特色社会主义伟大胜利——在中国共产党第十九次全国代表大会上的报告》，北京：人民出版社，2017年，第50页。

长、成熟度最高的国家。中国五千年文明属于农耕文明，中国农耕文明的根不在城市，在乡村。由此决定了中国接受来自西方工业文明的过程，成为一个对传统文化和农业文明社会进行解构和改造的过程。乡村是农耕文明的承载体，乡村文明是特定历史时期政治、经济、文化的投影，具有不可替代的历史文化生态价值。乡村之所以长期存在，是因为乡村是适应农业生产的一种居住形态，迄今为止还没有发现比乡村更适合农业生产的居住形态。农业生产是乡村生产的主要内容，乡村是农业生产的地域场所，这是乡村与农业生产关系的基本判断。乡村的生产价值表现在两方面，一个是农业生产，另一个是手工业生产。严格地说，没有乡村就没有可持续的农业生产。农民之所以住在农村，首要原因是离土地近，便于照顾土地。传统乡村手工业也只有在传统乡村的环境下才能够保存。

中国农民世代相承的乡村生活体系是以农业活动为基础的，与被称为"草根工业"的手工业一起，不仅是农民重要的谋生手段，也是其生活活动的重要组成部分。在村落里，农民没有明确的时间观念，但有严格的季节约束，生活自给性强，主要消费品依赖于自己生产而不是市场。传统乡村生活方式中的许多优秀成分，体现着劳动人民的生存智慧。随着城市病的出现，人们开始思考什么是健康的生活方式。有机生活热潮的兴起，低碳、慢生活理念的传播以及人们对健康的追求，都要求人们重新分析和认识乡村的生活价值。

传统村落是依据人们的需要和感受而形成的，是一种复合、有序的空间。人们生活在乡村，可以满足很多需要，而且很多需要是不可替代的。现在城里人喜欢往乡村跑，就是因为乡村里有人们需要的生活元素或要素。在乡村，粮食和蔬菜基本自给自足，一些简单的生活用品也自己生产。除此之外，还有新鲜的空气、慢的生活节奏，日出而作、日落而息，与自然节拍相吻合，这是有利于生命和人的健康的。

乡村的生活方式是一种低碳的生活方式。所谓的高消费、超前消费，是一种野蛮无知的消费方式，消耗了不可再生的资源，是以牺牲生态为代价的。农民的低消费生活方式更符合生态文明理念。农民的生活方式中，包括习惯和习俗等，许多原本就是符合生态理念的。比如就地取材、自我满足等。自给自足没什么不好。农民自己种的东西吃不完，或者送邻居或者上市场上去卖，既是生产者又是消费者。

乡村的生态系统是一个完整的复合生态系统。乡村存在于大自然的怀抱中，这里有人工种植的粮食、蔬菜、水果，还有数不清的野草、野花；有人工饲养的家畜、家禽，也有叫不出名字的野生动物。在乡村，人们可以近距离接触到土壤、河水、明媚的阳光和多样的地形等。乡村就是一个生物与环境协同共生的系统。

乡村生活可以实现几个循环：一是种植业和养殖业循环，因为有养殖业，所以农民种植的所有作物几乎都可以利用，真正的废弃物较少。此外是生产和生活的循环，人的生活垃圾一般都回到田间，得到有效利用。

循环是任何一个生态系统维持运行都不可或缺的环节和内容，乡村生态系统的循环是维持乡村可持续生存的重要保障。农业循环只有在村落中才能完整进行，这也是理解农业与村落关系的一个方面。循环观是指导农业生产的思想基础。农民从事种植和养殖劳动，品种之间巧妙组合，这些都经过了长期选择和适应过程。被列为全球重要农业文化遗产的浙江湖州桑基鱼塘系统，"塘基种桑、桑叶养蚕、蚕沙喂鱼、鱼粪肥塘、塘泥壅桑"凝结着江南水乡千百年来的劳动智慧。

乡村的生态功能还表现在很多方面。农民种庄稼、种树，都可以起到净化空气、保持水土的作用。有学者研究过，某地存在一个村落，周围的物种、微生物群落等都会增加，有助于生物多样性的存在。

二、乡村是中华民族的文化之根

乡村文化是中国传统文化的重要组成部分，乡村是传统文化的根基所在，是中华民族的灵魂和血脉所在。古村是中华民族伟大复兴的文化之根，是中华民族从远古走向未来世界之桥，中国特色两元共生城镇化不可缺少一元，是新时代重建我们信仰与精神之园，是天地、先民、农民与乡贤、新村民共享的乡村。

中国乡村不仅是当今世界上规模最大、自我保护力最强、历史最悠久的乡村，而且还承载着五千年文明传承之根，更关乎中华文化复兴。乡村文明是乡村居民在长期的生产和生活中创造出来的文化现象的总称，它包括方言、风俗习惯、思想道德、宗教信仰、娱乐、雕塑、建筑、文物古迹、衣着服饰等，中国物质文化遗产和非物质文化遗产绝大多数都在乡村，少数民族的"非遗"更是全部都在乡村中。可以说，乡村文明是城市以外广大地区物质财富和精神财富的总和，是我国宝贵的文化遗产，蕴含着深厚的历史文化信息，被誉为民间文化生态"博物馆"。[1]

乡村还有文化传承、保存的功能。任何文化都需要特定环境才能存在。乡村是我国传统文化的重要载体。尊老爱幼、邻里和睦不只是写在书里、挂在嘴上的，一定是在一种环境中潜移默化地对人产生影响。而且要存在一个群体，形成社会压力。谁家做得好，全村都学习，谁家做得不好，全村都谴责。乡村中还有许多文化实体存在，比如祖坟、祠堂、家谱等，这些都对人的行为有很强的规范作用。

---

1 王荣德，钱学芳：《地域文化的瑰宝——嘉善非物质文化遗产》，北京：科学出版社、龙门书局2018年，第12页。

文化，文而化之，这是一个过程，而不仅是一个静态的结果。乡村是中华民族五千文明之根系、传承之载体。东方文明和西方文明是完全不同物种的文明。西方文明从古罗马、古希腊开始，就属于古代工商业经济主导的城邦文明。而中华民族五千年的文明从一开始就是农耕文明，是农耕经济主导的乡村社会文明。秦始皇统一中国以来，我们的古代城市毁掉了数次，但是中华民族的传承中断了吗？没有。为什么？因为中华文明根在乡村，乡村携带着中华民族兴衰的密码。

在中华民族几千年的演化中，存在着一个规律，"乡村兴则中国兴，乡村衰则中国衰"。这个规律在古代社会发挥作用，在昨天、今天和明天同样会发挥作用。毛泽东领导新民主主义革命在哪找到了动力？在哪里找到了起点？乡村。邓小平的中国改革开放在哪里找到起点，在哪里找到了动力？仍然是农村。农民家庭联产承包责任制，称为邓小平时代的第二次农村包围城市的改革开放之路。今天中华民族走向复兴起点在乡村。乡村才是中华民族的精神家园，是中华民族的自信之基。[1]

乡村有着城市没有的独特文化，如亲情的文化、亲土的文化、敬天的文化、娱神娱人的文化。在这样的背景之下，如我们不认识乡村，就无法认识中国；不了解乡村，就无法知道中国的国情。什么是中国最大的国情？乡村是中国最根本的国情，是中华民族长寿秘密的所在，是中华民族长治久安之本。什么是中国特色的城镇化，中国特色城镇化，最大特色是中国不能走乡村文明消亡的城镇化，如果中国城镇化发展不能给中国五千年乡村文明流下空间和发展的权利，那么中国的城镇化就是无根的城镇化。中国特色的城镇化应当是城乡两元文明共生的城镇化。

第四节　以城乡生态共同体呈现世界

城市是人类文明的主要组成部分，城市也是伴随人类文明与进步发展起来的。农耕时代，人类开始定居在乡村；伴随工商业的发展，城市崛起和城市文明开始传播。工业革命之后，城市化进程大大加快了，由于农民不断涌向新的工业中心，城市获得了前所未有的发展，乡村也日渐衰落。今天，我国城市化进程受到土地、空间、能源和清洁水等资源短缺的约束，城市人口数量增加、环境保护等问题面临的压力也越来越大，城市的能耗、生态等问题日益突出，人口、交通、污染等突出的"城市病"问题已经成为影响居民工作生活和阻碍城市发展的重要因素。党的十八大提出新型城镇化战略和党的十九大提出实施乡村振兴战略，为未来我国城乡发展指明了方向。

---

1 温铁军，张孝德：《乡村振兴十人谈》，南昌：江西教育出版社，2018年，第38页。

一、形成中国特色的城乡融合发展新格局

改革开放以来，中国城乡发展取得了巨大的成就。但对标全面建设小康社会与现代化强国的要求，中国城乡发展还面临不充分、不平衡两大挑战。

城市发展不充分。2017年底中国城镇化率为58.5%，远低于发达国家近80%的平均水平。中国基础设施人均存量只相当于西欧的1/3、北美的1/4。据不完全统计，人口达到10万人的特大镇有近300个，其基础设施和公共服务与现有建制城市相比还有较大差距。中国一批城市群开始显山露水，但仍然大而不强。

乡村发展不充分。农村劳动力外流，部分地区出现空心村。农民一年务农时间普遍只有2个月，农村劳动力总体上还有亿计的富余量。土地不同程度撂荒，一些村庄环境污染严重。基层治理也有不同程度的涣散现象，集体经济带动力量不够。相当一部分乡村死不了，也没活好，被称为"衰而未亡"。

城乡发展不平衡。2017年城乡居民人均收入倍差仍达到2.71∶1。城乡间基础设施与公共服务差距仍然较大，对生活污水进行处理的行政村比例只有20%，集中供水率低于70%。农业部门劳动生产率只相当于二产的22%、三产的26%左右，低于世界33%左右的平均水平。不平衡现象根源在于城市要素加速集聚，乡村发展的要素不断流失。

城乡发展不充分与不平衡两大挑战相互交织。面对不充分不平衡的挑战，就需要城乡进一步实现高质量的发展，不能让城市不发展来等待乡村发展，也不能单纯指望城市充分发展之后来自发地辐射乡村。加快城乡一体、融合发展，走一条有别于西方国家的"特色城镇与生态乡村有机结合、城市文明与乡村文明共存共生"的城乡融合发展之路。

实现城乡融合发展，城镇化与乡村振兴是两个重要抓手。城镇化与乡村振兴都是国家战略。党的十八大开启了新型城镇化进程。"十八大"之后，中央相继召开中央城镇化工作会议、中央城市工作会议。中共中央、国务院印发了《国家新型城镇化规划（2014—2020）》。党的十九大报告正式提出实施乡村振兴战略，中央农村工作会议对"实施乡村振兴战略"作出部署。中共中央、国务院印发《关于实施乡村振兴战略的意见》，提出党政一把手是第一责任人，五级书记抓乡村振兴。

应该指出，城镇化与乡村振兴的内容并不完全重合。城镇化的空间形态主要讲城市群、都市圈、各类城市、城镇；乡村振兴的空间形态主要讲小城镇、美丽乡村、田园综合体等。城镇化推动资源要素流向城镇、留在城镇。乡村振兴战略主要推动资源要素流向乡村、留在乡村。但二者在根本目标与实现路径等方面具有内在

的一致性。"和而不同"是我们认识城镇化与乡村振兴的核心。

从战略高度上，城镇化与乡村振兴都是现代化的必由之路，二者不可偏废。城镇化水平低，不可能是现代化国家。城市高度繁荣，乡村一片衰败，也不是完整的现代化国家。城镇化与乡村振兴战略齐头并进，才能有效地解决城市发展不充分、乡村发展不充分、城乡发展不平衡等问题。

从根本目标上，城镇化与乡村振兴都强调以人为本，尤其是强调以农民为本。城镇化与乡村振兴，都将极大改变进城农民、返乡农民、留守农民的生产条件、生活条件。城镇化与乡村振兴在服务于农民这一点上没有任何冲突。

从实现路径上，城镇化与乡村振兴的根本途径都是破除城乡二元结构。城乡二元结构影响了城乡要素的自由流动、高效流动，影响了城乡高质量发展。破除城乡二元结构是城镇、乡村所有问题的焦点所在。

从作用机制上，城镇化进程中核心城市、大城市高度发展，能为乡村振兴带来辐射与带动，提供动能支持。乡村振兴激活土地、农村劳动力等要素，也能为城市工商企业带来新的发展空间，为市民带来更高的生活品质。二者互相促进，能够形成互相给力的闭环系统。

在新时代，要努力形成中国特色的城乡融合发展新格局。

一要树立城乡融合发展的理念。城市与乡村是一个相互依存、相互融合、互促共荣的生命共同体。城市的发展和繁荣绝不能建立在乡村凋敝和衰败的基础上，乡村的振兴也离不开城市的带动和支持，城乡共荣是实现全面小康和全面现代化的重要前提。城乡高质量发展，最大的短板在乡村。因此，树立城乡融合发展的理念，推动城乡要素、产业、居民、社会和生态融合，实现城乡共建共享共荣，将是破解不平衡不充分的发展难题的根本途径，也是确保实现高质量发展的前提条件。

二要大力促进城乡要素融合互动。城乡开放是城乡融合发展的基础和前提。长期以来，受传统二元体制的束缚，我国城乡要素流动是单向的，即农村人口、资金和人才等要素不断向城市集聚，而城市公共资源向农村延伸、城市人才和资本向农村流动处于较低水平。新形势下，必须按照平等、开放、融合、共享的原则，积极引导人口、资本、技术等生产要素在城乡之间合理流动，促进城市公共资源和公共服务向农村延伸，加快推动城市资本、技术、人才下乡的进程，实现城乡要素双向融合互动和资源优化配置。探索农村一、二、三产业融合发展新模式，提高城乡经济融合度。

三要建立城乡融合的体制机制。城乡二元结构是制约城乡融合发展和一体化的主要障碍。实施乡村振兴战略，加快推进农业农村现代化进程，必须从根本上打破城乡分割的传统体制机制障碍，建立健全城乡融合发展的体制机制。当前，重点是全面深化城乡综合配套改革，构建城乡统一的户籍登记制度、土地管理制度、就业管理制度、社会保障制度以及公共服务体系和社会治理体系，促进城乡要素自由流动、平等交换和公共资源均衡配置，实现城乡居民生活质量的等值化，使城乡居民能够享受等值的生活水准和生活品质。依靠深化农村产权制度改革，全面激活农村各种资源，尽快打通"资源变资产、资产变资本"的渠道，实现农村资源的资产化、资本化、财富化，为农民持续稳定增收开辟新的渠道和来源。

四要完善城乡融合的政策体系。推进中国现代化建设的进程中，农业现代化始终是一条短腿，农村现代化则是薄弱环节。为此，必须把城市与农村看成一个平等的有机整体，建立完善城乡融合的政策体系。要坚持农业农村优先发展，始终把"三农"工作放在全面建成小康社会和实现社会主义现代化的首要位置，城市对乡村的反哺，工业对农业的反哺，把政府掌握的公共资源优先投向农业农村，促使政府公共资源人均投入增量向农村倾斜，逐步实现城乡公共资源配置适度均衡和基本公共服务均等化。同时，要实行数量与质量并重，在进一步增加农村基础设施和公共服务供给数量的基础上，着力改善供给结构，提高供给效率和质量。要抓住信息化对于城镇化、乡村振兴的催化、融合作用，以信息技术为支撑，推动城乡市县整合形成数字化管理平台，提高城乡治理的智慧化水平。

二、创新中国特色的城乡生态共同体

进入新世纪，随着城市化的剧烈扩张，乡城互动越发频繁，城市建成空间不断蔓延，乡村似乎正在消失，"城市性"正在挤压"乡村性"。在此背景下，城乡治理也正面临诸多新的挑战：城市空间的无序蔓延、土地资源的浪费、生态环境的恶化、河流湖泊水资源的污染，以及城市和现代社会发展张力之下所出现的各种"城市病"、心理压力、住房、交通、贫困和"乡愁"问题，人类社会的可持续发展正面临前所未有的巨大挑战。

不容置疑，中国未来几十年最大发展潜力还在城镇化。在中国近十年经济增长率中，城镇化率贡献了3个百分点。城镇化率每提高1个百分点，新增投资需求达6.6万亿元，带动消费增加1012亿元。未来10年新增城镇人口将达到4亿左右，按较低口径，农民工市民化以人均10万元的固定资产投资计算，能够增加40万亿元的投资需求。可以说，近10亿人的城镇化和13亿人的现代化，是中华民族"千年未有之变局"，是中国经济稳定增长的重要驱动力，是经济社会发展的必然趋势，关系中国综合国力提升。

美国环境伦理学家罗尔斯顿认为，在城市、乡村与荒野这三种环境中，乡村扮演着帮助人们思考文化与自然问题的重要角色。乡村是介于城市与荒野自然之间的环境，换言之，乡村是处于文化与自然的极端之间的缓冲地带。没有一个城市能够缺乏乡村的支持而持续，乡村在某个意义上是被驯化后的自然，乡村体现着人类生产与自然荒野的相遇、体现着人类对自然的掌控。

早在19世纪末，英国社会活动家霍华德就提出了关于田园城市规划的设想。这一概念最早是在1820年由著名的空想社会主义者罗伯特·欧文（Robert Owen 1771—1858）提出的。霍华德在他的著作《明日，一条通向真正改革的和平道路》中认为应该建设一种兼有城市和乡村优点的理想城市，他称之为"田园城市"。田园城市实质上是城和乡的结合体。霍华德"田园城市"理论具有三个基本点：首先，"田园城市"的主体，是"人"而不是"物"。人是城市的灵魂，一个城市的建设应以人为中心对城市面积、人口布局、居民社区等做出精良规划。城市应体现它应有的有利于人的生存和集聚的功能，城市应拥有足够的园林、绿地，以保证居民的生理和心理健康。其次，"田园城市"的精髓，是城乡一体化。霍华德构想的"田园城市"是一种社会城市，也是一种城市簇群。它以乡村为背景，甚至乡村就是居民优美生活空间的一部分，人们可以步行到田园和农场。再次，"田园城市"的本质，是规划和推行各项社会改革。1919年，英国"田园城市和城市规划协会"经与霍华德商议后，明确提出田园城市的含义：田园城市是为健康、生活以及产业而设计的城市，它的规模能足以提供丰富的社会生活，但不应超过这一程度；四周要有永久性农业地带围绕，城市的土地归公众所有，由一专业委员会受托掌管。

因此，在生态文明新时代，积极吸取人类文明的优秀成果，打造城乡生态共同体是破解发展与生态问题的唯一选择。

一要以全域美丽的系统理念构建"城乡生态共同体"。城乡不管是在经济上还是在生态上都处于一种互惠互补的关系之中。城乡分割必两败俱伤，城乡融合则互促共进，实现社会和谐与可持续发展。在现代工业化、城市化发展进程中，城乡二元分割体制客观导致了"城乡失衡"，影响了城乡一体化发展的进程。为此，当前应推动城乡融合发展，构建以城带乡、城乡互促共进的人居环境大系统。加大生态城镇建设，建设美丽乡村，营造全域美丽。城市群是城镇化的主体形态。要以基础设施互联互通、生态环境共治共享、产业就业提质提效为突破口，加快建立城市群的协同发展机制。都市圈是城市群建设的突破口。要提升核心大城市和中心城市的创新发展水平，加强核心城市与周边中小城市的交通网络联结。积极培育一批中小城市，尤其是创造条件将一批人口20万人以上的特大镇有序设市，提高这些小城市的基础设施配置标准，增强公共服务能力，提升它们对人口的吸引力。数以万计的小城镇是城乡要素交流、汇合之地，要发挥小城镇在乡村振兴中的平台作用。特色小镇产业强、体制活、环境美，是城乡高质量发展的重要载体。要加快建设美好乡村，使之成为产业兴旺、生态宜居、乡风文明、治理有效、生活富裕的幸福家园。

构建"城乡生态共同体"亦是世界城市化高级阶段的理性之路。世界发达国家如英国、德国、日本等在城市化超过50%之后，都把乡村复兴、乡村建设纳入国家战略，着力于构建新型城乡关系。理想的城乡关系应该是城市与乡村拥有平等的主体关系，在发展中相互融入、相互借鉴。在城市化、工业化进程中，乡村同样可以利用科技进步拥有更加舒适化的公共服务设施，享受更好的现代生活，而不应仅成为都市人消费"传统"的对象。城市发展应该包容自然、融入乡村，与自然、与乡村融合发展。总而言之，城市和乡村应是密不可分的命运共同体。

进入21世纪以来，城乡空间之间普遍联系的强度、深度和广度均明显增强。"世界是平的"，城乡之间的扁平化也更加明显和突出：基础设施、服务水平、消费水平，伴随高铁、城际、网络、互联网、BATS等的发展和推进而深化。城乡治理需要将这些新的变化纳入统筹范围，强调城市与乡村的协同发展、生态互动演化，接上新的地气，服务好区域发展、国家需要。

二要以城乡生态大系统为支撑谋划绿色发展新路径。生态文明时代的"城乡生态共同体"构建，必须牢固树立"绿水青山就是金山银山"的理念，推进山水林田湖草系统治理，严守生态保护红线，谋求城乡生态大系统支撑下的绿色发展新路径：

首先，着力构建城乡生态空间大格局。21世纪是城市的世纪，更是一个城乡关系需求更加走向协同、创新的世纪。城市与乡村、人类与自然之间是共生关系，乡村可能为城市化提供新的模式、新的可能性，进而提供未来人类发展的创新空间、绿色空间、生态空间、韧性空间，最有生态价值、生态优势、生态竞争力的地区。

其次，积极实施农业结构优化升级行动。实施农业绿色化、优质化、特色化、品牌化发展战略，推动农业由增产导向向提质导向转变；加大农业龙头企业培育扶持力度，形成一批在国内外具有较强市场竞争力的企业集团；创新科技体制机制，深入推进农业与科技对接，促进产学研协同创新；拓展农业多种功能，积极发展农业新型业态，引导产业集聚发展，加快农村产业融合。

再次，大力培育吸引城市消费人群的乡村特色产业。推进农业农村电子商务发展和"一村一品一店"建设，构建覆盖县乡村三级的农村物流网络，提升农村物流站点服务能力，让都市人足不出户就可以消费到乡村特色农产品。保护修复一批历史文化名镇、名村和传统村落，加强历史文化资源的活化利用，同时建设一批乡村特色小镇和休闲观光农业精品村，加快发展休闲观光农业和乡村旅游业，培育都市人群乡村旅游新的增长点。积极开发农村智慧健康养老产品和服务，推动农村智慧健康养老产业发展。[1]

可以相信，在不远的将来，中国将以新的城乡生态共同体呈现于世界。城乡生态共同体驱动下的绿色发展，也必将增进我们所有人的获得感、幸福感和安全感，绿色发展的累累硕果最终属于我们每一个人。

---

1 王荣德、卢东民、史平：《湖州市养老服务供给的优化研究》，《湖州师范学院学报》，2019年第4期。